21世纪应用型本科院校规划教材

运筹学教程

主　编　陈荣军　范新华
副主编　李文超　曹　国　王晓宇　秦立珍

南京大学出版社

内容提要

本教材力图反映面向21世纪教学内容和课程体系改革研究项目的成果，并融入教师多年的教学经验与教改成果，注重选材的精练性、结构的整体性和文字表达的可接受性，使读者能在较短的时间内掌握运筹学有关内容的思想和方法.《运筹学教程》共九章，包含绪论、线性规划、对偶、整数规划、图论、排队论、预测与决策、对策论和存储论，主要介绍运筹学的基本概念、理论和方法以及在经济和管理中的应用. 在编写过程中着眼于实践，着重介绍实用的模型和方法，配以计算实例，主要讲清原理和步骤，而对数学基础要求较高的证明予以忽略；论述上深入浅出，文字通俗易懂. 每章后面附有习题，并在书末给出习题答案，同时增加选择题与填空题.《运筹学教程》可作为高等学校，特别是应用型本科院校理工科类和经济管理类各专业的本科生教材，也可作为教学参考书和考研用书.

图书在版编目(CIP)数据

运筹学教程 / 陈荣军，范新华主编. —南京：南京大学出版社，2014.8(2015.7 重印)

21 世纪应用型本科院校规划教材

ISBN 978-7-305-13362-6

Ⅰ.①运… Ⅱ.①陈… ②范… Ⅲ.①运筹学—高等学校—教材 Ⅵ.①O22

中国版本图书馆 CIP 数据核字(2014)第121675号

出版发行 南京大学出版社
社　　址 南京市汉口路22号　　　　邮　编 210093
出 版 人 金鑫荣

丛 书 名 21世纪应用型本科院校规划教材
书　　名 运筹学教程
主　　编 陈荣军　范新华
责任编辑 胥橙庭　单　宁　　　　编辑热线 025-83596923

照　　排 南京南琳图文制作有限公司
印　　刷 徐州新华印刷厂
开　　本 787×1092　1/16　印张 15.75　字数 393 千
版　　次 2014年8月第1版　2015年7月第2次印刷
ISBN 978-7-305-13362-6
定　　价 33.50元

网址：http://www.njupco.com
官方微博：http://weibo.com/njupco
官方微信号：njupress
销售咨询热线：(025)83594756

前言

运筹学是理工、经济、管理类本科专业一门重要的基础课,它以定量分析方法为主研究管理问题,应用系统的、科学的、数学分析的方法,通过建立数学模型和求解模型获得最优决策方案.经过学习,可以使学生掌握运筹学整体优化的思想和若干定量分析的优化技术,能正确应用各类模型分析,解决不十分复杂的实际问题,培养和提高本科生科学思维、科学方法、实践技能和创新能力.

本书是作者根据教育部关于高等学校理工科类和经济管理类本科运筹学课程教学基本要求,在多年从事理工科类和经济管理类专业运筹学教学基础上编写而成的.

本书对运筹学的内容进行了取舍和整合,适合应用型本科院校的教学;在难易程度上,充分考虑了高等教育大众化背景下的学生特点和教学要求,既删除了较艰深的理论推导,突出应用性,又保持了理论体系的连贯性和完整性,可为学生继续深造和考研提供保障.本书注重用数学知识解决实际问题的基本思想和方法,着重培养学生的逻辑能力、应用能力和创新思维能力.

本书由陈荣军教授、范新华副教授任主编,李文超、曹国、王晓宇、秦立珍任副主编,夏红卫、王献东、姚俊等参加了编写与校对工作,陈荣军教授还负责编写教程大纲与全书统稿工作.

在本书的编写过程中得到了常州工学院领导和理学院领导的大力支持,同时也得到了南京大学出版社的大力支持,在此向他们深表谢意.

由于编者水平有限,书中错误疏漏之处在所难免,望广大读者和同行专家批评指正.

编　者

2014年3月

目　录

第一章

绪　论

现在普遍认为，运筹学是近代应用数学的一个分支，它把科学的方法、技术和工具应用到包括系统管理在内的各种问题上，以便为那些掌管系统的人们提供最佳的解决问题的方法. P. M. Morse 与 G. E. Kimball 给运筹学下的定义："运筹学是在实行管理的领域运用数学方法，对需要进行管理的问题统筹规划，作出决策的一门应用科学."

本章首先介绍运筹学的发展历史、性质与特点以及发展趋势，然后介绍本教科书涉及的主要内容，最后通过几个例子介绍运筹学中线性规划、随机规划和网络优化的数学模型.

§1.1　运筹学简介

运筹学是 20 世纪新兴的学科之一，它能帮助决策者解决那些可以用定量方法和有关理论来处理的问题，在工业、商业、农业、军事、交通运输、政府部门和其他方面有重要的应用. 现在，运筹学已经成为经济计划、系统工程、现代管理等领域强有力的工具.

1.1.1　运筹学的发展历史

运筹学作为一门现代科学，是在第二次世界大战期间首先在英美两国发展起来的，但在这之前已有许多蕴含运筹学思想和方法的书籍和论文出现，例如，原苏联数学家 JI. B. KaHToPoBИч 的《生产组织与管理中的数学方法》一书（属于运筹学中的规划论）出版于 1939 年；J. Von Neumann 等所著《对策论和经济行为》一书（运筹学中对策论的创始作）成书前所发表的一系列论文在 1928 年就开始刊出；A. K. Erlang 关于用概率论理论来研究电话服务的论文（属于运筹学中的排队论）发表于 1909 年. 因此，运筹学的起源还能追溯得更早. 只是西方的运筹研究或"运筹学"这一名词确实出现在第二次世界大战期间，以运筹研究命名的、直接为战争服务的、跨学科的研究小组也是在这一期间出现的. 最早是在英国皇家空军战斗指挥部管辖下，1938 年出现的名为"（军事）行动的研究"小组，其英文是"Operational Research"（缩写为 O. R.），我国译为"运筹研究"或"运筹学". 继英国的"（军事）行动的研究"小组之后，美国、加拿大等国也组成一些同名小组进行战术评价、战术改进、作战计划、战略选择等方面的研究，同时也包括如何改进后勤调度和训练计划等方面的研究. 这些研究，由于综合地运用了科学方法和技术，纠正了人们一些直观想象的错误，解决了当时战争中提出的一些新问题，从而引起人们对运筹学的重视. 据统计，战时同盟国参加（军事）运筹研究的科学工作者超过了 700 人.

第二次世界大战后，美国等国家的军方仍保留一些运筹研究小组，其他多数人转向把运筹学研究用于和平时期的工商业.因此,美、德等国家的运筹学得以蓬勃发展,出现了应用研究和理论研究相互促进的局面.我国从20世纪50年代开始了运筹学的理论研究及应用推广.运筹学在工商业管理中的应用是主要的.随着工商业规模日益扩大、市场竞争日益激烈,迫使更多的管理决策者组织跨学科的专业人员组成研究集体,运用科学的方法指导工商业的运作.这一做法为工商业带来了巨大的生机和活力.例如,美洲航空公司通过设计和运行一个票价结构、订票和协调航班的系统,年效益超过5亿美元;我国从20世纪80年代起,经过多年的工作,建立了一个考虑国民经济发展对能源需求、减少煤炭对环境污染条件下,对发电、煤炭开采、交通建设综合优化平衡的混合整数规划模型,所获得的对该项目的优选及投产安排方案年经济效益在4亿美元以上.因此,在一些国家的政府部门、大公司和企业中,建立了许多运筹研究机构.许多大学理学院的数学系及工学院、管理学院、经济学院中都开设运筹学课程;近年来,许多国家的大学设立了经济与运筹学系或计算机与运筹学系,并设有攻读硕士和博士学位.在运筹研究或运筹学这一名称下发展起来多个运筹学分支学科,如规划论(包括线性规划、非线性规划、整数规划、动态规划、多目标规划、随机规划等)、网络分析、排队论、对策论、存储论、可靠性理论、模型论、投入产出分析等.与此相应,世界上许多国家成立了运筹学学会,并于1959年成立了国际运筹学联盟.该会的一个主要出版物为《运筹国际文摘》,它对各国主要的运筹专刊和期刊中关于运筹学理论和应用的新进展进行介绍和评述.我国的运筹学学会成立于1980年,学会的主要出版物有《运筹学学报》《运筹与管理》.

1.1.2 运筹学的性质与特点

运筹学是多种学科的综合性科学,它使用许多数学工具(包括概率统计、数理分析、线性代数等)和逻辑判断方法研究系统中人、财、物的组织管理、筹划调度等问题,以期发挥最大效益.当人们把战时的运筹学研究取得成功的经验在和平时期加以推广应用时,面临着一个广阔的研究领域.在这一领域中,对于运筹学主要研究和解决什么问题有许多说法,至今争论不休,实际上形成了一个在争论中发展运筹学的局面.那么,在这60多年中,我们能从它的争论中看出一些什么特点呢?

(1) 引进数学研究方法.运筹学是一门以数学为主要工具,寻求各种问题最优方案的学科,所以是一门优化科学.随着生产与管理的规模日益庞大,其间的数量关系也就更加复杂,从数量关系来研究这些问题,即引进数学研究方法,是运筹学的一大特点.

(2) 系统性.运筹学研究问题是从系统的观点出发,研究全局性的问题,研究综合优化的规律,它是系统工程的主要理论依据.

(3) 着重实际应用.在运筹学术界,有许多人强调运筹学的实用性和对研究结果的"执行",把"执行"看作运筹工作中的一个重要组成部分.

(4) 跨学科性.由有关的各种专家组成的进行集体研究的运筹小组综合应用多种学科的知识来解决实际问题是早期军事运筹研究的一个重要特点.这种组织和这种特点一直在一些地方和一些部门以不同的形式保留下来,这往往是研究和解决实际问题的需要.从世界范围来看,运筹学应用的成败及应用的广泛程度,无不与有这样的研究组织和这种组织的研究水平有关.

(5) 理论和应用的发展相互促进.运筹学的各个分支学科,都是由于实际问题的需要或以一定的实际问题为背景逐渐发展起来的.初期一些老的学科方面的专家对运筹学作出了贡献.

随后新的人才也逐渐涌现，新的理论相继出现，这往往就开拓出新的领域. 如线性规划中的 KaHToPoBИч 问题 A、B、C 就是在研究生产的组织和计划中出现的. 后来 G. B. Dantzig 等人重新进行独立研究使其形成了一套较完整的理论和方法，进而又开拓了线性规划的应用范围，并相继出现了一批职业的线性规划工作者. 由于他们从事了大量的实践活动，反过来又进一步促进了线性规划方法的发展，从而又出现了椭球法、内点法等新的解线性规划的方法. 目前运筹学家们仍在孜孜不倦地研究新技术、新方法，使运筹学这门年轻的学科不断地向前发展.

1.1.3 运筹学的发展趋势

运筹学作为一门学科在理论和应用方面，就广度和深度来说，都有着无限广阔的前景. 它不是一门衰老过时的学科，而是一门处于年轻发展时期的学科，这从运筹学目前的发展趋势便可看出.

(1) 运筹学的理论研究将会得到进一步系统地、深入地发展. 数学规划是 20 世纪 40 年代末期才开始出现的. 到了 20 世纪 60 年代，它已经形成了应用数学中一个重要的分支，各种方法和理论的纷纷出现，蔚为大观. 但是，数学规划也和别的学科一样，在各种方法和理论出现以后，自然要走上统一的途径. 也就是说，用一种或几种方法或理论把现存的东西统一在某些系统之下来进行研究. 而目前这种由分散到统一、由具体到抽象的过程正在形成，而且将得到进一步的发展.

(2) 运筹学向一些新的研究领域发展. 运筹学的一个重要特点是应用十分广泛，近年来它迅速地向一些新的研究领域或原来研究较少的领域发展，如研究世界性的问题、研究国家决策、研究系统工程等.

(3) 运筹学分散融化于其他学科，并结合其他学科一起发展. 如数学规划方法用于工程设计，常常叫作"最优化方法"，已成为工程技术中一个有力的研究工具；数学规划用于 Leontief 的投入产出模型，也成为西方计量经济学派常用的数学工具等.

(4) 运筹学沿原有的各学科分支向前发展，这仍是目前发展的一个重要方面. 如规划论，从研究单目标规划进而研究多目标规划，这当然可以看成是对事物进行深入研究的自然延伸. 事实上，在实际问题中想达到的目标往往有多个，而且有些还是互相矛盾的. 再如，从研究确定性的数学规划到研究随机规划，这种深入研究也很自然，因为在实际应用中，很多因素不确定，它们被表示为随机变量或随机过程等.

(5) 运筹学中建立模型的问题将日益受到重视. 从事实际问题研究的运筹学工作者，常常感到他们所遇到的困难是如何把一个实际问题变成一个可以用数学方法或别的方法来处理的问题. 就目前来说，关于运筹理论和方法的研究，远远超过了对上述困难的研究，而要使运筹学保持它的生命力，这种研究非常必要.

(6) 运筹学的发展将进一步依赖于计算机的运用和发展. 电子计算机的问世与广泛的使用是运筹学得以迅猛发展的重要原因. 实际问题中的运筹学问题，计算量一般都是很大的. 只是有了存储量大、计算速度快的计算机，才使得运筹学的应用成为可能，并反过来推动了运筹学的发展. 如算法复杂性这个学科就是运筹学与计算机的产物.

总之，运筹学虽然只有 60 多年的历史，但发展如此之快、运筹学工作者如此之多，都是前所未有的. 运筹学作为一门学科，在理论和应用方面，无论就其广度还是深度来说，都有着无限广阔的前景.它对于加速我国的四个现代化建设必将起到十分重要的作用.

§1.2 运筹学的分支

运筹学发展到现在虽然只有60多年的历史,但是内容丰富、涉及面广、应用范围大,已形成了一个相当庞大的学科.运筹学按要解决问题的差别,归结为不同类型的数学模型.这些数学模型构成了运筹学的各个分支.本教科书将涉及如下一些分支:

线性规划.线性规划是一种解决在线性约束条件下追求最大或最小的线性目标函数的方法.例如,当决策者在现有的条件下追求最大利润或在完成任务的前提下追求最小成本的时候,如果现有条件(或完成任务的前提)的约束可以用数学上变量的线性等式或不等式来表示,最大的利润(或最小成本)的目标也可以用变量的线性函数来表示,那么这样的问题我们就可以用线性规划的方法来解决.简而言之,线性规划主要是解决两个方面的问题:一个方面的问题是对于给定的人力、物力和财力,怎样才能发挥它们的最大效益;另一个方面的问题是对于给定的任务,怎样才能用最少的人力、物力和财力去完成它.

整数规划.整数规划是一种特殊的线性规划问题,它要求某些决策变量的解为整数.

网络分析.网络分析主要是研究解决生产组织、计划管理中诸如最短路径问题、最小连接问题、最小费用流问题、最优分派问题及关键线路图等.在这种模型中,把研究对象用点表示,对象之间的关系用边(或弧)来表示,并赋予边(或弧)某些特定含义的数据,这样的点边集合构成了网络图.特别在计划和安排大型的复杂工程时,网络技术是重要的工具.

排队论.排队论又叫随机服务系统理论,最初是在20世纪初由丹麦工程师艾尔郎关于电话交换机的效率研究开始的,在第二次世界大战中得到了进一步的发展.排队现象在日常生活中屡见不鲜,如机器等待修理、船舶等待装卸、顾客等待服务等.它们有一个共同问题,就是等待时间长了,就会影响生产任务的完成,或者顾客会自动离去而影响经济效益;如果增加修理工、装卸码头和服务台,固然能解决等待时间过长的问题,但又会蒙受修理工、码头和服务台空闲的损失.这类问题的妥善解决是排队论的任务.排队论是解决排队服务系统工作过程优化的模型,它可以帮助管理者对一些包括排队问题的运作系统作出更好的决策.

决策分析.决策问题是普遍存在的,凡属举棋不定的事情都必须作出决策.人们之所以举棋不定,是因为人们在着手实现某个预期目标时,面前出现了多种情况,又有多种行动方案可供选择.决策者如何从中选择一个最优方案,才能达到他的预期目标,这是决策论的研究任务.该方法是在决策环境不确定和风险情况下对几种备选方案进行决策的准则和方法.

预测分析.预测分析是根据客观对象的已知信息,运用各种定性和定量的分析理论与方法,对事物未来发展的趋势和水平进行判断和推测的一种活动.因此,预测是一种可以用于预见事物未来的技术,分为定性与定量两种技术.

对策论.也叫博弈论,系统地创建这门学科的数学家,现在一般公认为是美籍匈牙利数学家、计算机之父——冯·诺依曼.对策论是研究具有利害冲突的各方,如何制定出对自己有利从而战胜对手的斗争策略.例如,战国时代田忌赛马的故事便是对策论的一个绝妙的例子.对策论是用于解决具有对抗性局势的模型,在这类模型中,参与对抗的双方都有一些策略可供选择,该模型为对抗各方提供获得最优对策的方法.

存储论.人们在生产和消费过程中,都必须储备一定数量的原材料、半成品或商品.存储少了会因停工待料或失去销售机会而遭受损失,储存多了又会造成资金积压、原材料及商品的损耗.因此,如何确定合理的存储量、购货批量和购货周期至关重要,这便是存储论要解决的问题.

上面介绍的每一个部分都可以独立成册,都有丰富的内容.

§1.3 运筹学的数学模型

模型是实际系统过程的代表或描述,它能反映实际且具有足够的精确度.模型就是用一种简化的方式表现一个复杂过程或系统,用以帮助人们进行思考和解决问题.运筹学所研究的模型一般来说都是数学模型,也就是用字母、数字和运算符号将系统或过程的某些特征及相互关系表达出来.它试图精确地和定量地表示系统的各种关系,是实现系统或过程的一种抽象,近似实际系统或过程而又非实际系统或过程的复制品.它应能反映实际系统或过程的某些特征而又比实际系统或过程本身简单.下面我们就介绍几个常用的数学模型.

1.3.1 线性规划模型

某工厂用3种原料 P_1, P_2, P_3 生产3种产品 Q_1, Q_2, Q_3,已知条件如表1-1所示.试制订出总利润最大的生产计划.

表1-1

单位产品所需原料数量/kg \ 产品 原料	Q_1	Q_2	Q_3	原料可用量/(千克/日)
P_1	2	3	0	1 500
P_2	0	2	4	800
P_3	3	2	5	2 000
单位产品的利润/万元	3	5	4	

设产品 Q_j 的日产量为 x_j 个单位,$j=1, 2, 3$,它们受到一些条件的限制.首先,它们不能取负值,即必须有 $x_j \geqslant 0, j=1, 2, 3$;其次,根据题设,3种原料的日消耗量分别不能超过它们的日可用量,即它们又必须满足

$$2x_1+3x_2 \leqslant 1\,500,\ 2x_2+4x_3 \leqslant 800,\ 3x_1+2x_2+5x_3 \leqslant 2\,000$$

我们希望在以上的约束条件下,求 x_1, x_2, x_3,使总利润 $z=3x_1+5x_2+4x_3$ 达到最大.故求解该问题的数学模型为

$$\max z=3x_1+5x_2+4x_3$$
$$\begin{cases} 2x_1+3x_2 \leqslant 1\,500 \\ 2x_2+4x_3 \leqslant 800 \\ 3x_1+2x_2+5x_3 \leqslant 2\,000 \\ x_j \geqslant 0(j=1,2,3) \end{cases}$$

其中 max 是极大化(maximize)的简记符号.

由以上分析可以看出，抽象成数学形式的核心就是求一组变量的值，在满足一定的约束条件下，使某个目标达到最小或最大，而这些约束条件又都可以用一组线性不等式或线性方程来表示. 具有这些特征的数学形式，我们就叫作线性规划模型.

1.3.2 随机规划模型

设决策者设计一个水库，使水库的容量 C 在满足限制条件下达到最小以使其造价最省.

首先，为防止洪水灾害，在一年中第 i 季节水库应空出一定的容量 V_i，以保证洪水的注入. 由于洪水不一定年年有，洪水量的大小也会变化. 因此，比较合理的约束条件应为以较大的概率 α_1 保证水库容纳洪水，即

$$P(C-s_i \geqslant V_i) \geqslant \alpha_1,\ i=1,\ 2,\ 3,\ 4$$

其中 s_i 为第 i 个季节初水库的储水量.

其次，为保证灌溉、发电、航运等用水供应，水库在每一季节应能保证一定的放水量 q_i. 由于考虑随机因素，要求满足这一条件的概率不小于某一数 α_2，即

$$P(x_i \geqslant q_i) \geqslant \alpha_2,\ i=1,\ 2,\ 3,\ 4$$

其中 x_i 为第 i 个季节的可放水量.

同样，为保护水库的安全和水生放养，一般还要求水库保持最小储水量 $s_{\min}$，即

$$P(s_i \geqslant s_{\min}) \geqslant \alpha_3,\ i=1,\ 2,\ 3,\ 4$$

另外，表示放水量和储水量的 x_i，s_i 不能是负数，即

$$s_i \geqslant 0,\ x_i \geqslant 0,\ i=1,\ 2,\ 3,\ 4$$

于是，写成数学形式就是

$$\min C$$

$$\text{s. t.}\begin{cases} P(C-s_i \geqslant V_i) \geqslant \alpha_1 \\ P(x_i \geqslant q_i) \geqslant \alpha_2 \\ P(s_i \geqslant s_{\min}) \geqslant \alpha_3 \\ x_i \geqslant 0, s_i \geqslant 0, i=1,2,3,4 \end{cases}$$

其中约束条件采用了概率约束形式，具有这种特征的数学形式我们就叫作随机规划模型.

1.3.3 网络优化模型

设某公司准备派 n 个工人 x_1，x_2，…，x_n 去做 n 件工作 y_1，y_2，…，y_n. 已知工人 x_i 去做工作 y_j 的效率为 $w_{ij}(i,\ j=1,\ 2,\cdots,\ n)$. 现问：如何确定一个分派工人去工作的方案，使得工人们的工作总效率达到最大？这个问题通常称为最优分派问题.

我们构造一个二分网络 $G=(X,\ Y,\ E,\ W)$，其中 $X=(x_1,\ x_2,\cdots,\ x_n)$，$Y=(y_1,\ y_2,\cdots,\ y_n)$ 为 G 的顶点集合二分划，分别表示 n 个工人和 n 件工作；$E=\{e_{ij} \mid i,\ j=1,\ 2,\cdots,n\}$ 为 G 的边集合，其中 e_{ij} 表示工人 x_i 去做工作 y_j；$W=\{w_{ij} \mid i,\ j=1,\ 2,\cdots,\ n\}$ 为 G 的边权集合，其中 w_{ij} 表示工人 x_i 去做工作 y_j 的效率. 二分图 G 如图 1-1 所示.

现在我们来建立分派方案与 G 的边集合之间的对应关系. 首先，一个可行的分派方案应该满足：任一工人都不能去做两件或两件以上的工作；同样，任一件工作都不能同时接受两个或两个以上的工人去做. 然后将其对应到 G 的边集合中，于是就得到这样一个边的子集，它没有两条边关联于同一个顶点，这样的边的子集我们称为 G 的对集. 因此. 一个可行的分派方案

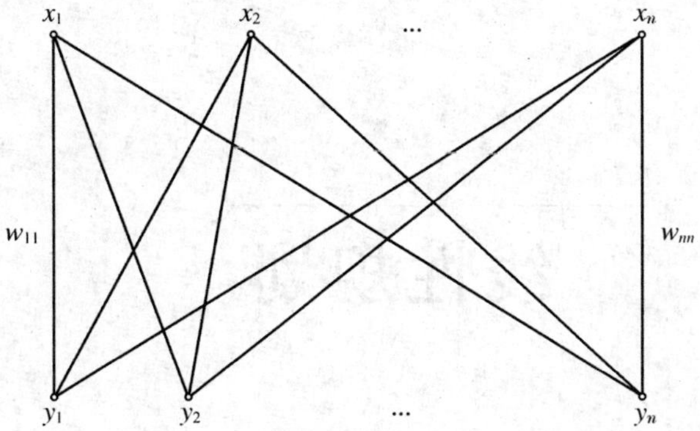

图 1-1

就对应于 G 的一个对集.

我们最终要求的是使总效率达到最大的分派方案，而一个分派方案的总效率就对应 G 的一个对集的边权总和. 于是求一个使总效率达到最大的分派方案就转化成求 G 的一个边权总和达到最大的对集，通常称为最大权对集.

综合以上分析可以看出，我们首先将最优分配问题转化成网络的最大权对集问题，然后求出网络的最大权对集，最后再回到最优分派问题中去，从而得到最优分派问题. 这种分析问题的方法通常称为网络分析法，这种数学形式通常称为网络优化模型.

综合以上几个模型我们可以看出，这些模型一般都具有以下两个共同特征：

(1) 都有一个明确的目标，这个目标就是从众多的可行方案中挑选出一个最优方案；

(2) 用来表达目标的变量都要受一组条件的约束，它反映了问题本身所受到的客观条件的限制.

因此，运筹学模型大都可以表示为求一组变量，使在一定的约束条件之下，某一(或某些)目标达到最优.

第二章

线性规划

§2.1　线性规划简介

运筹学(Operations Research)是20世纪30年代二次大战期间由于战争的需要发展起来的一门学科.当时,英国组织了一批自然科学和工程科学的学者,和军队指挥员一起,研究大规模战争提出的一些问题.如轰炸战术的评价和改进、反潜艇作战研究等,研究结果在战争实践中取得了明显效果.这些研究当时在英国称为Operational Research,直译为作战研究.战争结束以后,这些研究方法不断发展、完善,并逐步形成学科理论体系,其中一些主要的理论和方法包括线性规划、网络流、整数规划、动态规划、非线性规划、排队论、决策分析、对策论、计算机模拟等.这些理论和方法在经济管理领域也得到了广泛应用,Operations Research也转义成为"作业研究".我国将Operations Research译成"运筹学",非常贴切地将Operations Research这一英文术语所包含的作战研究和作业研究两方面的涵义都体现了出来.

现在,运筹学已经成为管理科学重要的基础理论和应用方法,是管理科学专业基本的必修课程之一.

线性规划是运筹学中最重要的一种系统优化方法.它的理论和算法已十分成熟,应用领域十分广泛,包括生产计划、物资调运、资源优化配置、物料配方、任务分配、经济规划等问题.随着计算机硬件和软件技术的发展,目前用微型计算机就可以求解变量个数达10^6、约束个数达10^4的巨大规模的问题,并且计算时间也不太长.

线性规划问题最早是前苏联学者康德洛维奇(L. V. Kantorovich)于1939年提出的,但他的工作当时并未广为人知.第二次世界大战中,美国空军的一个研究小组SCOOP(Scientific Computation of Optimum Programs)在研究战时稀缺资源的最优化分配这一问题时,提出了线性规划问题,并且由丹泽(G. B. Dantzig)于1947年提出了求解线性规划问题的单纯形法.单纯形法至今还是求解线性规划最有效的方法.20世纪50年代初,电子计算机研制成功,较大规模的线性规划问题的计算已经成为可能.因此,线性规划和单纯形法受到数学家、经济学家和计算机工作者的重视,得到迅速发展,很快发展成一门完整的学科并得到广泛的应用.1952年,美国国家标准局(NBS)在当时的SEAC电子计算机上首次实现单纯形算法.1976年,IBM研制成功功能十分强大、计算效率极高的线性规划软件MPS,后来又发展成为更为完善的MPSX.这些软件的研制成功,为线性规划的实际应用提供了强有力的工具.

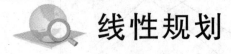

在本章中,我们将介绍线性规划的基本概念、单纯形法的基本原理及线性规划在经济分析

中的应用. 后面的题目求解均可以通过软件求解答案，对计算机软件应用和计算方法方面的问题，可参阅有关文献.

§2.2 线性规划问题

根据实际问题的要求，可以建立线性规划问题数学模型. 线性规划问题由目标函数、约束条件以及变量的非负约束三部分组成. 下面列举五种最常见的线性规划问题的类型.

2.2.1 生产计划问题

例 2.1 某工厂拥有 A、B、C 三种类型的设备，生产甲、乙、丙、丁四种产品. 每件产品在生产中需要占用的设备机时数，每件产品可以获得的利润以及三种设备可利用的时数如表 2－1 所示.

表 2－1

每件产品占用的机时数/(小时/件)	产品甲	产品乙	产品丙	产品丁	设备能力/小时
设备 A	1.5	1.0	2.4	1.0	2 000
设备 B	1.0	5.0	1.0	3.5	8 000
设备 C	1.5	3.0	3.5	1.0	5 000
利润/(元/件)	5.24	7.30	8.34	4.18	

用线性规划制定使总利润最大的生产计划.

设变量 x_i 为第 i 种产品的生产件数($i=1,2,3,4$)，目标函数 z 为相应的生产计划可以获得的总利润. 在加工时间以及利润与产品产量成线性关系的假设下，可以建立如下的线性规划模型：

$$\max z=5.24x_1+7.30x_2+8.34x_3+4.18x_4 \quad \text{目标函数}$$

$$\text{s.t.}\begin{cases}1.5x_1+1.0x_2+2.4x_3+1.0x_4\leqslant 2\,000 \\ 1.0x_1+5.0x_2+1.0x_3+3.5x_4\leqslant 8\,000 & \text{约束条件} \\ 1.5x_1+3.0x_2+3.5x_3+1.0x_4\leqslant 5\,000 \\ x_1,x_2,x_3,x_4\geqslant 0 & \text{变量非负约束}\end{cases}$$

这是一个典型的利润最大化的生产计划问题. 其中 max 表示极大化(maximize)，s. t. 是 subject to 的缩写. 求解这个线性规划，可以得到最优解为

$$x_1=294.12(\text{件}),x_2=1\,500(\text{件}),x_3=0,x_4=58.82(\text{件})$$

最大利润为

$$z=12\,737.06(\text{元})$$

请注意最优解中利润率最高的产品丙在最优生产计划中不安排生产. 说明按产品利润率大小为优先次序来安排生产计划的方法有很大局限性. 尤其当产品品种很多、设备类型很多的情况下，用手工方法安排生产计划很难获得满意的结果.

2.2.2 配料问题

例 2.2 某工厂要用四种合金 T_1,T_2,T_3 和 T_4 为原料，熔炼成为一种新的不锈钢 G. 这四种原料含元素铬(Cr)、锰(Mn)和镍(Ni)，这四种原料的单价以及新的不锈钢材料 G 所要求的 Cr、Mn 和 Ni 的最低含量(%)如表 2-2 所示.

表 2-2

	T_1	T_2	T_3	T_4	G
Cr	3.21	4.53	2.19	1.76	3.20
Mn	2.04	1.12	3.57	4.33	2.10
Ni	5.82	3.06	4.27	2.73	4.30
单价/(元/千克)	115	97	82	76	

设熔炼时质量没有损耗. 要熔炼成 100 千克不锈钢 G，应选用原料 T_1,T_2,T_3 和 T_4 各多少千克，使成本最小？

设选用原料 T_1,T_2,T_3 和 T_4 分别为 x_1,x_2,x_3,x_4 千克. 根据条件，可建立相应的线性规划模型如下：

$$\min z=115x_1+97x_2+82x_3+76x_4$$

$$\text{s.t.}\begin{cases}0.0321x_1+0.0453x_2+0.0219x_3+0.0176x_4\geqslant 3.20\\0.0204x_1+0.0112x_2+0.0357x_3+0.0433x_4\geqslant 2.10\\0.0582x_1+0.0306x_2+0.0427x_3+0.0273x_4\geqslant 4.30\\x_1+x_2+x_3+x_4=100\\x_1,x_2,x_3,x_4\geqslant 0\end{cases}$$

这是一个典型的成本最小化的问题. 其中 min 表示极小化(minimize). 这个线性规划问题的最优解是

$$x_1=26.58(\text{千克}),x_2=31.57(\text{千克}),x_3=41.84(\text{千克}),x_4=0(\text{千克})$$

最低成本为

$$z=9\,549.87(\text{元})$$

2.2.3 背包问题

例 2.3 一只背包最大装载质量为 50 千克. 现有三种物品，每种物品数量无限，每种物品每件的质量、价值如表 2-3 所示.

表 2-3

物品	1	2	3
质量/(千克/件)	10	41	20
价值/(元/件)	17	72	35

要在背包中装入这三种物品各多少件，使背包中的物品价值最高？

设装入物品 1,2 和 3 各为 x_1,x_2,x_3 件. 由于物品的件数必须是整数，因此背包问题的线性规划模型是一个整数规划问题：

$$\max z=17x_1+72x_2+35x_3$$

$$\text{s.t.}\begin{cases}10x_1+41x_2+20x_3\leqslant 50\\ x_1,\ x_2,\ x_3\geqslant 0,\ x_1,\ x_2,\ x_3\ \text{是整数}\end{cases}$$

这个问题的最优解是 $x_1=1$(件),$x_2=0$(件),$x_3=2$(件);最高价值为 $z=87$(元).

2.2.4 运输问题

例 2.4 设某种物资从两个供应地 A_1,A_2 运往三个需求地 B_1,B_2,B_3. 各供应地的供应量、各需求地的需求量、每个供应地到每个需求地的单位物资运价如表 2-4 所示.

表 2-4

运价/(元/吨)	B_1	B_2	B_3	供应量/吨
A_1	2	3	5	35
A_2	4	7	8	25
需求量/吨	10	30	20	

这个问题也可以用图解表示如下,其中节点 A_1,A_2 表示发地,节点 B_1,B_2,B_3 表示收地,从每一发地到每一收地都有相应的运输路线,共有 6 条不同的运输路线.

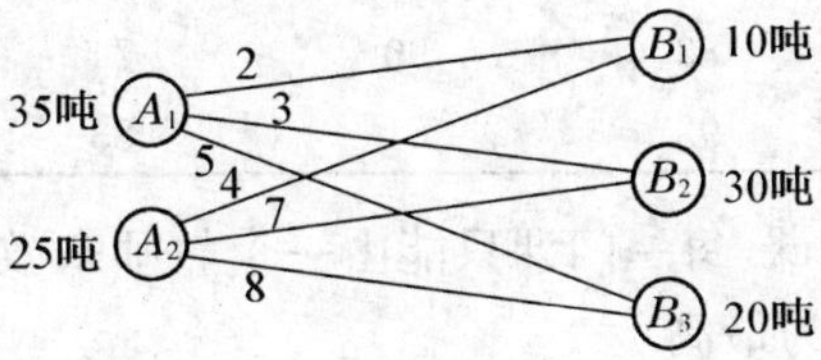

图 2-1

设 x_{ij} 为从供应地 A_i 运往需求地 B_j 的物资数量($i=1,2;j=1,2,3$),z 为总运费,则总运费最小的线性规划模型为

$$\min z=2x_{11}+3x_{12}+5x_{13}+4x_{21}+7x_{22}+8x_{23}$$

$$\text{s.t.}\begin{cases}x_{11}+x_{12}+x_{13}=35 & (1)\\ x_{21}+x_{22}+x_{23}=25 & (2)\\ x_{11}+x_{21}=10 & (3)\\ x_{12}+x_{22}=30 & (4)\\ x_{13}+x_{23}=20 & (5)\\ x_{ij}\geqslant 0\end{cases}$$

以上约束条件(1)(2)称为供应地约束,(3)(4)(5)称为需求地约束. 这个问题的最优解为 $x_{11}=0,x_{12}=30$(吨),$x_{13}=5$(吨),$x_{21}=10$(吨),$x_{22}=0,x_{23}=15$(吨);最小运费为 $z=275$(元).

2.2.5 指派问题

例 2.5 有 n 项任务由 n 个人去完成,每项任务交给一个人,每个人都有一项任务,由第 i 个人去做第 j 项任务的成本(或效益)为 c_{ij}. 求使总成本最小(或效益最大)的分配方案.

设 $$x_{ij}=\begin{cases}0,\text{第 } i \text{ 个人不从事第 } j \text{ 项任务}\\1,\text{第 } i \text{ 个人被指派完成第 } j \text{ 项任务}\end{cases}$$

得到以下的线性规划模型：

$$\min(\max)\ z=\sum_{i=1}^{n}\sum_{j=1}^{n}c_{ij}x_{ij}$$

$$\text{s.t.}\begin{cases}\sum_{i=1}^{n}x_{ij}=1, & j=1,2,\cdots,n\\\sum_{j=1}^{n}x_{ij}=1, & i=1,2,\cdots,n\\x_{ij}=0,1\end{cases}$$

例如，有张、王、李、赵 4 位教师被分配教语文、数学、物理、化学 4 门课程，每位教师教一门课程，每门课程由一位老师教. 根据这 4 位教师以往教课的情况，他们分别教这 4 门课程的平均成绩如表 2－5 所示.

表 2－5

	语文	数学	物理	化学
张	92	68	85	76
王	82	91	77	63
李	83	90	74	65
赵	93	61	83	75

4 位教师每人只能教一门课，每一门课只能由一个教师来教. 要确定哪一位教师上哪一门课，使 4 门课的平均成绩之和为最高.

设 x_{ij} $(i=1, 2, 3, 4; j=1, 2, 3, 4)$ 为第 i 个教师是否教第 j 门课，x_{ij} 只能取值 0 或 1，其意义如下：

$$x_{ij}=\begin{cases}0,\text{第 } i \text{ 个教师不教第 } j \text{ 门课}\\1,\text{第 } i \text{ 个教师教第 } j \text{ 门课}\end{cases}$$

变量 x_{ij} 与教师 i 以及课程 j 的关系如表 2－6 所示.

表 2－6

i \ j	语文	数学	物理	化学
张	x_{11}	x_{12}	x_{13}	x_{14}
王	x_{21}	x_{22}	x_{23}	x_{24}
李	x_{31}	x_{32}	x_{33}	x_{34}
赵	x_{41}	x_{42}	x_{43}	x_{44}

这个指派问题的线性规划模型为

$$\max z=92x_{11}+68x_{12}+85x_{13}+76x_{14}+82x_{21}+91x_{22}+77x_{23}+63x_{24}+83x_{31}+90x_{32}+74x_{33}+65x_{34}+93x_{41}+61x_{42}+83x_{43}+75x_{44}$$

$$
\text{s.t.}\begin{cases}
x_{11}+x_{12}+x_{13}+x_{14}=1 & (1)\\
x_{21}+x_{22}+x_{23}+x_{24}=1 & (2)\\
x_{31}+x_{32}+x_{33}+x_{34}=1 & (3)\\
x_{41}+x_{42}+x_{43}+x_{44}=1 & (4)\\
x_{11}+x_{21}+x_{31}+x_{41}=1 & (5)\\
x_{12}+x_{22}+x_{32}+x_{42}=1 & (6)\\
x_{13}+x_{23}+x_{33}+x_{43}=1 & (7)\\
x_{14}+x_{24}+x_{34}+x_{44}=1 & (8)\\
x_{ij}=0,\ 1
\end{cases}
$$

这个问题的最优解为 $x_{14}=1, x_{23}=1, x_{32}=1, x_{41}=1, \max z=336$(分);即张老师教化学、王老师教物理、李老师教数学、赵老师教语文,如果这样分配教学任务,4 门课的平均总分可以达到 336 分.

在线性规划问题中,如果所有的变量都只能取值 0 或 1,这样的线性规划问题称为(纯)0 - 1 整数规划问题. 如果一个线性规划问题中,有的变量是连续变量,而另一些变量是 0 - 1 变量,这样的问题称为混合 0 - 1 规划问题.

由以上 5 个例子,我们可以归纳出线性规划问题的一般形式:

$$
\max(\min)\ z=c_1x_1+c_2x_2+\cdots+c_jx_j+\cdots+c_nx_n
$$

$$
\text{s.t.}\begin{cases}
a_{11}x_1+a_{12}x_2+\cdots+a_{1j}x_j+\cdots+a_{1n}x_n\leqslant(=\text{或}\geqslant)b_1\\
a_{21}x_1+a_{22}x_2+\cdots+a_{2j}x_j+\cdots+a_{2n}x_n\leqslant(=\text{或}\geqslant)b_2\\
\qquad\vdots\\
a_{m1}x_1+a_{m2}x_2+\cdots+a_{mj}x_j+\cdots+a_{mn}x_n\leqslant(=\text{或}\geqslant)b_m\\
x_1,x_2,\cdots,x_j,\cdots,x_n\geqslant 0
\end{cases}
$$

其中

$$
\max(\min)\ z=c_1x_1+c_2x_2+\cdots+c_jx_j+\cdots+c_nx_n
$$

称为目标函数;

$$
\begin{cases}
a_{11}x_1+a_{12}x_2+\cdots+a_{1j}x_j+\cdots+a_{1n}x_n\leqslant(=\text{或}\geqslant)b_1\\
a_{21}x_1+a_{22}x_2+\cdots+a_{2j}x_j+\cdots+a_{2n}x_n\leqslant(=\text{或}\geqslant)b_2\\
\qquad\vdots\\
a_{m1}x_1+a_{m2}x_2+\cdots+a_{mj}x_j+\cdots+a_{mn}x_n\leqslant(=\text{或}\geqslant)b_m
\end{cases}
$$

称为约束条件;

$$
x_1,x_2,\cdots,x_n\geqslant 0
$$

称为变量的非负约束.

在线性规划问题中,目标函数是变量的线性函数,约束条件是变量的线性不等式. 例如,以下的问题就不是线性规划问题:

$$
\max\ z=5x_1x_2+2x_3
$$

$$
\text{s.t.}\begin{cases}
2x_1^2+3x_2-\dfrac{1}{x_3}\leqslant 15\\
|x_1-x_2|+4x_3\geqslant 14\\
x_1,x_2,x_3\geqslant 0
\end{cases}
$$

记向量和矩阵

$$C=\begin{bmatrix}c_1\\c_2\\\vdots\\c_n\end{bmatrix},X=\begin{bmatrix}x_1\\x_2\\\vdots\\x_n\end{bmatrix},b=\begin{bmatrix}b_1\\b_2\\\vdots\\b_m\end{bmatrix},A=\begin{bmatrix}a_{11}&a_{12}&\cdots&a_{1n}\\a_{21}&a_{22}&\cdots&a_{2n}\\\vdots&\vdots&\ddots&\vdots\\a_{m1}&a_{m2}&\cdots&a_{mn}\end{bmatrix}$$

则线性规划问题可由向量和矩阵表示

$$\max(\min)\ z=\boldsymbol{C}^{\mathrm{T}}\boldsymbol{X}$$

$$\text{s. t.}\begin{cases}\boldsymbol{AX}\leqslant(=\text{或}\geqslant)\boldsymbol{b}\\\boldsymbol{X}\geqslant\boldsymbol{0}\end{cases}$$

§2.3 线性规划问题的标准形式

为了今后讨论方便,我们称以下线性规划的形式为标准形式:

$$\min z=\boldsymbol{C}^{\mathrm{T}}\boldsymbol{X}$$

$$\text{s. t.}\begin{cases}\boldsymbol{AX}=\boldsymbol{b}\\\boldsymbol{X}\geqslant\boldsymbol{0}\end{cases}$$

对于各种非标准形式的线性规划问题,我们总可以通过以下的变换,将其转化为标准形式.

2.3.1 极大化目标函数的问题

设目标函数为

$$\max z=c_1x_1+c_2x_2+\cdots+c_nx_n$$

令 $z'=-z$,则以上极大化问题和极小化问题有相同的最优解,即

$$\min z'=-c_1x_1-c_2x_2-\cdots-c_nx_n$$

但必须注意,尽管以上两个问题的最优解相同,但它们最优解的目标函数值却相差一个符号,即

$$\max z=-\min z'$$

2.3.2 约束条件不是等式的问题

设约束条件为

$$a_{i1}x_1+a_{i2}x_2+\cdots+a_{in}x_n\leqslant b_i(i=1,2,\cdots,m)$$

可以引进一个新的变量 x_{n+i},使它等于约束右边与左边之差

$$x_{n+i}=b_i-(a_{i1}x_1+a_{i2}x_2+\cdots+a_{in}x_n)$$

显然,x_{n+i} 也具有非负约束,即 $x_{n+i}\geqslant0$,这时新的约束条件成为

$$a_{i1}x_1+a_{i2}x_2+\cdots+a_{in}x_n+x_{n+i}=b_i$$

当约束条件为

$$a_{i1}x_1+a_{i2}x_2+\cdots+a_{in}x_n\geqslant b_i$$

时,类似地令

$$x_{n+i}=(a_{i1}x_1+a_{i2}x_2+\cdots+a_{in}x_n)-b_i$$

则同样有 $x_{n+i}\geqslant 0$,新的约束条件成为

$$a_{i1}x_1+a_{i2}x_2+\cdots+a_{in}x_n-x_{n+i}=b_i$$

为了使约束由不等式成为等式而引进的变量 x_{n+i} 称为"松弛变量(Slack Variables)". 如果原问题中有若干个非等式约束,则将其转化为标准形式时,必须对各个约束引进不同的松弛变量.

例 2.6 将以下线性规划问题转化为标准形式

$$\max z=3x_1-2x_2+x_3$$

$$\text{s. t.}\begin{cases}x_1+2x_2-x_3\leqslant 5 & (1)\\ 4x_1+3x_3\geqslant 8 & (2)\\ x_1+x_2+x_3=6 & (3)\\ x_1,x_2,x_3\geqslant 0\end{cases}$$

将目标函数转换成极小化,并分别对约束(1)(2)引进松弛变量 x_4,x_5,得到以下标准形式的线性规划问题

$$\min z'=-3x_1+2x_2-x_3$$

$$\text{s. t.}\begin{cases}x_1+2x_2-x_3+x_4=5\\ 4x_1+3x_3-x_5=8\\ x_1+x_2+x_3=6\\ x_1,x_2,x_3,x_4,x_5\geqslant 0\end{cases}$$

2.3.3 变量无符号限制的问题

在标准形式中,每一个变量都有非负约束. 当一个变量 x_j 没有非负约束时,可以令 $x_j=x_j'-x_j''$. 其中 $x_j'\geqslant 0, x_j''\geqslant 0$,即用两个非负变量之差来表示一个无符号限制的变量,而 x_j 的符号取决于 x_j' 和 x_j'' 的大小.

例 2.7 将以下线性规划问题转化为标准形式

$$\max z=2x_1-3x_2+x_3$$

$$\text{s. t.}\begin{cases}x_1-x_2+2x_3\leqslant 3\\ 2x_1+3x_2-x_3\geqslant 5\\ x_1+x_2+x_3=4\\ x_1,x_3\geqslant 0,\ x_2 \text{ 无符号限制}\end{cases}$$

令 $z'=-z$,引进松弛变量 $x_4,x_5\geqslant 0$,并令 $x_2=x_2'-x_2''$,其中 $x_2'\geqslant 0, x_2''\geqslant 0$ 得到以下等价的标准形式

$$\min z'=-2x_1+3x_2'-3x_2''-x_3$$

$$\text{s. t.}\begin{cases}x_1-x_2'+x_2''+2x_3+x_4=3\\ 2x_1+3x_2'-3x_2''-x_3-x_5=5\\ x_1+x_2'-x_2''+x_3=4\\ x_1,x_2',x_2'',x_3,x_4,x_5\geqslant 0\end{cases}$$

2.3.4 变量小于等于零的问题

在一些实际问题中,变量不允许为正数,这样的问题也需要转化为标准问题. 例如:

$$\min z=3x_1-5x_2+x_3$$

$$\text{s. t.}\begin{cases}2x_1+4x_2+x_3\leqslant 15\\-x_1-3x_2+2x_3\geqslant 6\\x_1\geqslant 0,x_2\leqslant 0,x_3\geqslant 0\end{cases}$$

令 $x_2=-x_2',x_2'\geqslant 0$，原问题成为

$$\min z=3x_1+5x_2'+x_3$$

$$\text{s. t.}\begin{cases}2x_1-4x_2'+x_3\leqslant 15\\-x_1+3x_2'+2x_3\geqslant 6\\x_1\geqslant 0,x_2'\geqslant 0,x_3\geqslant 0\end{cases}$$

然后引进松弛变量 x_4,x_5，成为标准问题：

$$\min z=3x_1+5x_2'+x_3$$

$$\text{s. t.}\begin{cases}2x_1-4x_2'+x_3+x_4=15\\-x_1+3x_2'+2x_3-x_5=6\\x_1,x_2',x_3,x_4,x_5\geqslant 0\end{cases}$$

这样，我们就能够将任何非标准形式的线性规划问题转化为等价的标准形式问题.

§2.4 线性规划问题的几何解释

对于只有两个变量线性规划，可在二维直角坐标平面上表示线性规划问题.

例 2.8

$$\max z=x_1+3x_2$$

$$\text{s. t.}\begin{cases}x_1+x_2\leqslant 6 & (1)\\-x_1+2x_2\leqslant 8 & (2)\\x_1,x_2\geqslant 0\end{cases}$$

其中满足约束(1)的点位于坐标平面上直线 $x_1+x_2=6$ 靠近原点的一侧. 同样，满足约束(2)的点位于坐标平面上直线 $-x_1+2x_2=8$ 的靠近原点的一侧. 而变量 x_1,x_2 的非负约束表明，满足约束条件的点同时应位于第一象限内. 这样，以上几个区域的交集就是满足以上所有约束条件的点的全体.

我们称满足线性规划问题所有约束条件(包括变量非负约束)的向量

$$\boldsymbol{X}=(x_1,x_2,\cdots,x_n)^{\mathrm{T}}$$

为线性规划的可行解(Feasible Solution)，称可行解的集合为可行域(Feasible Region).

例 2.8 的线性规划问题的可行域如图 2-2 中阴影部分所示. 为了在图上表示目标函数，令 $z=z_0$ 为某一确定的目标函数值，取一组不同的 z_0 值，在图上得到一组相应的平行线，称为目标函数等值线. 在同一条等值线上的点，相应的可行解的目标函数值相等. 在图 2-2 中，给出了 $z=0,3,6,9,12,15.3$ 的一组目标函数等值线，对于目标函数极大化问题，这一组目标函数等值线沿目标函数增大而平行移动的方向(即目标函数梯度方向)就是目标函数的系数向量 $\boldsymbol{C}=(c_1,c_2,\cdots,c_n)^{\mathrm{T}}$；对于极小化问题，目标函数则沿 $-\boldsymbol{C}$ 方向平行移动.

在以上问题中，目标函数等值线在平行移动过程中与可行域的最后一个交点是 B 点，这就是线性规划问题的最优解，这个最优解可以由两直线

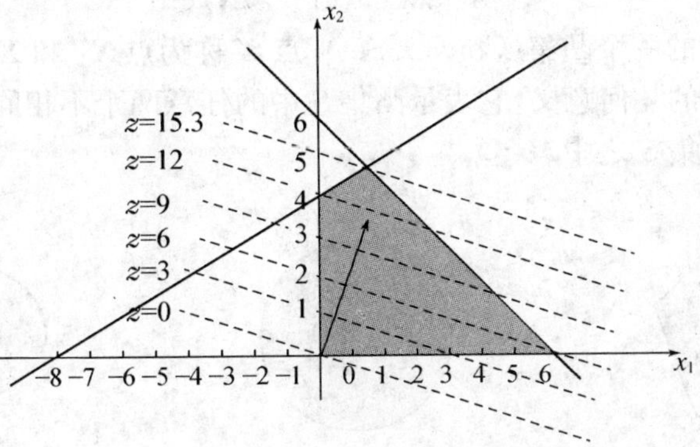

图 2－2

$$x_1+x_2=6$$
$$-x_1+2x_2=8$$

的交点求得

$$x_1=\frac{4}{3},x_2=\frac{14}{3}$$

最优解的目标函数值为

$$z=x_1+3x_2=\frac{4}{3}+3\times\frac{14}{3}=\frac{46}{3}$$

为了将以上概念推广到一般情况，我们给出以下定义：

定义 2.1　在 n 维空间中，满足条件 $a_{i1}x_1+a_{i2}x_2+\cdots+a_{in}x_n=b_i$ 的点集 $\boldsymbol{X}=(x_1,x_2,\cdots,x_n)^{\mathrm{T}}$ 称为一个超平面.

定义 2.2　满足条件 $a_{i1}x_1+a_{i2}x_2+\cdots+a_{in}x_n\leqslant$(或$\geqslant$)$b_i$ 的点集 $\boldsymbol{X}=(x_1,x_2,\cdots,x_n)^{\mathrm{T}}$ 称为 n 维空间中的一个半空间.

定义 2.3　有限个半空间的交集，即同时满足以下条件的非空点集

$$\begin{gathered}a_{11}x_1+a_{12}x_2+\cdots+a_{1n}x_n\leqslant(\text{或}\geqslant)b_1\\a_{21}x_1+a_{22}x_2+\cdots+a_{2n}x_n\leqslant(\text{或}\geqslant)b_2\\\vdots\\a_{m1}x_1+a_{m2}x_2+\cdots+a_{mn}x_n\leqslant(\text{或}\geqslant)b_m\end{gathered}$$

称为 n 维空间中的一个多面体.

运用矩阵记号，n 维空间中的多面体也可记为

$$\boldsymbol{AX}\leqslant(\text{或}\geqslant)\boldsymbol{b}$$

每一个变量非负约束 $x_i\geqslant0(i=1,2,\cdots,n)$ 也都是半空间，其相应的超平面就是相应的坐标平面 $x_i=0$.

从图 2－3 中我们看到，线性规划问题的可行域是一个凸多边形. 容易想象，在一般的 n 维空间中，n 个变量、m 个约束的线性规划问题的可行域也应具备这一性质. 为此我们引进如下定义.

定义 2.4　设 $\boldsymbol{S}$ 是 n 维空间中的一个点集. 若对任意 n 维向量 $\boldsymbol{X}_1\in\boldsymbol{S},\boldsymbol{X}_2\in\boldsymbol{S}$，且 $\boldsymbol{X}_1\neq\boldsymbol{X}_2$，以及任意实数 $\lambda(0\leqslant\lambda\leqslant1)$，有

$$X=\lambda X_1+(1-\lambda)X_2\in S$$

则称 S 为 n 维空间中的一个凸集(Convex Set). 点 X 称为点 X_1 和 X_2 的凸组合.

以上定义有明显的几何意义,它表示凸集 S 中的任意两个不相同的点连线上的点(包括这两个端点),都位于凸集 S 之中.

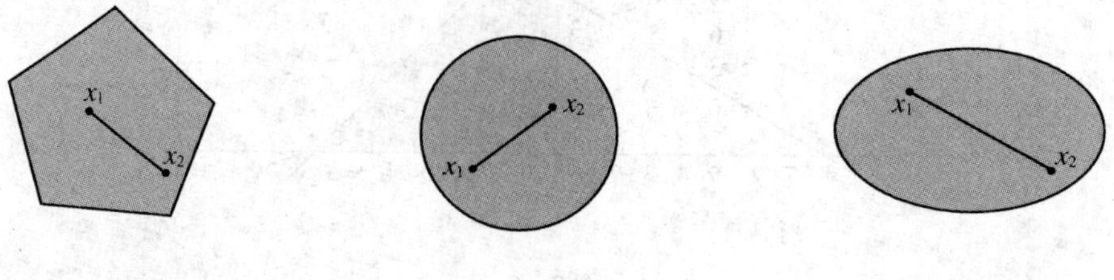

(a) 凸集

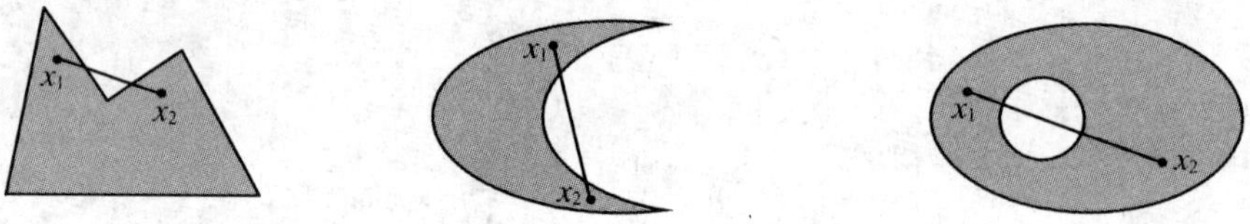

(b) 非凸集

图 2-3

从图 2-3 中还可以看出,线性规划如果有最优解,其最优解必定位于可行域边界的某些点上. 在平面多边形中,这些点就是多边形的顶点. 在 n 维空间中,我们称这样的点为极点(Extreme Point).

在凸集中,不能表示为不同点的凸组合的点称为凸集的极点.

定义 2.5 设 S 为一凸集,且 $X\in S, X_1\in S, X_2\in S$. 对于 $0<\lambda<1$,若

$$X=\lambda X_1+(1-\lambda)X_2$$

则必定有 $X=X_1=X_2$,则称 X 为 S 的一个极点.

运用以上定义,线性规划的可行域以及最优解有以下性质:

(1) 若线性规划的可行域非空,则可行域必定为一凸集;

(2) 若线性规划有最优解,则最优解至少位于一个极点上.

这样,求线性规划最优解的问题,从在可行域内无限个可行解中搜索的问题转化为在其可行域的有限个极点上搜索的问题.

最后,讨论线性规划的可行域和最优解的几种可能的情况.

(1) 可行域为封闭的有界区域:

① 有唯一的最优解;

② 有一个以上的最优解.

(2) 可行域为非封闭的无界区域:

① 有唯一的最优解;

② 有一个以上的最优解;

③ 目标函数无界(即虽有可行解,但在可行域中,目标函数可以无限增大或无限减小),因

而没有最优解.

（3）可行域为空集，因而没有可行解.

以上几种情况的图示如图 2 - 4 所示：

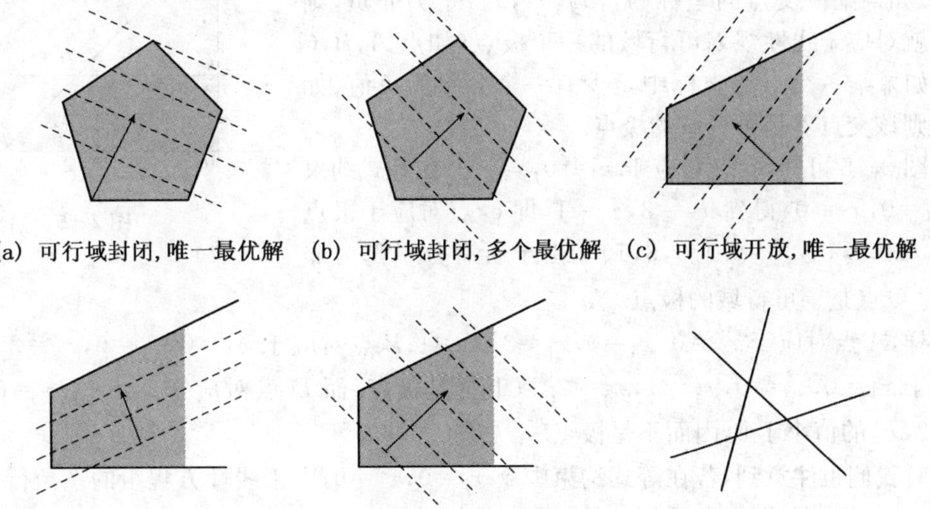

(a) 可行域封闭，唯一最优解　(b) 可行域封闭，多个最优解　(c) 可行域开放，唯一最优解

(d) 可行域开放，多个最优解　(e) 可行域开放，目标函数无界　(f) 可行域为空集

图 2 - 4

§2.5　线性规划的基、基础可行解

由于图解法无法解决三个变量以上的线性规划问题，我们必须用代数方法来求得可行域的极点. 先从以下的例子来看.

例 2.9

$$\max z=x_1+2x_2$$

$$\text{s. t.}\begin{cases}x_1+x_2\leqslant 3 & (1)\\ x_2\leqslant 1 & (2)\\ x_1,x_2\geqslant 0\end{cases}$$

这个问题的图解如图 2 - 5 所示. 引进松弛变量 $x_3,x_4\geqslant 0$，问题变成为标准形式：

$$\max z=x_1+2x_2$$

$$\text{s. t.}\begin{cases}x_1+x_2+x_3=3 & (1)\\ x_2+x_4=1 & (2)\\ x_1,x_2,x_3,x_4\geqslant 0\end{cases}$$

从图 2 - 5 中可以看出，直线 AD 对应于约束条件(1)，位于 AD 左下侧半平面上的点满足约束条件 $x_1+x_2<3$，即该半平面上的点满足 $x_3>0$. 直线 AD 右上侧半平面上的点满足约束条件 $x_1+x_2>3$，即该半平面上的点满足 $x_3<0$，而直线 AD 上的点，相应的 $x_3=0$. 同样，直线 BC 上的点满足 $x_4=0$，BC 以下半平面中的点满足 $x_4>0$，BC 以上半平面中的点满足 $x_4<0$. 另外，OA 上的点满足 $x_2=0$，OD 上的点满足 $x_1=0$.

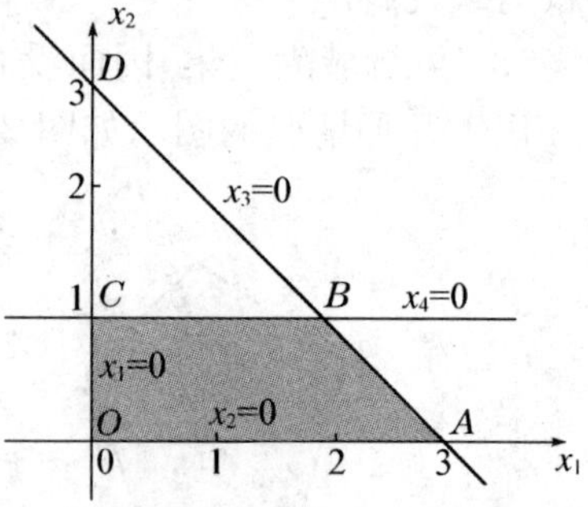

图 2-5

由此可见，图 2-5 中约束直线的交点 O,A,B,C 和 D 可以由以下方法得到：在标准化的等式约束中，令其中某两个变量为零，得到其他变量的唯一解，这个解就是相应交点的坐标. 如果某一交点的坐标(x_1,x_2,x_3,x_4)全为非负，则该交点就对应于线性规划可行域的一个极点(如点 A,B,C 和 O)；如果某一交点的坐标中至少有一个分量为负值(如点 D)，则该交点不是可行域的极点.

由图 2-5 可知，O 点对应于 $x_1=0,x_2=0$. 在等式约束中令 $x_1=0,x_2=0$，得到 $x_3=3,x_4=1$，即 O 点对应于极点 $\boldsymbol{X}=(x_1,x_2,x_3,x_4)^{\mathrm{T}}=(0,0,3,1)^{\mathrm{T}}$. 由于所有分量都为非负，因此 O 点是一可行域的极点.

同样，A 点对应于 $x_2=0,x_3=0,x_1=3,x_4=1$；B 点对应于 $x_3=0,x_4=0,x_1=2,x_2=1$；C 点对应于 $x_1=0,x_4=0,x_2=1,x_3=2$. 以上都是极点. 而 D 点对应于 $x_1=0,x_3=0,x_2=3,x_4=-2$，x_4 的值小于 0，因而不是极点.

同时我们也注意到，若在等式约束中令 $x_2=0,x_4=0$，由于线性方程组的系数行列式等于 0，因而 x_1 和 x_3 无解. 这在图 2-5 中也容易得到解释，这是由于对应的直线 $x_2=0$ 和 $x_4=0$ 平行、没有交点的缘故.

对于一般的问题，获得线性规划可行域极点的方法可描述如下：

设线性规划的约束条件为

$$\begin{cases}\boldsymbol{AX}=\boldsymbol{b}\\ \boldsymbol{X}\geqslant\boldsymbol{0}\end{cases}$$

其中：$\boldsymbol{A}$ 为 $m\times n$ 的矩阵($n>m$)，秩为 m；$\boldsymbol{b}$ 为 $m\times 1$ 向量. 在约束等式中，令 n 维空间的解向量 $\boldsymbol{X}=(x_1,x_2,\cdots,x_n)^{\mathrm{T}}$ 中 $n-m$ 个变量为零，如果剩下的 m 个变量在线性方程组中有唯一解，则这 n 个变量的值组成的向量 $\boldsymbol{X}$ 就对应于 n 维空间中若干个超平面的一个交点. 当这 n 个变量的值都是非负时，这个交点就是线性规划可行域的一个极点.

根据以上分析，自然可以得到以下定义：

定义 2.6 线性规划的基(Basis).

对于线性规划的约束条件

$$\begin{cases}\boldsymbol{AX}=\boldsymbol{b}\\ \boldsymbol{X}\geqslant\boldsymbol{0}\end{cases}$$

设 $\boldsymbol{B}$ 是 $\boldsymbol{A}$ 矩阵中的一个非奇异的 $m\times m$ 子矩阵，则称 $\boldsymbol{B}$ 为线性规划的一个基.

设 $\boldsymbol{B}$ 是线性规划的一个基，则 $\boldsymbol{A}$ 可以表示为

$$\boldsymbol{A}=[\boldsymbol{B},\boldsymbol{N}]$$

$\boldsymbol{X}$ 也可相应地分成

$$\boldsymbol{X}=\begin{bmatrix}\boldsymbol{X}_B\\ \boldsymbol{X}_N\end{bmatrix}$$

其中 $\boldsymbol{X}_B$ 为 $m\times 1$ 向量，称为基变量，其分量与基 $\boldsymbol{B}$ 的列向量对应；$\boldsymbol{X}_N$ 为 $(n-m)\times 1$ 向量，称为非基变量，其分量与非基矩阵 $\boldsymbol{N}$ 的列对应. 这时约束等式 $\boldsymbol{AX}=\boldsymbol{b}$ 可表示为

$$[\boldsymbol{B},\boldsymbol{N}]\begin{bmatrix}\boldsymbol{X}_B\\\boldsymbol{X}_N\end{bmatrix}=\boldsymbol{b}$$

或

$$\boldsymbol{B}\boldsymbol{X}_B+\boldsymbol{N}\boldsymbol{X}_N=\boldsymbol{b}$$

若 $\boldsymbol{X}_N$ 取确定的值，则 $\boldsymbol{X}_B$ 有唯一的值与之对应

$$\boldsymbol{X}_B=\boldsymbol{B}^{-1}\boldsymbol{b}-\boldsymbol{B}^{-1}\boldsymbol{N}\boldsymbol{X}_N$$

特别，取 $\boldsymbol{X}_N=\boldsymbol{0}$，这时有 $\boldsymbol{X}_B=\boldsymbol{B}^{-1}\boldsymbol{b}$. 对于这样一个特别的解，我们有以下定义：

定义 2.7 线性规划问题的基础解(Basic Solution, BS)、基础可行解(Basic Feasible Solution, BFS)和可行基(Feasible Basis, FB).

线性规划的解

$$\boldsymbol{X}=\begin{bmatrix}\boldsymbol{X}_B\\\boldsymbol{X}_N\end{bmatrix}=\begin{bmatrix}\boldsymbol{B}^{-1}\boldsymbol{b}\\\boldsymbol{0}\end{bmatrix}$$

称为线性规划与基 $\boldsymbol{B}$ 对应的基础解.

若其中基变量的值 $\boldsymbol{X}_B=\boldsymbol{B}^{-1}\boldsymbol{b}\geqslant 0$，则称以上的基础解为一基础可行解，相应的基 $\boldsymbol{B}$ 称为可行基.

根据以上的分析，我们不加证明地给出以下定理：

定理 2.1 线性规划的基础可行解就是可行域的极点.

这个定理是线性规划的基本定理，它的重要性在于把可行域的极点这一几何概念与基础可行解这一代数概念联系起来，因而可以通过求基础可行解的线性代数的方法来得到可行域的一切极点，从而有可能进一步获得最优极点.

例 2.10 求例 2.9 中线性规划可行域的所有极点.

这个线性规划问题的标准形式的约束条件为

$$\begin{cases}x_1+x_2+x_3=3\\x_2+x_4=1\\x_1,x_2,x_3,x_4\geqslant 0\end{cases}$$

令

$$\boldsymbol{A}=[a_1,a_2,a_3,a_4]=\begin{bmatrix}1&1&1&0\\0&1&0&1\end{bmatrix}$$

$\boldsymbol{A}$ 矩阵包含以下六个 2×2 的子矩阵：

$$\boldsymbol{B}_1=[a_1,a_2]\quad \boldsymbol{B}_2=[a_1,a_3]\quad \boldsymbol{B}_3=[a_1,a_4]$$
$$\boldsymbol{B}_4=[a_2,a_3]\quad \boldsymbol{B}_5=[a_2,a_4]\quad \boldsymbol{B}_6=[a_3,a_4]$$

其中

$$\boldsymbol{B}_2=[a_1,a_3]=\begin{bmatrix}1&1\\0&0\end{bmatrix}$$

其行列式 $\det \boldsymbol{B}_2=0$，因而 $\boldsymbol{B}_2$ 不是线性规划的一个基. 其余均为非奇异方阵，因此该问题共有 5 个基.

对于基 $\boldsymbol{B}_1=[a_1,a_2]$，令非基变量等于 0

$$\boldsymbol{X}_N=\begin{bmatrix}x_3\\x_4\end{bmatrix}=\begin{bmatrix}0\\0\end{bmatrix}$$

得到基变量的值

$$\boldsymbol{X}_B=\begin{bmatrix}x_1\\x_2\end{bmatrix}=\boldsymbol{B}^{-1}\boldsymbol{b}=\begin{bmatrix}1&-1\\0&1\end{bmatrix}\cdot\begin{bmatrix}3\\1\end{bmatrix}=\begin{bmatrix}2\\1\end{bmatrix}\geqslant\begin{bmatrix}0\\0\end{bmatrix}$$

为非负,因而 $\boldsymbol{B}_1$ 是可行基.

$$\boldsymbol{X}=\begin{bmatrix}\boldsymbol{X}_B\\\boldsymbol{X}_N\end{bmatrix}=\begin{bmatrix}x_1\\x_2\\x_3\\x_4\end{bmatrix}=\begin{bmatrix}2\\1\\0\\0\end{bmatrix}$$

为对应于基 $\boldsymbol{B}_1$ 的一个基础解. 由于 $\boldsymbol{X}$ 的各分量均为非负,故 $\boldsymbol{X}$ 是一个基础可行解,因而对应于一个极点. 事实上,这个极点就是图 2-5 中的极点 $\boldsymbol{B}$. 用同样的方法,可以验证 $\boldsymbol{B}_3$、$\boldsymbol{B}_4$、$\boldsymbol{B}_6$ 都是可行基,因而相应的基础解都是可行解,各对应于一个极点. 但 $\boldsymbol{B}_5$ 不是可行基,这是因为 $\boldsymbol{B}_5$ 对应的基础解

$$\boldsymbol{X}=(x_1,x_2,x_3,x_4)^{\mathrm{T}}=(0,3,0,-2)^{\mathrm{T}}$$

有小于零的分量,因而对应的点 D 不是极点.

定理 2.1 指出了一种求解线性规划问题的可能途径,这就是先确定线性规划问题的基,如果是可行基,则计算相应的基础可行解以及相应解的目标函数值. 由于基的个数是有限的(最多 C_n^m 个),因此必定可以从有限个基础可行解中找到使目标函数为最优(极大或极小)的解.

遗憾的是,线性规划的基的个数是随着问题规模的增大而很快增加,以致实际上成为不可穷尽的. 举例来说,一个有 50 个变量、20 个约束等式的线性规划问题,其最多可能有 $C_{50}^{20}=\frac{50!}{20!\ 30!}=4.7\times10^{13}$(个)基.

为了说明计算所有基础可行解的计算量有多大,我们假定计算一个基础可行解(即求解一个 20×20 的线性方程组)只需要一秒钟,那么计算以上所有的基础可行解需要 $\frac{4.7\times10^{13}}{3600\times24\times365}\approx 1.5\times10^{6}$(年),即约 150 万年.

很显然,借助于定理 2.1 来求解线性规划问题,哪怕是规模不大的问题,也是不可能的. 而下一章介绍的一种算法——单纯形法,可以极为有效地解决大规模的线性规划问题.

§2.6 单纯形法原理

2.6.1 用消元法描述单纯形法原理

单纯形法是描述可行解从可行域的一个极点沿着可行域的边界移到另一个相邻的极点时,目标函数和基变量随之变化的方法. 由上一节的讨论可以知道,对于线性规划的一个基,当非基变量确定以后,基变量和目标函数的值也随之确定. 因此,可行解从一个极点到相邻极点的移动,以及移动时基变量和目标函数值的变化可以分别由基变量和目标函数用非基变量的表达式来表示. 同时,当可行解从可行域的一个极点沿着可行域的边界移动到一个相邻的极点的过程中,所有非基变量中只有一个变量的值从 0 开始增加,而其他非基变量的值都保持 0 不变.

根据以上讨论,(目标函数极小化问题)单纯形法的步骤可描述如下:

步骤0(初始步骤) 找到一个初始的基和相应基础可行解(极点),确定相应的基变量、非基变量(全部等于0)以及目标函数的值,并将目标函数和基变量分别用非基变量表示.

步骤1 根据目标函数用非基变量标出的表达式中非基变量的系数,选择一个非基变量,使它的值从当前值0开始增加时,目标函数值随之减少.这个选定的非基变量称为“进基变量”.

如果任何一个非基变量的值增加都不能使目标函数值减少,则当前的基础可行解就是最优解.

步骤2 在基变量用非基变量标出的表达式中,观察进基变量增加时各基变量变化情况,确定基变量的值在进基变量增加过程中首先减少到0的变量,这个基变量称为“离基变量”.当进基变量的值增加到使离基变量的值降为0时,可行解移动到相邻的极点.

如果进基变量的值增加时,所有基变量的值都不减少,则表示可行域是不封闭的,且目标函数值随进基变量的增加可以无限减少.

步骤3 将进基变量作为新的基变量,离基变量作为新的非基变量,确定新的基、新的基础可行解和新的目标函数值.返回步骤1.

例2.11 用单纯形法求解例2.9的线性规划问题.

$$\max z = x_1 + 2x_2$$

$$\text{s. t.} \begin{cases} x_1 + x_2 \leqslant 3 \\ x_2 \leqslant 1 \\ x_1, x_2 \geqslant 0 \end{cases}$$

这个问题的图形如图2-6所示.

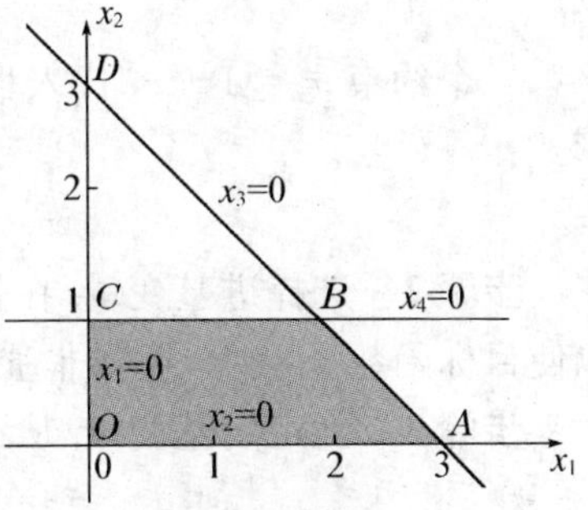

图2-6

首先将以上问题转换成标准形式.将目标函数转换成极小化,并在约束中增加松弛变量 x_3, x_4:

$$\min z' = -x_1 - 2x_2$$

$$\text{s. t.} \begin{cases} x_1 + x_2 + x_3 = 3 \\ x_2 + x_4 = 1 \\ x_1, x_2, x_3, x_4 \geqslant 0 \end{cases}$$

第一次迭代:

步骤1 取初始可行基,x_3, x_4 为基变量,x_1, x_2 为非基变量.将基变量和目标函数用非基变量表示:

$$z' = -x_1 - 2x_2$$

$$\begin{cases} x_3 = 3 - x_1 - x_2 \\ x_4 = 1 - x_2 \end{cases}$$

当非基变量 $x_1, x_2 = 0$ 时,相应的基变量和目标函数值为 $x_3 = 3, x_4 = 1, z' = 0$,得到当前的基础可行解:

$$(x_1, x_2, x_3, x_4) = (0, 0, 3, 1), z' = 0$$

这个解对应于极点 O.

步骤2 选择进基变量.在目标函数

$$z' = -x_1 - 2x_2$$

中,非基变量 x_1,x_2 的系数都是负数,因此 x_1,x_2 进基都可以使目标函数 z'减小.但 x_2 的系数为-2,绝对值比 x_1 的系数-1 大,因此 x_2 进基可以使目标函数 z'减少更快.选择 x_2 进基,使 x_2 的值从 0 开始增加,另一个非基变量 $x_1=0$ 保持不变.

步骤 3 确定离基变量.在约束条件

$$z'=-x_1-2x_2$$

$$\begin{cases}x_3=3-x_1-x_2\\x_4=1-x_2\end{cases}$$

中,由于进基变量 x_2 在两个约束条件中的系数都是负数,当 x_2 的值从 0 开始增加时,基变量 x_3,x_4 的值分别从当前的值 3 和 1 开始减少,当 x_2 增加到 1 时,x_4 首先下降为 0 成为非基变量.这时,新的基变量为 x_3,x_2,新的非基变量为 x_1,x_4,当前的基础可行解和目标函数值为

$$(x_1,x_2,x_3,x_4)=(0,1,2,0),z'=-2$$

这个解对应于极点 C.

第二次迭代:

步骤 1 将当前的基变量 x_3,x_2 用当前的非基变量 x_1,x_4 表示:

$$\begin{cases}x_2+x_3=3-x_1\\x_2=1-x_4\end{cases}$$

消去第一个约束中的基变量 x_2,得到

$$\begin{cases}x_3=2-x_1+x_4\\x_2=1-x_4\end{cases}$$

将第二个约束 $x_2=1-x_4$ 代入目标函数 $z'=-x_1-2x_2$,得到目标函数用当前非基变量表示的形式:

$$z'=-x_1-2(1-x_4)=-2-x_1+2x_4$$

步骤 2 选择进基变量.在目标函数 $z'=-2-x_1+2x_4$ 中,只有非基变量 x_1 的值增加可以使目标函数 z'减少,选择非基变量 x_1 进基,另一个非基变量 $x_4=0$ 保持不变.

步骤 3 确定离基变量.从约束条件

$$\begin{cases}x_3=2-x_1+x_4\\x_2=1-x_4\end{cases}$$

可以看出,当进基变量 x_1 从 0 开始增加时,基变量 x_3 的值从 2 开始减少,另一个基变量 x_2 的值不随 x_1 变化.当 $x_1=2$ 时,基变量 $x_3=0$ 离基,这时新的基变量为 x_1,x_2,新的非基变量为 x_3,x_4.当前的基础可行解为$(x_1,x_2,x_3,x_4)=(2,1,0,0)$,$z'=-4$,这个解对应于极点 B.

第三次迭代:

步骤 1 将基变量 x_1,x_2 和目标函数 z'分别用非基变量 x_3,x_4 表示:

$$\begin{cases}x_1+x_2=3-x_3\\x_2=1-x_4\end{cases}$$

消去第一个约束条件中的 x_2,得到

$$\begin{cases}x_1=2-x_3+x_4\\x_2=1-x_4\end{cases}$$

将以上两个基变量 x_1,x_2 代入目标函数 $z'=-x_1-2x_2$，得到目标函数用当前非基变量表示的形式：

$$z'=-(2-x_3+x_4)-2(1-x_4)=-4+x_3+x_4$$

步骤 2　选择进基变量.由于目标函数中非基变量 x_3,x_4 的系数都是正数，因此任何一个进基都不能使目标函数减少，而只会使目标函数增大.且已经达到最优解，最优解为

$$(x_1,x_2,x_3,x_4)=(2,1,0,0),\min z'=-4.$$

原问题的最优解为 $(x_1,x_2)=(2,1)$，$\max z=4$.

例 2.12　用单纯形法求解以下线性规划问题：

$$\max z=x_1+3x_2$$
$$\text{s.t.}\begin{cases}x_1+x_2\leqslant 6\\-x_1+2x_2\leqslant 8\\x_1,x_2\geqslant 0\end{cases}$$

这个问题的图解如图 2－7 所示.

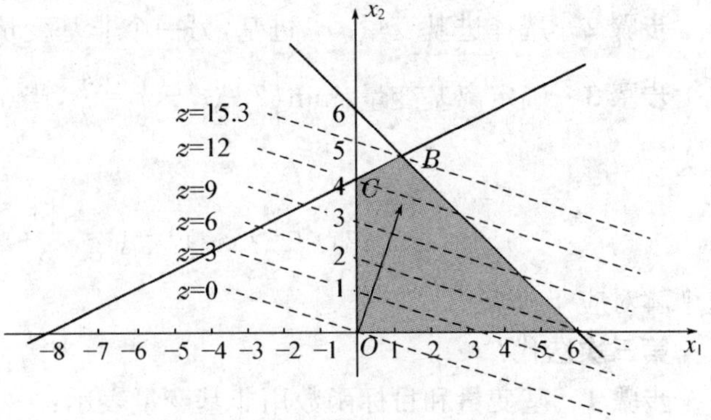

图 2－7

标准化，得到

$$\min z'=-x_1-3x_2$$
$$\text{s.t.}\begin{cases}x_1+x_2+x_3=6\\-x_1+2x_2+x_4=8\\x_1,x_2,x_3,x_4\geqslant 0\end{cases}$$

第一次迭代：

步骤 1　初始非基变量 $x_1=x_2=0$，基变量 $x_3=6$，$x_4=8$，初始基础可行解为

$$(x_1,x_2,x_3,x_4)=(0,0,6,8),z'=0$$

这个解对应于极点 O.

基变量和目标函数用非基变量表示：

$$z'=-x_1-3x_2$$
$$\begin{cases}x_3=6-x_1-x_2\\x_4=8+x_1-2x_2\end{cases}$$

步骤 2　选择进基变量.x_2 进基，另一个非基变量 $x_1=0$ 不变.

步骤 3　确定离基变量.$\min\left\{\dfrac{6}{1},\dfrac{8}{2}\right\}=4$，当 $x_2=4$ 时，$x_4=0$ 离基.新的基础可行解为

$$(x_1,x_2,x_3,x_4)=(0,4,2,0),z'=-12$$

这个解对应于极点 C.

第二次迭代：

步骤 1　基变量和目标函数用非基变量表示：

$$\begin{cases}x_2+x_3=6-x_1\\2x_2=8+x_1-x_4\end{cases}$$

将第二个约束两边同除以 2，得到

$$\begin{cases}x_2+x_3=6-x_1\\x_2=4+\dfrac{1}{2}x_1-\dfrac{1}{2}x_4\end{cases}$$

两式相减，消去第一式中的基变量 x_2，得到

$$\begin{cases}x_3=2-\frac{3}{2}x_1+\frac{1}{2}x_4\\ x_2=4+\frac{1}{2}x_1-\frac{1}{2}x_4\end{cases}$$

将基变量 $x_2=4+\frac{1}{2}x_1-\frac{1}{2}x_4$ 代入目标函数 $z'=-x_1-3x_2$，消去目标函数中的基变量 x_2：

$$z'=-x_1-3\left(4+\frac{1}{2}x_1-\frac{1}{2}x_4\right)=-12-\frac{5}{2}x_1+\frac{3}{2}x_4$$

$$\begin{cases}x_3=2-\frac{3}{2}x_1+\frac{1}{2}x_4\\ x_2=4+\frac{1}{2}x_1-\frac{1}{2}x_4\end{cases}$$

步骤 2 选择进基变量. x_1 进基，另一个非基变量 $x_4=0$ 保持不变.

步骤 3 确定离基变量. $\min\left\{2/\frac{3}{2},-\right\}=\frac{4}{3}$，当 $x_1=\frac{4}{3}$时，$x_3=0$ 离基. 这时新的基础可行解为

$$(x_1,x_2,x_3,x_4)=\left(\frac{4}{3},\frac{14}{3},0,0\right),z'=-\frac{64}{3}$$

这个解对应于极点 B.

第三次迭代：

步骤 1 基变量和目标函数用非基变量表示：

$$\begin{cases}x_1+x_2=6-x_3\\ -x_1+2x_2=8-x_4\end{cases}$$

两式相加，消去第二式中的基变量 x_1，得到

$$\begin{cases}x_1+x_2=6-x_3\\ 3x_2=14-x_3-x_4\end{cases}$$

将第二个约束两边同除以 3，得到

$$\begin{cases}x_1+x_2=6-x_3\\ x_2=\frac{14}{3}-\frac{1}{3}x_3-\frac{1}{3}x_4\end{cases}$$

两式相减，消去第一式中的基变量 x_2，得到

$$\begin{cases}x_1=\frac{4}{3}-\frac{2}{3}x_3+\frac{1}{3}x_4\\ x_2=\frac{14}{3}-\frac{1}{3}x_3-\frac{1}{3}x_4\end{cases}$$

将以上基变量 x_1,x_2 代入目标函数 $z'=-x_1-3x_2$，消去目标函数中的基变量 x_1,x_2：

$$z'=-\left(\frac{4}{3}-\frac{2}{3}x_3+\frac{1}{3}x_4\right)-3\times\left(\frac{14}{3}-\frac{1}{3}x_3-\frac{1}{3}x_4\right)=-\frac{46}{3}+\frac{5}{3}x_3+\frac{2}{3}x_4$$

步骤 2 选择进基变量. 由于目标函数中非基变量 x_3、x_4 的系数都是正数，它们中任何一个进基都不能使目标函数减小，已获得最优解：

$$(x_1,x_2,x_3,x_4)=\left(\frac{4}{3},\frac{14}{3},0,0\right),\min z'=-\frac{46}{3}$$

原问题的解为

$$(x_1,x_2,x_3,x_4)=\left(\frac{4}{3},\frac{14}{3},0,0\right),\max z=\frac{46}{3}$$

例 2.13　目标函数无界的情况：

$$\min z=-x_1-2x_2$$

$$\text{s. t.}\begin{cases}-x_1+x_2\leqslant 1\\ x_2\leqslant 2\\ x_1,x_2\geqslant 0\end{cases}$$

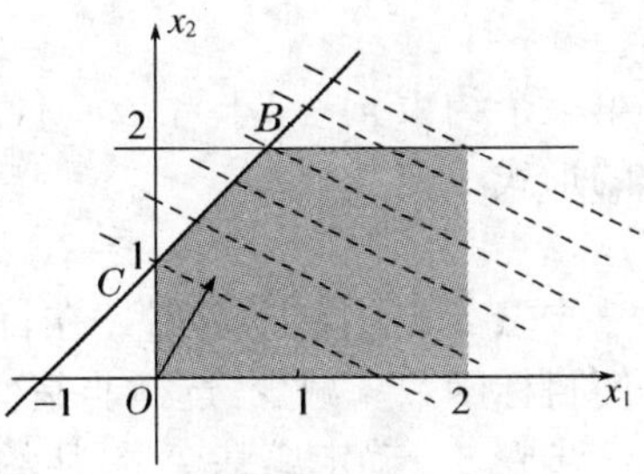

图 2-8

引进松弛变量 x_3,x_4：

$$\min z=-x_1-2x_2$$

$$\text{s. t.}\begin{cases}-x_1+x_2+x_3=1\\ x_2+x_4=2\\ x_1,x_2,x_3,x_4\geqslant 0\end{cases}$$

第一次迭代：

步骤 1　取初始可行基，x_3,x_4 为基变量，x_1,x_2 为非基变量. 将基变量和目标函数用非基变量表示：

$$z=-x_1-2x_2$$

$$\begin{cases}x_3=1+x_1-x_2\\ x_4=2-x_2\end{cases}$$

当非基变量 $x_1,x_2=0$ 时，相应的基变量和目标函数值为 $x_3=1,x_4=2,z=0$，得到当前的基础可行解：

$$(x_1,x_2,x_3,x_4)=(0,0,1,2),z=0$$

这个解对应于极点 O.

步骤 2　选择进基变量. 在目标函数

$$z=-x_1-2x_2$$

中，非基变量 x_1,x_2 的系数都是负数，因此 x_1,x_2 进基都可以使目标函数 z 减小. 但 x_2 的系数为 -2，绝对值比 x_1 的系数 -1 大，因此 x_2 进基可以使目标函数 z 减少更快. 选择 x_2 进基，使 x_2 的值从 0 开始增加，另一个非基变量 $x_1=0$ 保持不变.

步骤 3　确定离基变量. 在约束条件

$$z=-x_1-2x_2$$

$$\begin{cases}x_3=1+x_1-x_2\\ x_4=2-x_2\end{cases}$$

中，由于进基变量 x_2 在两个约束条件中的系数都是负数，当 x_2 的值从 0 开始增加时，基变量 x_3,x_4 的值分别从当前的值 1 和 2 开始减少，当 x_2 增加到 1 时，x_3 首先下降为 0 成为非基变量. 这时，新的基变量为 x_2,x_4，新的非基变量为 x_1,x_3，当前的基础可行解和目标函数值为

$$(x_1,x_2,x_3,x_4)=(0,1,0,1),z=-2$$

这个解对应于极点 C.

第二次迭代：

步骤 1 将当前的基变量 x_2, x_4 用当前的非基变量 x_1, x_3 表示：

$$\begin{cases} x_2=1+x_1-x_3 \\ x_2+x_4=2 \end{cases}$$

消去第二个约束中的基变量 x_2，得到

$$\begin{cases} x_2=1+x_1-x_3 \\ x_4=1-x_1+x_3 \end{cases}$$

将第一个约束 $x_2=1+x_1-x_3$ 代入目标函数 $z'=-x_1-2x_2$，得到目标函数用当前非基变量表示的形式：

$$z=-x_1-2(1+x_1-x_3)=-2-3x_1+2x_3$$

步骤 2 选择进基变量. 在目标函数 $z'=-2-3x_1+2x_3$ 中，只有非基变量 x_1 的值增加可以使目标函数 z 减少，选择非基变量 x_1 进基，另一个非基变量 $x_3=0$ 保持不变.

步骤 3 确定离基变量. 从约束条件

$$\begin{cases} x_2=1+x_1-x_3 \\ x_4=1-x_1+x_3 \end{cases}$$

可以看出，当进基变量 x_1 从 0 开始增加时，基变量 x_4 的值从 1 开始减少，另一个基变量 x_2 的值随 x_1 变化而增加. 当 $x_1=1$ 时，基变量 $x_4=0$ 离基，这时新的基变量为 x_1, x_2，新的非基变量为 x_3, x_4. 当前的基础可行解为

$$(x_1, x_2, x_3, x_4)=(1,2,0,0), z=-5$$

这个解对应于极点 B.

第三次迭代：

步骤 1 将基变量 x_1, x_2 和目标函数 z' 分别用非基变量 x_3, x_4 表示：

$$\begin{cases} -x_1+x_2=1-x_3 \\ x_2=2-x_4 \end{cases}$$

第一个约束两边同乘以 -1，消去第一个约束条件中的 x_2，得到

$$\begin{cases} x_1=1+x_3-x_4 \\ x_2=2-x_4 \end{cases}$$

将以上两个基变量 x_1, x_2 代入目标函数 $z'=-x_1-2x_2$，得到目标函数用当前非基变量表示的形式：

$$z=-(1+x_3-x_4)-2(2-x_4)=-5-x_3+3x_4$$

步骤 2 选择进基变量. 由于目标函数中非基变量 x_3 系数是负数，因此选取 x_3 为进基变量. 但从约束条件可以看出，进基变量 x_3 的值增加时，基变量 x_1 的值增加，x_2 的值不变，因此进基变量 x_3 的值可以无限增加，目标函数值可以无限减少，可行域不封闭，且目标函数无界.

2.6.2 用向量矩阵描述单纯形法原理

设标准的线性规划问题为

$$\begin{aligned} &\min z=\boldsymbol{C}^{\mathrm{T}}\boldsymbol{X} \\ &\text{s.t.} \begin{cases} \boldsymbol{AX}=\boldsymbol{b} \\ \boldsymbol{X}\geqslant\boldsymbol{0} \end{cases} \end{aligned} \tag{2.1}$$

并设

$$\boldsymbol{A}=[\boldsymbol{a}_1,\boldsymbol{a}_2,\cdots,\boldsymbol{a}_n]$$

其中 $\boldsymbol{a}_j(j=1,2,\cdots,n)$是 $\boldsymbol{A}$ 矩阵的第 j 个列向量.

$$\boldsymbol{B}=[\boldsymbol{a}_{B1},\boldsymbol{a}_{B2},\cdots,\boldsymbol{a}_{Bm}]$$

是 $\boldsymbol{A}$ 的一个基.

这样,矩阵 $\boldsymbol{A}$ 可以分块记为 $\boldsymbol{A}=[\boldsymbol{B},\boldsymbol{N}]$,相应地,向量 $\boldsymbol{X}$ 和 $\boldsymbol{C}$ 可以记为

$$\boldsymbol{X}=\begin{bmatrix}\boldsymbol{X}_B\\\boldsymbol{X}_N\end{bmatrix},\boldsymbol{C}=\begin{bmatrix}\boldsymbol{C}_B\\\boldsymbol{C}_N\end{bmatrix}$$

并设 $\boldsymbol{R}$ 为非基变量的下标集合. 利用以上的记号,式(2.1)中的约束 $\boldsymbol{AX}=\boldsymbol{b}$ 可以写成

$$\boldsymbol{BX}_B+\boldsymbol{NX}_N=\boldsymbol{b}$$

即

$$\boldsymbol{X}_B=\boldsymbol{B}^{-1}\boldsymbol{b}-\boldsymbol{B}^{-1}\boldsymbol{NX}_N \tag{2.2}$$

这就是在约束条件中,基变量用非基变量表示的形式.

对于一个确定的基 $\boldsymbol{B}$,目标函数 z 可以写成

$$z=\boldsymbol{C}^{\mathrm{T}}\boldsymbol{X}=[\boldsymbol{C}_B^{\mathrm{T}},\boldsymbol{C}_N^{\mathrm{T}}]\begin{bmatrix}\boldsymbol{X}_B\\\boldsymbol{X}_N\end{bmatrix}=\boldsymbol{C}_B^{\mathrm{T}}\boldsymbol{X}_B+\boldsymbol{C}_N^{\mathrm{T}}\boldsymbol{X}_N$$

将式(2.2)代入以上目标函数表达式,得到目标函数 z 用非基变量表示的形式:

$$\begin{aligned}z&=\boldsymbol{C}_B^{\mathrm{T}}(\boldsymbol{B}^{-1}\boldsymbol{b}-\boldsymbol{B}^{-1}\boldsymbol{NX}_N)+\boldsymbol{C}_N^{\mathrm{T}}\boldsymbol{X}_N\\&=\boldsymbol{C}_B^{\mathrm{T}}\boldsymbol{B}^{-1}\boldsymbol{b}-(\boldsymbol{C}_B^{\mathrm{T}}\boldsymbol{B}^{-1}\boldsymbol{N}-\boldsymbol{C}_N^{\mathrm{T}})\boldsymbol{X}_N\end{aligned} \tag{2.3}$$

式(2.2,2.3)表示,非基变量的任何一组确定的值,基变量和目标函数都有一组确定的值与之对应. 特别,当 $\boldsymbol{X}_N=\boldsymbol{0}$ 时,相应的解

$$\boldsymbol{X}=\begin{bmatrix}\boldsymbol{X}_B\\\boldsymbol{X}_N\end{bmatrix}=\begin{bmatrix}\boldsymbol{B}^{-1}\boldsymbol{b}\\\boldsymbol{0}\end{bmatrix}$$

就是对应于基 $\boldsymbol{B}$ 的基础解. 如果 $\boldsymbol{B}$ 是一个可行基,则有

$$\boldsymbol{X}=\begin{bmatrix}\boldsymbol{X}_B\\\boldsymbol{X}_N\end{bmatrix}=\begin{bmatrix}\boldsymbol{B}^{-1}\boldsymbol{b}\\\boldsymbol{0}\end{bmatrix}\geqslant\boldsymbol{0}$$

单纯形算法包括以下步骤:

(1) 取得一个初始可行基 $\boldsymbol{B}$,相应的基础可行解

$$\boldsymbol{X}=\begin{bmatrix}\boldsymbol{X}_B\\\boldsymbol{X}_N\end{bmatrix}=\begin{bmatrix}\boldsymbol{B}^{-1}\boldsymbol{b}\\\boldsymbol{0}\end{bmatrix}$$

以及当前的目标函数值

$$z=\boldsymbol{C}_B^{\mathrm{T}}\boldsymbol{X}_B=\boldsymbol{C}_B^{\mathrm{T}}\boldsymbol{B}^{-1}\boldsymbol{b}$$

(2) 在当前的非基变量中,选取一个 $x_k(k\in\mathbf{R})$,使 x_k的值由当前的值 0 开始增加,并要求在 x_k增加时目标函数严格减少,其余非基变量的值均保持零值不变. 如果任何一个非基变量的值由 0 增加时,目标函数都不能减少,则当前的基已经是最优基.

(3) 当 x_k的值由 0 开始增加时,由式(2.2)可知,当前各基变量的值也要随之变化. 有以下两种情况将会发生:

① 当 x_k的值增加时,某些基变量的值随之减小,则必定有一个基变量 x_{Br} 的值在 x_k的增

加过程中首先降为 0. 这时，这个基变量 x_{Br} 成为非基变量，而非基变量 x_k 成为一个新的基变量. 相应地，x_k 在矩阵 $\boldsymbol{A}$ 中相应(不在基 $\boldsymbol{B}$ 中)的列向量 $\boldsymbol{a}_k$ 将取代基变量 x_{Br} 在基 $\boldsymbol{B}$ 中的列向量 $\boldsymbol{a}_{Br}$，从而实现由原来的可行基 $\boldsymbol{B}$ 到一个新的可行基 $\boldsymbol{B}'$ 的变换. 在这一过程中，称变量 x_k 为进基变量，x_{Br} 为离基变量，由可行基 $\boldsymbol{B}$ 到 $\boldsymbol{B}'$ 的变换称为基变换. 由 x_k 的选取可知，新的基 $\boldsymbol{B}'$ 对应的目标函数值必定小于原可行基 $\boldsymbol{B}$ 对应的目标函数值.

② 当 x_k 增加时，由式(2.2)确定的所有基变量的值都随之增加，则不会有任何基变量离基，这时 x_k 值的增加没有任何限制. 注意到进基变量 x_k 的选取，x_k 的增加使目标函数减少，在这种情况下，可以判定可行域是无界的，且目标函数无界.

(4) 对于新的可行基，重复步骤 2 和 3，就一定可以获得最优基或确定目标函数无界.

下面我们来详细说明如何实现以上步骤：

步骤 1 获得初始基础可行解的一般化的方法将在下一节中叙述，这里我们假定已经获得了一个初始的可行基 $\boldsymbol{B}$，基 $\boldsymbol{B}$ 对应的基础解为

$$\boldsymbol{X}=\begin{bmatrix}\boldsymbol{X}_B\\ \boldsymbol{X}_N\end{bmatrix}=\begin{bmatrix}\boldsymbol{B}^{-1}\boldsymbol{b}\\ \boldsymbol{0}\end{bmatrix}$$

当前的目标函数值为

$$z_0=\boldsymbol{C}_B^{\mathrm{T}}\boldsymbol{X}_B=\boldsymbol{C}_B^{\mathrm{T}}\boldsymbol{B}^{-1}\boldsymbol{b}$$

步骤 2 确定进基的非基变量 x_k.

由式(2.1)可知，当前目标函数值用非基变量表示的形式是

$$\begin{aligned}z&=\boldsymbol{C}_B^{\mathrm{T}}\boldsymbol{B}^{-1}\boldsymbol{b}-(\boldsymbol{C}_B^{\mathrm{T}}\boldsymbol{B}^{-1}\boldsymbol{N}-\boldsymbol{C}_N^{\mathrm{T}})\boldsymbol{X}_N\\&=z_0-\sum_{j\in\mathbf{R}}(\boldsymbol{C}_B^{\mathrm{T}}\boldsymbol{B}^{-1}\boldsymbol{a}_j-c_j)x_j\end{aligned}$$

令

$$\boldsymbol{C}_B^{\mathrm{T}}\boldsymbol{B}^{-1}\boldsymbol{a}_j=z_j$$

则

$$z=z_0-\sum_{j\in R}(z_j-c_j)x_j$$

如果对于所有非基变量 $j\in\mathbf{R}$，都有检验数 $z_j-c_j\leqslant 0$，则任何非基变量 x_j 的值由 0 开始增加都不会使 z 减少. 因此，当前基 $\boldsymbol{B}$ 已是最优基，相应的基础可行解

$$\boldsymbol{X}=\begin{bmatrix}\boldsymbol{X}_B\\ \boldsymbol{X}_N\end{bmatrix}=\begin{bmatrix}\boldsymbol{B}^{-1}\boldsymbol{b}\\ \boldsymbol{0}\end{bmatrix}$$

就是最优解，最优解的目标函数值为

$$z=\boldsymbol{C}_B^{\mathrm{T}}\boldsymbol{X}_B=\boldsymbol{C}_B^{\mathrm{T}}\boldsymbol{B}^{-1}\boldsymbol{b}$$

z_j-c_j 称为非基变量 x_j 的检验数，检验数是当目标函数用非基变量表示时非基变量的系数.

如果有 $k\in\mathbf{R}$，使检验数 $z_k-c_k>0$，则非基变量 x_k 的增加将会使目标函数值减少. 为了使目标函数值下降得快一些，一般选取检验数 z_k-c_k 满足

$$z_k-c_k=\max_{j\in\mathbf{R}}\{z_j-c_j\mid z_j-c_j>0\}\tag{2.4}$$

的非基变量 x_k 为进基变量. 由于除 x_k 以外的非基变量的值均保持为 0 不变，这时目标函数可以表示为

$$z=z_0-\sum_{j\in\mathbf{R}}(z_j-c_j)x_j=z_0-(z_k-c_k)x_k \tag{2.5}$$

步骤 3 确定基变量中离基的变量 x_{Br}.

在式(2.2)中,令

$$\bar{\boldsymbol{b}}=\boldsymbol{B}^{-1}\boldsymbol{b}=\begin{bmatrix}\bar{b}_1\\ \vdots\\ \bar{b}_r\\ \vdots\\ \bar{b}_m\end{bmatrix},\boldsymbol{Y}_j=\boldsymbol{B}^{-1}\boldsymbol{a}_j=\begin{bmatrix}y_{1j}\\ \vdots\\ y_{rj}\\ \vdots\\ y_{mj}\end{bmatrix}$$

则式(2.2)可以表示为

$$\boldsymbol{X}_B=\bar{\boldsymbol{b}}-\sum_{j\in\mathbf{R}}\boldsymbol{B}^{-1}\boldsymbol{a}_j x_j=\bar{\boldsymbol{b}}-\sum_{j\in\mathbf{R}}\boldsymbol{Y}_j x_j$$

当进基变量 x_k 的值由 0 增加到某一正值、其余非基变量均保持为 0 时,上式变为

$$\boldsymbol{X}_B=\bar{\boldsymbol{b}}-\boldsymbol{Y}_k x_k$$

即

$$\begin{bmatrix}x_{B1}\\ \vdots\\ x_{Br}\\ \vdots\\ x_{Bm}\end{bmatrix}=\begin{bmatrix}\bar{b}_1\\ \vdots\\ \bar{b}_r\\ \vdots\\ \bar{b}_m\end{bmatrix}-\begin{bmatrix}y_{1k}\\ \vdots\\ y_{rk}\\ \vdots\\ y_{mk}\end{bmatrix}\cdot x_k \tag{2.6}$$

在式(2.6)中,有以下几种情形:

(1) 如果向量 $\boldsymbol{Y}_k$ 中所有的分量 $y_{ik}\leqslant 0$,则 x_k 的增加将不会使任何 $x_{Bi}(i=1,2,\cdots,m)$ 减少,这时 x_k 可无限增加,同时所有的基变量仍保持非负. 同时,由于 x_k 在目标函数中的系数(即检验数) $z_k-c_k>0$. 由式(2.5)可知,当 x_k 增加时目标函数将无限减少,即目标函数无界.

(2) 如果向量 $\boldsymbol{Y}_k$ 中至少有一个分量 $y_{ik}>0$,则 x_k 由 0 开始增加将会使相应的基变量 x_{Bi} 的值由当前的值 b_i 开始减少. 当 x_k 增加到

$$\min_{1\leqslant i\leqslant m}\left\{\frac{\bar{b}_i}{y_{ik}}\,\middle|\,y_{ik}>0\right\}=\frac{\bar{b}_r}{y_{rk}}$$

相应的基变量 $x_{Br}=0$,而其余的基变量 $x_{Bi}\geqslant 0(i=1,2,\cdots,m,i\neq r)$,这时基变量 x_{Br} 离基,它在基 $\boldsymbol{B}$ 中相应的列向量 $\boldsymbol{a}_{Br}$ 将换出基矩阵,进基变量 x_k 在 $\boldsymbol{A}$ 矩阵中相应的列向量 $\boldsymbol{a}_k$ 将取代基矩阵 $\boldsymbol{B}$ 中 $\boldsymbol{a}_{Br}$ 的位置,得到新的可行基

$$\boldsymbol{B}'=[\boldsymbol{a}_{B1},\boldsymbol{a}_{B2},\cdots,\boldsymbol{a}_{Br-1},\boldsymbol{a}_k,\boldsymbol{a}_{Br+1},\cdots,\boldsymbol{a}_{Bm}]$$

新的基 $\boldsymbol{B}'$ 相应的基变量的值为

$$\boldsymbol{X}_B=\begin{bmatrix}x_{B1}\\ \vdots\\ x_{Br}\\ \vdots\\ x_{Bm}\end{bmatrix}=\begin{bmatrix}\bar{b}_1-y_{1k}x_k\\ \vdots\\ x_k\\ \vdots\\ \bar{b}_m-y_{mk}x_k\end{bmatrix}=\begin{bmatrix}\bar{b}_1-y_{1k}\dfrac{\bar{b}_r}{y_{rk}}\\ \vdots\\ \dfrac{\bar{b}_r}{y_{rk}}\\ \vdots\\ \bar{b}_m-y_{mk}\dfrac{\bar{b}_r}{y_{rk}}\end{bmatrix} \tag{2.7}$$

$\boldsymbol{B}'$相应的非基变量的值为

$$\boldsymbol{X}_N=\boldsymbol{0}$$

$\boldsymbol{B}'$对应的目标函数值为

$$z=z_0-(z_k-c_k)x_k=z_0-(z_k-c_k)\frac{\bar{b}_r}{y_{rk}} \tag{2.8}$$

步骤 4 由新的基 $\boldsymbol{B}'$重新确定非基变量集合 R'，并重新计算式(2.4)，以判定 $\boldsymbol{B}'$是否为最优基.若不是，计算式(2.4～2.8)，以实现进一步的基变换.

例 2.14 用单纯形法求解例 2.9 的线性规划问题：

$$\max z=x_1+2x_2$$

$$\text{s. t.}\begin{cases}x_1+x_2\leqslant 3\\ x_2\leqslant 1\\ x_1,x_2\geqslant 0\end{cases}$$

首先将以上问题转换成标准形式.将目标函数转换成极小化，并在约束中增加松弛变量 x_3,x_4：

$$\min z'=-x_1-2x_2$$

$$\text{s. t.}\begin{cases}x_1+x_2+x_3=3\\ x_2+x_4=1\\ x_1,x_2,x_3,x_4\geqslant 0\end{cases}$$

其中

$$\boldsymbol{C}^{\mathrm{T}}=(c_1,c_2,c_3,c_4)=(-1,-2,0,0)$$

$$\boldsymbol{A}=[\boldsymbol{a}_1\quad \boldsymbol{a}_2\quad \boldsymbol{a}_3\quad \boldsymbol{a}_4]=\begin{bmatrix}1&1&1&0\\0&1&0&1\end{bmatrix},\boldsymbol{b}=\begin{bmatrix}3\\1\end{bmatrix}$$

步骤 1 取初始基

$$\boldsymbol{B}=[\boldsymbol{a}_3\quad \boldsymbol{a}_4]=\begin{bmatrix}1&0\\0&1\end{bmatrix},\boldsymbol{B}^{-1}=\begin{bmatrix}1&0\\0&1\end{bmatrix}$$

则

$$\boldsymbol{N}=[\boldsymbol{a}_1\quad \boldsymbol{a}_2]=\begin{bmatrix}1&1\\0&1\end{bmatrix}$$

$$\boldsymbol{C}_B^{\mathrm{T}}=[c_3\quad c_4]=[0\quad 0],\boldsymbol{C}_N^{\mathrm{T}}=[c_1\quad c_2]=[-1\quad -2]$$

相应的非基变量下标集合、非基变量以及基变量的值为

$$R=\{1,2\},\boldsymbol{X}_N=\begin{bmatrix}x_1\\x_2\end{bmatrix}=\begin{bmatrix}0\\0\end{bmatrix},\boldsymbol{X}_B=\begin{bmatrix}x_3\\x_4\end{bmatrix}=\begin{bmatrix}3\\1\end{bmatrix}$$

因而 $\boldsymbol{B}$ 是可行基，相应的目标函数值为

$$z''=\boldsymbol{C}_B^{\mathrm{T}}\boldsymbol{X}_B=[0\quad 0]\cdot\begin{bmatrix}3\\1\end{bmatrix}=0$$

第一次迭代：

步骤 2 计算各非基变量的检验数 $z_j-c_j(j\in\mathbf{R})$.

$$z_1-c_1=\boldsymbol{C}_B^{\mathrm{T}}\boldsymbol{B}^{-1}\boldsymbol{a}_1-c_1=[0\quad 0]\cdot\begin{bmatrix}1&0\\0&1\end{bmatrix}\cdot\begin{bmatrix}1\\0\end{bmatrix}-(-1)=1>0$$

$$z_2-c_2=\boldsymbol{C}_B^{\mathrm{T}}\boldsymbol{B}^{-1}\boldsymbol{a}_2-c_2=[0\quad 0]\cdot\begin{bmatrix}1&0\\0&1\end{bmatrix}\cdot\begin{bmatrix}1\\1\end{bmatrix}-(-2)=2>0$$

$$\max\{z_j-c_j\mid z_j-c_j>0\}=\max\{1,\ 2\ \}=z_2-c_2=2$$

$k=2$,因此确定 $x_k=x_2$ 为进基变量.

步骤 3 确定离基变量 x_{Br}.

$$\bar{\boldsymbol{b}}=\boldsymbol{B}^{-1}\boldsymbol{b}=\begin{bmatrix}1&0\\0&1\end{bmatrix}\cdot\begin{bmatrix}3\\1\end{bmatrix}=\begin{bmatrix}3\\1\end{bmatrix},\boldsymbol{Y}_2=\boldsymbol{B}^{-1}\boldsymbol{a}_2=\begin{bmatrix}1&0\\0&1\end{bmatrix}\cdot\begin{bmatrix}1\\1\end{bmatrix}=\begin{bmatrix}1\\1\end{bmatrix}$$

因此,有

$$\begin{bmatrix}x_3\\x_4\end{bmatrix}=\begin{bmatrix}\bar{b}_1\\\bar{b}_2\end{bmatrix}-\begin{bmatrix}y_{12}\\y_{22}\end{bmatrix}\cdot x_2=\begin{bmatrix}3\\1\end{bmatrix}-\begin{bmatrix}1\\1\end{bmatrix}\cdot x_2$$

其中 $y_{12}=1>0,y_{22}=1>0$,因此

$$\min_{i=1,2}\cdot\left\{\frac{\bar{b}_i}{y_{i2}}\middle| y_{i2}>0\right\}=\min\left\{\frac{3}{1},\frac{1}{1}\right\}=1,r=2,B_r=4$$

即确定离基变量 $x_{Br}=x_4$. 当 $x_2=1$ 进基时,$x_4=0$ 离基.

步骤 4 实行基变换,得到新的基:

$$\boldsymbol{B}=[\boldsymbol{a}_3\quad \boldsymbol{a}_2]=\begin{bmatrix}1&1\\0&1\end{bmatrix},\boldsymbol{B}^{-1}=\begin{bmatrix}1&-1\\0&1\end{bmatrix},\boldsymbol{N}=[\boldsymbol{a}_1\quad \boldsymbol{a}_4]=\begin{bmatrix}1&0\\0&1\end{bmatrix}$$

$$\boldsymbol{C}_B^{\mathrm{T}}=[c_3\quad c_2]=[0\quad -2],\boldsymbol{C}_N^{\mathrm{T}}=[c_1\quad c_4]=[-1\quad 0],R=\{1,4\}$$

这时基变量、非基变量和目标函数的值分别为

$$\boldsymbol{X}_B=\begin{bmatrix}x_3\\x_2\end{bmatrix}=\boldsymbol{B}^{-1}\boldsymbol{b}=\begin{bmatrix}1&-1\\0&1\end{bmatrix}\cdot\begin{bmatrix}3\\1\end{bmatrix}=\begin{bmatrix}2\\1\end{bmatrix}$$

$$\boldsymbol{X}_N=\begin{bmatrix}x_1\\x_4\end{bmatrix}=\begin{bmatrix}0\\0\end{bmatrix}$$

$$z''=\boldsymbol{C}_B^{\mathrm{T}}\boldsymbol{X}_B=[0\quad -2]\cdot\begin{bmatrix}2\\1\end{bmatrix}=-2$$

第二次迭代:

步骤 2 计算各非基变量的检验数 $z_j-c_j(j\in\mathbf{R})$.

$$z_1-c_1=\boldsymbol{C}_B^{\mathrm{T}}\boldsymbol{B}^{-1}\boldsymbol{a}_1-c_1=[0\quad -2]\cdot\begin{bmatrix}1&-1\\0&1\end{bmatrix}\cdot\begin{bmatrix}1\\0\end{bmatrix}-(-1)=1>0$$

$$z_4-c_4=\boldsymbol{C}_B^{\mathrm{T}}\boldsymbol{B}^{-1}\boldsymbol{a}_4-c_4=[0\quad -2]\cdot\begin{bmatrix}1&-1\\0&1\end{bmatrix}\cdot\begin{bmatrix}0\\1\end{bmatrix}-0=-2<0$$

$$\max\{z_j-c_j\mid z_j-c_j>0\}=\max\{1,-\}=z_1-c_1=1$$

$k=1$,因此确定 $x_k=x_1$ 为进基变量.

步骤 3 确定离基变量 x_{Br}.

$$\bar{\boldsymbol{b}}=\boldsymbol{B}^{-1}\boldsymbol{b}=\begin{bmatrix}1&-1\\0&1\end{bmatrix}\cdot\begin{bmatrix}3\\1\end{bmatrix}=\begin{bmatrix}2\\1\end{bmatrix},\boldsymbol{Y}_1=\boldsymbol{B}^{-1}\boldsymbol{a}_1=\begin{bmatrix}1&-1\\0&1\end{bmatrix}\cdot\begin{bmatrix}1\\0\end{bmatrix}=\begin{bmatrix}1\\0\end{bmatrix}$$

因此,有

$$\begin{bmatrix}x_3\\x_2\end{bmatrix}=\begin{bmatrix}\bar{b}_1\\\bar{b}_2\end{bmatrix}-\begin{bmatrix}y_{11}\\y_{21}\end{bmatrix}\cdot x_1=\begin{bmatrix}2\\1\end{bmatrix}-\begin{bmatrix}1\\0\end{bmatrix}\cdot x_1$$

其中 $y_{11}=1>0, y_{21}=0$，因此

$$\min_{i=1,2} \cdot \left\{\frac{\bar{b}_i}{y_{i1}} \middle| y_{i1}>0\right\}=\min\left\{\frac{2}{1}, -\right\}=2, r=1, B_r=3$$

即确定离基变量 $x_{B_r}=x_3$. 当 $x_1=2$ 进基时，$x_3=0$ 离基.

步骤 4 实行基变换，得到新的基：

$$\boldsymbol{B}=[\boldsymbol{a}_1 \quad \boldsymbol{a}_2]=\begin{bmatrix}1 & 1\\0 & 1\end{bmatrix}, \boldsymbol{B}^{-1}=\begin{bmatrix}1 & -1\\0 & 1\end{bmatrix}, \boldsymbol{N}=[\boldsymbol{a}_3 \quad \boldsymbol{a}_4]=\begin{bmatrix}1 & 0\\0 & 1\end{bmatrix}$$

$$\boldsymbol{C}_B^{\mathrm{T}}=[c_1 \quad c_2]=[-1 \quad -2], \boldsymbol{C}_N^{\mathrm{T}}=[c_3 \quad c_4]=[0 \quad 0]$$

$$R=\{3,4\}$$

这时基变量、非基变量和目标函数的值分别为

$$\boldsymbol{X}_B=\begin{bmatrix}x_1\\x_2\end{bmatrix}=\boldsymbol{B}^{-1}\boldsymbol{b}=\begin{bmatrix}1 & -1\\0 & 1\end{bmatrix}\cdot\begin{bmatrix}3\\1\end{bmatrix}=\begin{bmatrix}2\\1\end{bmatrix}$$

$$\boldsymbol{X}_N=\begin{bmatrix}x_3\\x_4\end{bmatrix}=\begin{bmatrix}0\\0\end{bmatrix}$$

$$z''=\boldsymbol{C}_B^{\mathrm{T}}\boldsymbol{X}_B=[-1 \quad -2]\cdot\begin{bmatrix}2\\1\end{bmatrix}=-4$$

第三次迭代：

步骤 2 计算各非基变量的检验数 $z_j-c_j(j\in\mathbf{R})$.

$$z_3-c_3=\boldsymbol{C}_B^{\mathrm{T}}\boldsymbol{B}^{-1}\boldsymbol{a}_3-c_3=[-1 \quad -2]\cdot\begin{bmatrix}1 & -1\\0 & 1\end{bmatrix}\cdot\begin{bmatrix}1\\0\end{bmatrix}-0=-1<0$$

$$z_4-c_4=\boldsymbol{C}_B^{\mathrm{T}}\boldsymbol{B}^{-1}\boldsymbol{a}_4-c_4=[-1 \quad -2]\cdot\begin{bmatrix}1 & -1\\0 & 1\end{bmatrix}\cdot\begin{bmatrix}0\\1\end{bmatrix}-0=-1<0$$

由于所有的非基变量检验数 $z_j-c_j<0(j\in\mathbf{R})$，当前的基 $\boldsymbol{B}=[\boldsymbol{a}_1, \boldsymbol{a}_2]$ 为最优基，最优解和最优目标函数值分别为

$$\boldsymbol{X}=\begin{bmatrix}\boldsymbol{X}_B\\\boldsymbol{X}_N\end{bmatrix}=\begin{bmatrix}x_1\\x_2\\x_3\\x_4\end{bmatrix}=\begin{bmatrix}2\\1\\0\\0\end{bmatrix}, \min z'=-4, \text{ 即 } \max z=4.$$

以上单纯形迭代过程共进行了两次基变换，共形成了三个不同的可行基(包括初始基). 这些基分别对应于图 2-5 中的极点 O、C 和 B，迭代的路径是 $O\to C\to B$. 由此可以知道，单纯形法是在可行域的边界上，沿着相邻的极点进行搜索的一种算法. 所谓相邻的极点，就是只相差一个列向量的两个基. 因此，我们把只相差一个列向量的两个基称为“相邻的”基.

例 2.15 目标函数无界的情况：

$$\min z=-x_1-2x_2$$

$$\text{s. t.}\begin{cases}-x_1+x_2\leqslant 1\\x_2\leqslant 2\\x_1, x_2\geqslant 0\end{cases}$$

引进松弛变量 x_3, x_4：

$$\min z=-x_1-2x_2$$

$$\text{s. t.}\begin{cases}-x_1+x_2+x_3=1\\ x_2+x_4=2\\ x_1,x_2,x_3,x_4\geqslant 0\end{cases}$$

在这个问题中

$$\boldsymbol{C}^{\mathrm{T}}=(c_1\quad c_2\quad c_3\quad c_4)=(-1\quad -2\quad 0\quad 0)$$

$$\boldsymbol{A}=[\boldsymbol{a}_1\quad \boldsymbol{a}_2\quad \boldsymbol{a}_3\quad \boldsymbol{a}_4]=\begin{bmatrix}-1&1&1&0\\0&1&0&1\end{bmatrix}$$

$$\boldsymbol{b}=\begin{bmatrix}b_1\\b_2\end{bmatrix}=\begin{bmatrix}1\\2\end{bmatrix}$$

步骤 1 取初始基

$$\boldsymbol{B}=[\boldsymbol{a}_3\quad \boldsymbol{a}_4]=\begin{bmatrix}1&0\\0&1\end{bmatrix},\boldsymbol{B}^{-1}=\begin{bmatrix}1&0\\0&1\end{bmatrix}$$

则

$$\boldsymbol{N}=[\boldsymbol{a}_1\quad \boldsymbol{a}_2]=\begin{bmatrix}1&1\\0&1\end{bmatrix}$$

$$\boldsymbol{C}_B^{\mathrm{T}}=[c_3\quad c_4]=[0\quad 0],\boldsymbol{C}_N^{\mathrm{T}}=[c_1\quad c_2]=[-1\quad -2]$$

相应的非基变量下标集合、非基变量以及基变量的值为

$$R=\{1,2\},\boldsymbol{X}_N=\begin{bmatrix}x_1\\x_2\end{bmatrix}=\begin{bmatrix}0\\0\end{bmatrix},\boldsymbol{X}_B=\begin{bmatrix}x_3\\x_4\end{bmatrix}=\begin{bmatrix}1\\2\end{bmatrix}$$

因而 $\boldsymbol{B}$ 是可行基,相应的目标函数值为

$$z'=\boldsymbol{C}_B^{\mathrm{T}}\boldsymbol{X}_B=[0\quad 0]\cdot\begin{bmatrix}1\\2\end{bmatrix}=0$$

第一次迭代:

步骤 2 计算各非基变量的检验数 $z_j-c_j(j\in\mathbf{R})$.

$$z_1-c_1=\boldsymbol{C}_B^{\mathrm{T}}\boldsymbol{B}^{-1}\boldsymbol{a}_1-c_1=[0\quad 0]\cdot\begin{bmatrix}1&0\\0&1\end{bmatrix}\cdot\begin{bmatrix}-1\\0\end{bmatrix}-(-1)=1>0$$

$$z_2-c_2=\boldsymbol{C}_B^{\mathrm{T}}\boldsymbol{B}^{-1}\boldsymbol{a}_2-c_2=[0\quad 0]\cdot\begin{bmatrix}1&0\\0&1\end{bmatrix}\cdot\begin{bmatrix}1\\1\end{bmatrix}-(-2)=2>0$$

$$\max\{z_j-c_j\mid z_j-c_j>0\}=\max\{1,2\}=z_2-c_2=2$$

$k=2$,因此确定 $x_k=x_2$ 为进基变量.

步骤 3 确定离基变量 x_{B_r}.

$$\bar{\boldsymbol{b}}=\boldsymbol{B}^{-1}\boldsymbol{b}=\begin{bmatrix}1&0\\0&1\end{bmatrix}\cdot\begin{bmatrix}1\\2\end{bmatrix}=\begin{bmatrix}1\\2\end{bmatrix},\boldsymbol{Y}_2=\boldsymbol{B}^{-1}\boldsymbol{a}_2=\begin{bmatrix}1&0\\0&1\end{bmatrix}\cdot\begin{bmatrix}1\\1\end{bmatrix}=\begin{bmatrix}1\\1\end{bmatrix}$$

因此,有

$$\begin{bmatrix}x_3\\x_4\end{bmatrix}=\begin{bmatrix}\bar{b}_1\\\bar{b}_2\end{bmatrix}-\begin{bmatrix}y_{12}\\y_{22}\end{bmatrix}\cdot x_2=\begin{bmatrix}1\\2\end{bmatrix}-\begin{bmatrix}1\\1\end{bmatrix}\cdot x_2$$

其中 $y_{12}=1>0,y_{22}=1>0$,因此

$$\min_{i=1,2}\cdot\left\{\frac{\bar{b}_i}{y_{i2}}\,\middle|\,y_{i2}>0=\min\left\{\frac{1}{1},\frac{2}{1}\right\}=1,r=1,B_r=3\right.$$

即确定离基变量 $x_{Br}=x_3$. 当 $x_2=1$ 进基时，$x_3=0$ 离基.

步骤 4 实行基变换，得到新的基：

$$\boldsymbol{B}=[\boldsymbol{a}_2 \quad \boldsymbol{a}_4]=\begin{bmatrix}1 & 0\\1 & 1\end{bmatrix},\boldsymbol{B}^{-1}=\begin{bmatrix}1 & 0\\-1 & 1\end{bmatrix}$$

$$\boldsymbol{N}=[\boldsymbol{a}_1 \quad \boldsymbol{a}_3]=\begin{bmatrix}-1 & 1\\0 & 0\end{bmatrix}$$

$$\boldsymbol{C}_N^{\mathrm{T}}=[c_1 \quad c_3]=[-1 \quad 0],\boldsymbol{C}_B^{\mathrm{T}}=[c_2 \quad c_4]=[-2 \quad 0]$$

$$R=\{1,3\}$$

这时基变量、非基变量和目标函数的值分别为

$$\boldsymbol{X}_B=\begin{bmatrix}x_2\\x_4\end{bmatrix}=\boldsymbol{B}^{-1}\boldsymbol{b}=\begin{bmatrix}1 & 0\\-1 & 1\end{bmatrix}\cdot\begin{bmatrix}1\\2\end{bmatrix}=\begin{bmatrix}1\\1\end{bmatrix}$$

$$\boldsymbol{X}_N=\begin{bmatrix}x_1\\x_3\end{bmatrix}=\begin{bmatrix}0\\0\end{bmatrix}$$

$$z=\boldsymbol{C}_B^{\mathrm{T}}\boldsymbol{X}_B=[-2 \quad 0]\cdot\begin{bmatrix}1\\1\end{bmatrix}=-2$$

第二次迭代：

步骤 2 计算各非基变量的检验数 $z_j-c_j(j\in\mathbf{R})$.

$$z_1-c_1=\boldsymbol{C}_B^{\mathrm{T}}\boldsymbol{B}^{-1}\boldsymbol{a}_1-c_1=[-2 \quad 0]\cdot\begin{bmatrix}1 & 0\\-1 & 1\end{bmatrix}\cdot\begin{bmatrix}-1\\0\end{bmatrix}-(-1)=3>0$$

$$z_3-c_3=\boldsymbol{C}_B^{\mathrm{T}}\boldsymbol{B}^{-1}\boldsymbol{a}_3-c_3=[-2 \quad 0]\cdot\begin{bmatrix}1 & 0\\-1 & 1\end{bmatrix}\cdot\begin{bmatrix}-1\\0\end{bmatrix}-0=-2<0$$

$$\max\{z_j-c_j\,|\,z_j-c_j>0\}=\max\{3,-\}=z_1-c_1=1$$

$k=1$，因此确定 $x_k=x_1$ 为进基变量.

步骤 3 确定离基变量 x_{Br}.

$$\bar{\boldsymbol{b}}=\boldsymbol{B}^{-1}\boldsymbol{b}=\begin{bmatrix}1 & 0\\-1 & 1\end{bmatrix}\cdot\begin{bmatrix}1\\2\end{bmatrix}=\begin{bmatrix}1\\1\end{bmatrix}$$

$$\boldsymbol{Y}_1=\boldsymbol{B}^{-1}\boldsymbol{a}_1=\begin{bmatrix}1 & 0\\-1 & 1\end{bmatrix}\cdot\begin{bmatrix}1\\0\end{bmatrix}=\begin{bmatrix}-1\\1\end{bmatrix}$$

因此，有

$$\begin{bmatrix}x_2\\x_4\end{bmatrix}=\begin{bmatrix}\bar{b}_1\\\bar{b}_2\end{bmatrix}-\begin{bmatrix}y_{11}\\y_{21}\end{bmatrix}\cdot x_1=\begin{bmatrix}1\\1\end{bmatrix}-\begin{bmatrix}-1\\1\end{bmatrix}\cdot x_1$$

其中 $y_{11}=-1<0,y_{21}=1>0$，因此

$$\min_{i=1,2}\cdot\left\{\frac{\bar{b}_i}{y_{i1}}\,\middle|\,y_{i1}>0\right\}=\min\left\{-,\frac{1}{1}\right\}=1,r=2,B_r=4$$

即确定离基变量 $x_{Br}=x_4$. 当 $x_1=1$ 进基时，$x_4=0$ 离基.

步骤 4 实行基变换，得到新的基：

$$\boldsymbol{B}=[\boldsymbol{a}_2 \quad \boldsymbol{a}_1]=\begin{bmatrix}1 & -1\\1 & 0\end{bmatrix},\boldsymbol{B}^{-1}=\begin{bmatrix}0 & 1\\-1 & 1\end{bmatrix}$$

$$N=[\boldsymbol{a}_3 \quad \boldsymbol{a}_4]=\begin{bmatrix}1 & 0\\ 0 & 1\end{bmatrix}$$

$$\boldsymbol{C}_B^{\mathrm{T}}=[c_2 \quad c_1]=[-2 \quad -1],\boldsymbol{C}_N^{\mathrm{T}}=[c_3 \quad c_4]=[0 \quad 0]$$

$$R=\{3,4\}$$

这时基变量、非基变量和目标函数的值分别为

$$\boldsymbol{X}_B=\begin{bmatrix}x_2\\ x_1\end{bmatrix}=\boldsymbol{B}^{-1}\boldsymbol{b}=\begin{bmatrix}0 & 1\\ -1 & 1\end{bmatrix}\cdot\begin{bmatrix}1\\ 2\end{bmatrix}=\begin{bmatrix}2\\ 1\end{bmatrix}$$

$$\boldsymbol{X}_N=\begin{bmatrix}x_3\\ x_4\end{bmatrix}=\begin{bmatrix}0\\ 0\end{bmatrix}$$

$$z=\boldsymbol{C}_B^{\mathrm{T}}\boldsymbol{X}_B=[-2 \quad -1]\cdot\begin{bmatrix}2\\ 1\end{bmatrix}=-5$$

第三次迭代：

步骤 2 计算各非基变量的检验数 $z_j-c_j(j\in\mathbf{R})$.

$$z_3-c_3=\boldsymbol{C}_B^{\mathrm{T}}\boldsymbol{B}^{-1}\boldsymbol{a}_3-c_3=[-2 \quad -1]\cdot\begin{bmatrix}0 & 1\\ -1 & 1\end{bmatrix}\cdot\begin{bmatrix}1\\ 0\end{bmatrix}-0=1>0$$

$$z_4-c_4=\boldsymbol{C}_B^{\mathrm{T}}\boldsymbol{B}^{-1}\boldsymbol{a}_4-c_4=[-2 \quad -1]\cdot\begin{bmatrix}0 & 1\\ -1 & 1\end{bmatrix}\cdot\begin{bmatrix}0\\ 1\end{bmatrix}-0=-3<0$$

$k=3$，x_3 进基.

步骤 3 确定离基变量 x_{Br}.

$$\bar{\boldsymbol{b}}=\boldsymbol{B}^{-1}\boldsymbol{b}=\begin{bmatrix}0 & 1\\ -1 & 1\end{bmatrix}\cdot\begin{bmatrix}1\\ 2\end{bmatrix}=\begin{bmatrix}2\\ 1\end{bmatrix},\boldsymbol{Y}_3=\boldsymbol{B}^{-1}\boldsymbol{a}_3=\begin{bmatrix}0 & 1\\ -1 & 1\end{bmatrix}\cdot\begin{bmatrix}1\\ 0\end{bmatrix}=\begin{bmatrix}0\\ -1\end{bmatrix}$$

因此，有

$$\begin{bmatrix}x_2\\ x_1\end{bmatrix}=\begin{bmatrix}\bar{b}_1\\ \bar{b}_2\end{bmatrix}-\begin{bmatrix}y_{13}\\ y_{23}\end{bmatrix}\cdot x_3=\begin{bmatrix}2\\ 1\end{bmatrix}-\begin{bmatrix}0\\ -1\end{bmatrix}\cdot x_3$$

由于

$$\boldsymbol{Y}_3=\begin{bmatrix}0\\ -1\end{bmatrix}\leqslant 0$$

因此当 x_3 增加时，基变量 x_2,x_1 不会减少，从而 x_3 可以无限制增加. 由第一个约束条件

$$-x_1+x_2+x_3=1$$

可以看出，当 x_3 增加时，x_2 不变，于是 x_1 也随之增加，目标函数值

$$z=-x_1-2x_2$$

将随 x_3 的增加而无限减少，因而目标函数无下界. 这个例子的图解如图 2-9 所示.

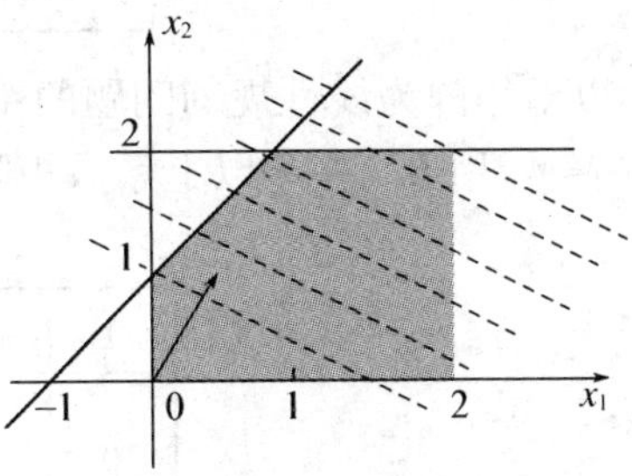

图 2-9

2.7 单纯形表

从上一节单纯形算法的描述中可以知道，单纯形算法的实质是将非基变量视为一组参数，

并将目标函数和基变量都表示成为由非基变量表示的形式，即式(2.2,2.3). 这样就可以讨论当非基变量变化时，目标函数和基变量随之变化的情况. 我们可以用一个矩阵来表示单纯形法迭代中所需要的全部信息，这就是所谓的单纯形表.

设线性规划问题为

$$\begin{aligned} &\min z=\boldsymbol{C}^{\mathrm{T}}\boldsymbol{X} \\ &\text{s.t.}\begin{cases}\boldsymbol{AX}=\boldsymbol{b} \\ \boldsymbol{X}\geqslant\boldsymbol{0}\end{cases}\end{aligned} \tag{2.9}$$

并设 $\boldsymbol{B}$ 是 $\boldsymbol{A}$ 的一个可行基，并记 $\boldsymbol{A}=[\boldsymbol{B}\quad\boldsymbol{N}]$. 相应地，将目标函数系数向量 $\boldsymbol{C}$ 以及变量 $\boldsymbol{X}$ 表示为

$$\boldsymbol{C}=\begin{bmatrix}\boldsymbol{C}_B \\ \boldsymbol{C}_N\end{bmatrix},\boldsymbol{X}=\begin{bmatrix}\boldsymbol{X}_B \\ \boldsymbol{X}_N\end{bmatrix}$$

则式(2.9)可表示为

$$\begin{aligned} &\min z=[\boldsymbol{C}_B^{\mathrm{T}}\quad\boldsymbol{C}_N^{\mathrm{T}}]\cdot\begin{bmatrix}\boldsymbol{X}_B \\ \boldsymbol{X}_N\end{bmatrix} \\ &\text{s.t.}\begin{cases}[\boldsymbol{B}\quad\boldsymbol{N}]\cdot\begin{bmatrix}\boldsymbol{X}_B \\ \boldsymbol{X}_N\end{bmatrix}=\boldsymbol{b} \\ \boldsymbol{X}_B,\boldsymbol{X}_N\geqslant\boldsymbol{0}\end{cases}\end{aligned} \tag{2.10}$$

即

$$\begin{aligned} &z-\boldsymbol{C}_B^{\mathrm{T}}\boldsymbol{X}_B-\boldsymbol{C}_N^{\mathrm{T}}\boldsymbol{X}_N=0 \\ &\boldsymbol{BX}_B+\boldsymbol{NX}_N=\boldsymbol{b} \\ &\boldsymbol{X}_B,\boldsymbol{X}_N\geqslant\boldsymbol{0}\end{aligned} \tag{2.11}$$

将式(2.11)的系数写成矩阵形式，有

z	$\boldsymbol{X}_B$	$\boldsymbol{X}_N$	RHS
1	$-\boldsymbol{C}_B^{\mathrm{T}}$	$-\boldsymbol{C}_N^{\mathrm{T}}$	0
0	$\boldsymbol{B}$	$\boldsymbol{N}$	$\boldsymbol{b}$

称以上矩阵为线性规划问题的系数矩阵(并不是单纯形表). 为了将约束中的基变量用非基变量表示，用 $\boldsymbol{B}^{-1}$ 左乘以上系数矩阵的后 m 行，得到

z	$\boldsymbol{X}_B$	$\boldsymbol{X}_N$	RHS
1	$-\boldsymbol{C}_B^{\mathrm{T}}$	$-\boldsymbol{C}_N^{\mathrm{T}}$	0
0	$\boldsymbol{I}$	$\boldsymbol{B}^{-1}\boldsymbol{N}$	$\boldsymbol{B}^{-1}\boldsymbol{b}$

为了将第一行中的目标函数 z 用非基变量 $\boldsymbol{X}_N$ 表示，在矩阵的后 m 行左乘 $\boldsymbol{C}_B^{\mathrm{T}}$ 后加到第一行上，消去基变量在目标函数中的系数，得到

z	$\boldsymbol{X}_B$	$\boldsymbol{X}_N$	RHS
1	$\boldsymbol{0}^{\mathrm{T}}$	$\boldsymbol{C}_B^{\mathrm{T}}\boldsymbol{B}^{-1}\boldsymbol{N}-\boldsymbol{C}_N^{\mathrm{T}}$	$\boldsymbol{C}_B^{\mathrm{T}}\boldsymbol{B}^{-1}\boldsymbol{b}$
0	$\boldsymbol{I}$	$\boldsymbol{B}^{-1}\boldsymbol{N}$	$\boldsymbol{B}^{-1}\boldsymbol{b}$

以上矩阵的第一行与式(2.3)完全等价，后 m 行与式(2.2)完全等价，这一矩阵称为与基 $\boldsymbol{B}$ 对应的单纯形表. 单纯形表可以由系数矩阵经过一系列行变换得到，这些行变换使得系数矩阵中的基矩阵变为单位矩阵 $\boldsymbol{I}$，而将基变量在目标函数中的系数全消为零.

在上面的单纯形表中，非基变量在目标函数的系数：

$$\begin{aligned}\boldsymbol{C}_B^{\mathrm{T}}\boldsymbol{B}^{-1}\boldsymbol{N}-\boldsymbol{C}_N^{\mathrm{T}}&=\boldsymbol{C}_B^{\mathrm{T}}\boldsymbol{B}^{-1}[\cdots\ \ \cdots\ \ \boldsymbol{a}_j\ \ \cdots\ \ \cdots]-[\cdots\ \ \cdots\ \ c_j\ \ \cdots\ \ \cdots]\\&=[\cdots\ \ \cdots\ \ \boldsymbol{C}_B^{\mathrm{T}}\boldsymbol{B}^{-1}\boldsymbol{a}_j-c_j\ \ \cdots\ \ \cdots]\end{aligned}$$

称为“检验数”.

令

$$\boldsymbol{C}_B^{\mathrm{T}}\boldsymbol{B}^{-1}\boldsymbol{a}_j=z_j$$

则检验数可以记为

$$\boldsymbol{C}_B^{\mathrm{T}}\boldsymbol{B}^{-1}\boldsymbol{N}-\boldsymbol{C}_N^{\mathrm{T}}=[\cdots\ \ \cdots\ \ z_j-c_j\ \ \cdots\ \ \cdots]$$

利用以上的记号，可以将单纯形表用分量的形式表示如下. 其中，$x_{B_1},\cdots,x_{B_r},\cdots,x_{B_m}$ 是 m 个基变量；$\cdots,x_k,\cdots,x_j,\cdots$ 是 $(n-m)$ 个非基变量.

	z	x_{B_1}	$\cdots$	x_{B_r}	$\cdots$	x_{B_m}	$\cdots$	x_k	$\cdots$	x_j	$\cdots$	RHS
z	1	0	$\cdots$	0	$\cdots$	0	$\cdots$	z_k-c_k	$\cdots$	z_j-c_j	$\cdots$	z_0
x_{B_1}	0	1	$\cdots$	0	$\cdots$	0	$\cdots$	y_{1k}	$\cdots$	y_{1j}	$\cdots$	b_1
$\vdots$	$\vdots$	$\vdots$	$\ddots$	$\vdots$	$\vdots$	$\vdots$	$\ddots$	$\vdots$	$\ddots$	$\ddots$	$\ddots$	$\vdots$
x_{B_r}	0	0	$\cdots$	1	$\cdots$	0	$\cdots$	y_{rk}	$\cdots$	y_{rj}	$\cdots$	b_r
$\vdots$	$\vdots$	$\vdots$	$\ddots$	$\ddots$	$\ddots$	$\ddots$	$\ddots$	$\vdots$	$\ddots$	$\vdots$	$\ddots$	$\vdots$
x_{Bm}	0	0	$\cdots$	0	$\cdots$	1	$\cdots$	y_{mk}	$\cdots$	y_{mj}	$\cdots$	b_m

可以看出，单纯形表中直接包含了单纯形迭代所需要的一切信息.

用单纯形表求解线性规划问题的步骤可以归纳如下：

步骤 0(初始步骤) 写出线性规划问题的系数矩阵表，找到一个可行基 $\boldsymbol{B}$，对系数矩阵进行变换，使得

(1) 基矩阵成为单位矩阵；

(2) 基变量在目标函数中的系数为零.

从而得到以 $\boldsymbol{B}$ 为基的单纯形表，转步骤 1.

步骤 1(选择进基变量) 如果单纯形表中所有非基变量的检验数 $z_j-c_j\leqslant 0$(j 是非基变量的下标)，则已获得最优解；算法终止. 否则，在检验数 $z_j-c_j>0$ 的非基变量中，选取检验数 z_j-c_j 最大的非基变量 x_k 进基，转步骤 2.

步骤 2 若 $\boldsymbol{Y}_k\leqslant 0$，则目标函数无界，算法终止. 否则，根据右边常数 $\boldsymbol{b}$ 与 $\boldsymbol{Y}_k$ 中正分量的最小比值 $\min\limits_{1\leqslant i\leqslant m}\left\{\dfrac{\bar{b}_i}{y_{ik}}\middle|\, y_{ik}>0\right\}=\dfrac{\bar{b}_r}{y_{rk}}$，确定离基变量，转步骤 3.

步骤 3(进行行变换) 以 y_{rk} 为主元进行行变换(称为以 y_{rk} 为主元的旋转运算),使得单纯形表中:

(1) 进基变量 x_k 在目标函数中的系数为 0;

(2) 约束条件中主元 $y_{rk}=1$,主元所在列的其他元素为 0,转步骤 1.

通过步骤 1～3 迭代,直至获得最优解或确定目标函数无界.

例 2.16 用单纯形表求解例 2.9 中的线性规划问题,标准形式为

$$\min z'=-x_1-2x_2$$

$$\text{s.t.}\begin{cases}x_1+x_2+x_3=3\\x_2+x_4=1\\x_1,x_2,x_3,x_4\geqslant 0\end{cases}$$

写出系数矩阵表,容易看出,这就是以 x_3、x_4 为基的单纯形表:

	z	x_1	x_2	x_3	x_4	RHS	
z	1	1	2	0	0	0	
x_3	0	1	1	1	0	3	3/1
x_4	0	0	[1]	0	1	1	1/1

$z_2-c_2=2>0$,选择 x_2 为进基变量,并计算 $\min\left\{\dfrac{b_1}{y_{12}},\dfrac{b_2}{y_{22}}\right\}=\min\left\{\dfrac{3}{1},\dfrac{1}{1}\right\}=1$.

其中两项比值写在表的右边,并据此确定 x_4 为离基变量,$y_{22}=1$ 为主元,进行旋转运算,得到以下单纯形表:

	z	x_1	x_2	x_3	x_4	RHS	
z	1	1	0	0	−2	−2	
x_3	0	[1]	0	1	−1	2	2/1
x_2	0	0	1	0	1	1	—

$z_1-c_1=1>0$,x_1 进基,$\min\left\{\dfrac{b_1}{y_{11}},-\right\}=\min\left\{\dfrac{2}{1},-\right\}=2$,$x_3$ 离基,y_{11} 为主元进行旋转运算,得到以下单纯形表:

	z	x_1	x_2	x_3	x_4	RHS
z	1	0	0	−1	−1	−4
x_1	0	1	0	1	−1	2
x_2	0	0	1	0	1	1

由非基变量 x_3,x_4 的检验数 $z_3-c_3=-1<0$,$z_4-c_4=-1<0$ 可以看出,以上单纯形表已获得最优解为 $x_1=2$,$x_2=1$,$x_3=0$,$x_4=0$,$\min z'=-4$,即 $\max z=4$.

例 2.17 用单纯形表求解例 2.15 的线性规划问题,标准形式是

$$\min z = -x_1 - 2x_2$$

$$\text{s.t.}\begin{cases} -x_1 + x_2 + x_3 = 1 \\ x_2 + x_4 = 2 \\ x_1, x_2, x_3, x_4 \geqslant 0 \end{cases}$$

以$[\boldsymbol{a}_3, \boldsymbol{a}_4]$为基(即以 x_3, x_4 为基变量)的单纯形表为

	z	x_1	x_2	x_3	x_4	RHS	
z	1	1	2	0	0	0	
x_3	0	−1	[1]	1	0	1	1/1
x_4	0	0	1	0	1	2	2/1

$z_2 - c_2 = 2 > 0$，x_2 进基，$\min\left\{\dfrac{b_1}{y_{12}}, \dfrac{b_2}{y_{22}}\right\} = \min\left\{\dfrac{1}{1}, \dfrac{2}{1}\right\} = 1$，$x_3$ 离基；以 y_{12} 为主元进行旋转运算.

	z	x_1	x_2	x_3	x_4	RHS	
z	1	3	0	−2	0	−2	
x_2	0	−1	1	1	0	1	—
x_4	0	[1]	0	−1	1	1	1/1

$z_1 - c_1 = 3 > 0$，x_1 进基，$\min\left\{—, \dfrac{b_2}{y_{12}}\right\} = \min\left\{—, \dfrac{1}{1}\right\} = 1$，$x_4$ 离基；以 y_{21} 为主元进行旋转运算.

	z	x_1	x_2	x_3	x_4	RHS	
z	1	0	0	1	−3	−5	
x_2	0	0	1	0	1	2	—
x_1	0	1	0	−1	1	1	—

由以上单纯形表可以看出，由于非基变量 x_3 的检验数 $z_3 - c_3 = 1 > 0$，故 x_3 可以作为进基变量，但此时

$$\boldsymbol{Y}_3 = \begin{bmatrix} y_{13} \\ y_{23} \end{bmatrix} = \begin{bmatrix} 0 \\ -1 \end{bmatrix} \leqslant \boldsymbol{0}$$

因此，x_3 可无限增加，目标函数无界.

在最优单纯形表中，在获得一个最优基以及相应的最优解后，我们还可以从非基变量 x_j 的检验数 $z_j - c_j$ 中是否有等于判断这个最优解是否是唯一的最优解. 在最优单纯形表中，如果所有非基变量的检验数 $z_j - c_j < 0$，则相应的最优解是唯一的；如果对于某个非基变量 x_j 的检验数 $z_j - c_j = 0$ 且 $\boldsymbol{Y}_j$ 中的分量至少有一个为正值，这时仍可以将 x_j 进基，同时可以确定离基变量，但这时新的目标函数值 $z = z_0 - (z_j - c_j)x_j = z_0$，即这一次基变换并不改变目标函数的值. 这样就得到了目标函数值相同的两个不同的最优解，设这两个最优解分别为 $\boldsymbol{X}_1$ 和 $\boldsymbol{X}_2$，容易验证，对任何 $0 \leqslant \lambda \leqslant 1$，$\boldsymbol{X} = \lambda \boldsymbol{X}_1 + (1-\lambda)\boldsymbol{X}_2$ 都是最优解，并且有相同的目标函数值：

$$z = \boldsymbol{C}^{\mathrm{T}}\boldsymbol{X} = \boldsymbol{C}^{\mathrm{T}}[\lambda \boldsymbol{X}_1 + (1-\lambda)\boldsymbol{X}_2] = \lambda \boldsymbol{C}^{\mathrm{T}}\boldsymbol{X}_1 + (1-\lambda)\boldsymbol{C}^{\mathrm{T}}\boldsymbol{X}_2 = \lambda z_0 + (1-\lambda)z_0 = z_0$$

例 2.18(多个最优解的问题)　求解以下线性规划问题：

$$\min z=2x_1-2x_2$$

$$\text{s.t.}\begin{cases}-x_1+x_2\leqslant 1\\ x_2\leqslant 2\\ x_1,x_2\geqslant 0\end{cases}$$

引进松弛变量 x_3、x_4，列出初始单纯形表并按单纯形算法继续运行：

	z	x_1	x_2	x_3	x_4	RHS	
z	1	-2	2	0	0	0	
x_3	0	-1	[1]	1	0	1	1/1
x_4	0	0	1	0	1	2	2/1

$z_2-c_2=2>0$，x_2 进基，$\min\left\{\dfrac{b_1}{y_{12}},\dfrac{b_2}{y_{22}}\right\}=\min\left\{\dfrac{1}{1},\dfrac{2}{1}\right\}=1$，$x_3$ 离基.

	z	x_1	x_2	x_3	x_4	RHS	
z	1	0	0	-2	0	-2	
x_2	0	-1	1	1	0	1	—
x_4	0	[1]	0	-1	1	1	1/1

已获得最优解 $\boldsymbol{X}_1=(x_1,x_2,x_3,x_4)^{\mathrm{T}}=(0,1,0,1)^{\mathrm{T}}$，$z=-2$.

但非基变量 x_1 的检验数 $z_1-c_1=0$，因此还可以将 x_1 进基，x_4 离基，再进行一次基变换，得到以下单纯形表：

	z	x_1	x_2	x_3	x_4	RHS
z	1	0	0	-2	0	-2
x_2	0	0	1	0	1	2
x_1	0	1	0	-1	1	1

得到新的基以及新的最优解：

$$\boldsymbol{X}_2=(x_1,x_2,x_3,x_4)^{\mathrm{T}}=(1,2,0,0)^{\mathrm{T}},z=-2$$

4 维空间中这两个点 $\boldsymbol{X}_1$，$\boldsymbol{X}_2$ 以及它们连线上的点都是最优解. 最优解集可以表示为

$$\boldsymbol{X}=t\boldsymbol{X}_1+(1-t)\boldsymbol{X}_2=t\cdot\begin{bmatrix}0\\1\\0\\1\end{bmatrix}+(1-t)\cdot\begin{bmatrix}1\\2\\0\\0\end{bmatrix}=\begin{bmatrix}1-t\\2-t\\0\\t\end{bmatrix}\ (0\leqslant t\leqslant 1)$$

综上所述，单纯形算法(极小化问题)可以用图 2-10 表示：

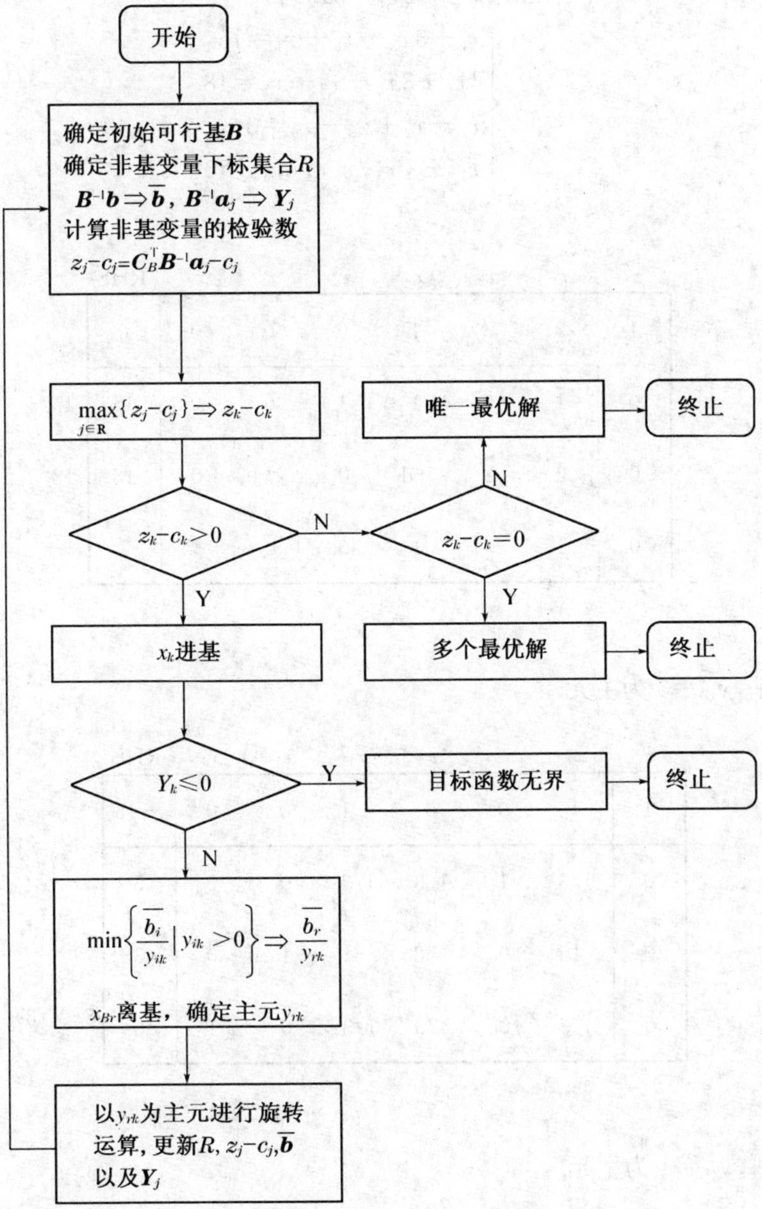

图 2－10

为了熟练掌握单纯形表的计算，再举两个例子.

例 2.19　用单纯形表求以下线性规划问题的最优解.

$$\max z=2x_1+3x_2+x_3$$

$$\text{s. t.}\begin{cases}x_1+3x_2+x_3\leqslant 15\\2x_1+3x_2-x_3\leqslant 18\\x_1-x_2+x_3\leqslant 3\\x_1,x_2,x_3\geqslant 0\end{cases}$$

目标函数转变为极小化，引进松弛变量：

$$\min z'=-2x_1-3x_2-x_3$$

$$\text{s. t.}\begin{cases}x_1+3x_2+x_3+x_4=15\\2x_1+3x_2-x_3+x_5=18\\x_1-x_2+x_3+x_6=3\\x_1,x_2,x_3,x_4,x_5,x_6\geqslant 0\end{cases}$$

列出单纯形表:

	z'	x_1	x_2	x_3	x_4	x_5	x_6	RHS	
z'	1	2	3	1	0	0	0	0	
x_4	0	1	[3]	1	1	0	0	15	15/3
x_5	0	2	3	−1	0	1	0	18	18/3
x_6	0	1	−1	1	0	0	1	3	—

x_2 进基,x_4 离基,$y_{12}=3$ 为主元.

	z'	x_1	x_2	x_3	x_4	x_5	x_6	RHS	
z'	1	1	0	0	−1	0	0	−15	
x_2	0	1/3	1	1/3	1/3	0	0	5	5/(1/3)
x_5	0	[1]	0	−2	−1	1	0	3	3/1
x_6	0	4/3	0	4/3	1/3	0	1	8	8/(4/3)

x_1 进基,x_5 离基,$y_{21}=1$ 为主元.

	z'	x_1	x_2	x_3	x_4	x_5	x_6	RHS	
z'	1	0	0	2	0	−1	0	−18	
x_2	0	0	1	1	2/3	−1/3	0	4	4/1
x_1	0	1	0	−2	−1	1	0	3	—
x_6	0	0	0	[4]	5/3	−4/3	1	4	4/4

x_3 进基,x_6 离基,$y_{33}=4$ 为主元.

	z'	x_1	x_2	x_3	x_4	x_5	x_6	RHS
z'	1	0	0	0	$-5/6$	$-1/3$	$-1/2$	-20
x_2	0	0	1	0	1/4	0	$-1/4$	3
x_1	0	1	0	0	$-1/6$	1/3	1/2	5
x_3	0	0	0	1	5/12	$-1/3$	1/4	1

得到最优解：$x_1=5, x_2=3, x_3=1$. 最优目标函数值 $\min z'=-20$, $\max z=20$.

例 2.20 用单纯形表求以下线性规划问题的最优解.

$$\max z=x_1+2x_2+x_3$$

$$\text{s. t.}\begin{cases}x_1+x_2+x_3\leqslant 12\\2x_1+3x_2+x_3\leqslant 18\\-x_1+x_2+x_3\leqslant 24\\x_1,x_2,x_3\geqslant 0\end{cases}$$

目标函数转化为极小化，引进松弛变量，使约束条件转变为等式：

$$\min z'=-x_1-2x_2-x_3$$

$$\text{s. t.}\begin{cases}x_1+x_2+x_3+x_4=12\\2x_1+3x_2+x_3+x_5=18\\-x_1+x_2+x_3+x_6=24\\x_1,x_2,x_3,x_4,x_5,x_6\geqslant 0\end{cases}$$

列出单纯形表：

	z	x_1	x_2	x_3	x_4	x_5	x_6	RHS	
z	1	1	2	1	0	0	0	0	
x_4	0	1	1	1	1	0	0	12	12/1
x_5	0	2	[3]	1	0	1	0	18	18/3
x_6	0	-1	1	1	0	0	1	24	24/1

x_2 进基，x_5 离基.

	z'	x_1	x_2	x_3	x_4	x_5	x_6	RHS	
z'	1	$-1/3$	0	1/3	0	$-2/3$	0	-12	
x_4	0	1/3	0	[2/3]	1	$-1/3$	0	6	6/(2/3)
x_2	0	2/3	1	1/3	0	1/3	0	6	6/(1/3)
x_6	0	$-5/3$	0	2/3	0	$-1/3$	1	18	18/(2/3)

x_3 进基，x_4 离基.

	z'	x_1	x_2	x_3	x_4	x_5	x_6	RHS
z'	1	$-1/2$	0	0	$-1/2$	$-1/2$	0	-15
x_3	0	$1/2$	0	1	$3/2$	$-1/2$	0	9
x_2	0	$1/2$	1	0	$-1/2$	$1/2$	0	3
x_6	0	-2	0	0	-1	0	1	12

最优解为 $x_1=0,x_2=3,x_3=9,x_4=0,x_5=0,x_6=12,\min z'=-15,\max z=15$.

§2.8 初始基础可行解——两阶段法

在以上单纯形算法描述中，没有指明如何取得一个初始基础可行解. 对于简单的问题，只要做一些试算就可以确定选定的一个基是否是可行基. 但对于规模稍大的问题，用试算的方法就很困难了，必须有一个初始可行基的系统化方法. 当用系统的初始可行解方法不能求得任何初始基础可行解时，就可以得出线性规划问题无解的结论.

对于标准形式的问题

$$\begin{aligned}&\min z=\boldsymbol{C}^{\mathrm{T}}\boldsymbol{X}\\&\text{s.t.}\begin{cases}\boldsymbol{AX}=\boldsymbol{b}\\\boldsymbol{X}\geqslant\boldsymbol{0}\end{cases}\end{aligned}\tag{2.12}$$

当 $\boldsymbol{b}\geqslant\boldsymbol{0}$ 时，如果矩阵 $\boldsymbol{A}$ 中包含一个单位矩阵，则很自然地取该单位矩阵作为初始可行基，这时基变量 $\boldsymbol{X}_B=\boldsymbol{B}^{-1}\boldsymbol{b}\geqslant\boldsymbol{0}$，因而必定是初始可行基.

在以上的例子中，问题的约束条件全为“小于等于”约束，并且右边常数全部大于等于 $\boldsymbol{0}$，对于这一类问题，化为标准问题时在每个约束中添加的松弛变量恰构成一个单位矩阵，这个单位矩阵就可以作为初始可行基.

当标准形式问题的 $\boldsymbol{A}$ 矩阵中不含有单位矩阵或虽含有单位矩阵但 $\boldsymbol{b}$ 不全为非负时，无法获得一个初始的可行基.

例 2.21 设一线性规划问题的约束为

$$\begin{cases}x_1+x_2+x_3\leqslant 6\\-2x_1+3x_2+2x_3\geqslant 3\\x_1,x_2,x_3\geqslant 0\end{cases}$$

引进松弛变量 x_4、$x_5\geqslant 0$，得到

$$\begin{cases}x_1+x_2+x_3+x_4=6\\-2x_1+3x_2+2x_3-x_5=3\\x_1,x_2,x_3,x_4,x_5\geqslant 0\end{cases}$$

其中不包含单位矩阵，因此无法直接获得初始可行基.

例 2.22 设一线性规划问题的约束为

$$\begin{cases} x_1+x_2-2x_3\leqslant -3 \\ -2x_1+x_2+3x_3\leqslant 7 \\ x_1,x_2,x_3\geqslant 0 \end{cases}$$

引进松弛变量 x_4、$x_5\geqslant 0$，得到

$$\begin{cases} x_1+x_2-2x_3+x_4=-3 \\ -2x_1+x_2+3x_3+x_5=7 \\ x_1,x_2,x_3,x_4,x_5\geqslant 0 \end{cases}$$

其中虽然含有单位矩阵，但右边常数中出现负值，因此也不能直接获得初始可行基.

对于不能直接获得初始可行基的问题，可以用引进人工变量(Artificial Variables)的方法构造一个人工基作为初始可行基.

设问题的约束条件为

$$\begin{cases} \boldsymbol{AX}=\boldsymbol{b} \\ \boldsymbol{X}\geqslant \boldsymbol{0} \end{cases} \tag{2.13}$$

其中 $\boldsymbol{X}=(x_1,x_2,\cdots,x_n)^{\mathrm{T}}$. 引进人工变量 $\boldsymbol{X}_a=(x_{n+1},x_{n+2},\cdots,x_{n+m})^{\mathrm{T}}$，约束(2.13)成为

$$\begin{cases} \boldsymbol{AX}+\boldsymbol{X}_a=\boldsymbol{b} \\ \boldsymbol{X},\boldsymbol{X}_a\geqslant \boldsymbol{0} \end{cases} \tag{2.14}$$

或写为

$$\begin{cases} [\boldsymbol{A}\quad \boldsymbol{I}]\cdot\begin{bmatrix}\boldsymbol{X}\\ \boldsymbol{X}_a\end{bmatrix}=\boldsymbol{b} \\ \boldsymbol{X},\boldsymbol{X}_a\geqslant \boldsymbol{0} \end{cases} \tag{2.15}$$

这样，约束(2.15)中就出现了一个单位矩阵，因而约束(2.15)有一个基础可行解 $\boldsymbol{X}=\boldsymbol{0}$，$\boldsymbol{X}_a=\boldsymbol{b}$. 但 $\boldsymbol{X}=\boldsymbol{0}$ 并不是约束(2.13)的可行解，即约束(2.13)和(2.15)并不等价. 约束(2.15)的基础可行解 $(\boldsymbol{X},\boldsymbol{X}_a)^{\mathrm{T}}$ 中的 $\boldsymbol{X}$ 要满足约束(2.13)，当且仅当约束(2.15)的基全部包含在 $\boldsymbol{A}$ 矩阵中，即 $\boldsymbol{X}_a=\boldsymbol{0}$ 全部成为非基变量. 为了得到约束(2.13)的一个可行基，可以对约束(2.15)的初始可行基(人工基)进行基变换，设法迫使人工基中的列向量离基，最终获得全部包含在 $\boldsymbol{A}$ 矩阵中的一个基，从而也就获得了约束(2.13)的一个可行基.

根据以上思路，我们构造以下的两阶段法：

设线性规划问题为

$$\begin{aligned} &\min z=\boldsymbol{C}^{\mathrm{T}}\boldsymbol{X} \\ &\text{s. t.}\begin{cases} \boldsymbol{AX}=\boldsymbol{b} \\ \boldsymbol{X}\geqslant \boldsymbol{0} \end{cases} \end{aligned} \tag{2.16}$$

第一阶段：引进人工变量 $\boldsymbol{X}_a=(x_{n+1},x_{n+2},\cdots,x_{n+m})^{\mathrm{T}}$，构造辅助问题：

$$\begin{aligned} &\min z'=\sum_{i=1}^{m}x_{n+i} \\ &\text{s. t.}\begin{cases} \boldsymbol{AX}+\boldsymbol{X}_a=\boldsymbol{b} \\ \boldsymbol{X},\boldsymbol{X}_a\geqslant \boldsymbol{0} \end{cases} \end{aligned} \tag{2.17}$$

求解辅助问题. 若辅助问题的最优基 $\boldsymbol{B}$ 全部在 $\boldsymbol{A}$ 中，即 $\boldsymbol{X}_a$ 全部是非基变量($\min z'=0$)，则 $\boldsymbol{B}$ 为式(2.16)的一个可行基. 转第二阶段：若辅助问题最优目标函数值 $\min z'>0$，则至少有一个人工变量留在第一阶段最优解基变量中，这时式(2.16)无可行解.

第二阶段:以第一阶段式(2.17)的最优基 $\boldsymbol{B}$ 作为式(2.16)的初始可行基,求解式(2.16),得到最优基和最优解.

例 2.23 求解以下线性规划问题:

$$\min z=x_1-2x_2$$
$$\text{s.t.}\begin{cases}x_1+x_2\geqslant 2\\-x_1+x_2\geqslant 1\\x_2\leqslant 3\\x_1,x_2\geqslant 0\end{cases}$$

解 引进松弛变量 $x_3,x_4,x_5\geqslant 0$,得到

$$\min z=x_1-2x_2$$
$$\text{s.t.}\begin{cases}x_1+x_2-x_3=2\\-x_1+x_2-x_4=1\\x_2+x_5=3\\x_1,x_2,x_3,x_4,x_5\geqslant 0\end{cases}$$

增加人工变量 $x_6,x_7\geqslant 0$,构造辅助问题,并进入第一阶段求解.

$$\min z'=x_6+x_7$$
$$\text{s.t.}\begin{cases}x_1+x_2-x_3+x_6=2\\-x_1+x_2-x_4+x_7=1\\x_2+x_5=3\\x_1,x_2,x_3,x_4,x_5,x_6,x_7\geqslant 0\end{cases}$$

写出辅助问题的系数矩阵表:

	z'	x_1	x_2	x_3	x_4	x_5	x_6	x_7	RHS
z'	1	0	0	0	0	0	−1	−1	0
x_6	0	1	1	−1	0	0	1	0	2
x_7	0	−1	1	0	−1	0	0	1	1
x_5	0	0	1	0	0	1	0	0	3

消去目标函数中基变量 x_6,x_7 的系数,得到初始单纯形表并进行单纯形变换:

	z'	x_1	x_2	x_3	x_4	x_5	x_6	x_7	RHS	
z'	1	0	2	−1	−1	0	0	0	3	
x_6	0	1	1	−1	0	0	1	0	2	2/1
x_7	0	−1	[1]	0	−1	0	0	1	1	1/1
x_5	0	0	1	0	0	1	0	0	3	3/1

x_2 进基,x_7 离基.

	z'	x_1	x_2	x_3	x_4	x_5	x_6	x_7	RHS	
z'	1	2	0	−1	1	0	0	−2	1	
x_6	0	[2]	0	−1	1	0	1	−1	1	1/2
x_2	0	−1	1	0	−1	0	0	1	1	—
x_5	0	1	0	0	1	1	1	−1	2	2/1

x_1 进基，x_6 离基.

	z'	x_1	x_2	x_3	x_4	x_5	x_6	x_7	RHS
z'	1	0	0	0	0	0	−1	−1	0
x_1	0	1	0	−1/2	1/2	0	1/2	−1/2	1/2
x_2	0	0	1	−1/2	−1/2	0	1/2	1/2	3/2
x_5	0	0	0	1/2	1/2	1	−1/2	−1/2	3/2

至此，已获得第一阶段最优解，$z'=0$，人工变量 x_6，x_7 均已离基，最优基 $\boldsymbol{B}=[\boldsymbol{a}_1,\boldsymbol{a}_2,\boldsymbol{a}_5]$，因而可以转入第二阶段.

在第一阶段最优单纯形表换入原问题的目标函数，去掉人工变量 x_6，x_7 以及相应的列，得到第二阶段的系数矩阵表：

	z	x_1	x_2	x_3	x_4	x_5	RHS
z	1	−1	2	0	0	0	0
x_1	0	1	0	−1/2	1/2	0	1/2
x_2	0	0	1	−1/2	−1/2	0	3/2
x_5	0	0	0	1/2	1/2	1	3/2

消去基变量 x_1，x_2 在目标函数中的系数，得到第二阶段问题的单纯形表：

	z	x_1	x_2	x_3	x_4	x_5	RHS	
z	1	0	0	1/2	3/2	0	−5/2	
x_1	0	1	0	−1/2	[1/2]	0	1/2	(1/2)/(1/2)
x_2	0	0	1	−1/2	−1/2	0	3/2	—
x_5	0	0	0	1/2	1/2	1	3/2	(3/2)/(1/2)

x_4 进基，x_1 离基.

	z	x_1	x_2	x_3	x_4	x_5	RHS	
z	1	-3	0	2	0	0	-4	
x_4	0	2	0	-1	1	0	1	—
x_2	0	1	1	-1	0	0	2	—
x_5	0	-1	0	1	0	1	1	1/1

x_3 进基，x_5 离基.

	z	x_1	x_2	x_3	x_4	x_5	RHS
z	1	-1	0	0	0	-2	-6
x_4	0	1	0	0	1	1	2
x_2	0	0	1	0	0	1	3
x_3	0	-1	0	1	0	1	1

原问题的最优解为 $\boldsymbol{X}=(x_1,x_2,x_3,x_4,x_5)^{\mathrm{T}}=(0,3,1,2,0)^{\mathrm{T}}$，$\min z=-6$.

这个问题求解的两个阶段前后经历 5 个基 O,A,B,C,D，经过 4 次基变换 $O\to A,A\to B,B\to C,C\to D$，基迭代经过的路线如图 2－11 所示. 其中前两次迭代 $O\to A,A\to B$ 是在第一阶段中完成的，后两次迭代 $B\to C,C\to D$ 是在第二阶段中完成的. 从图中可以看出，第一阶段是在原问题的可行域外部进行基变换，第一阶段结束后进入可行域，第二阶段则是从可行域内部的一个极点 B（原问题的一个可行基）开始，在可行域内部进行基变换.

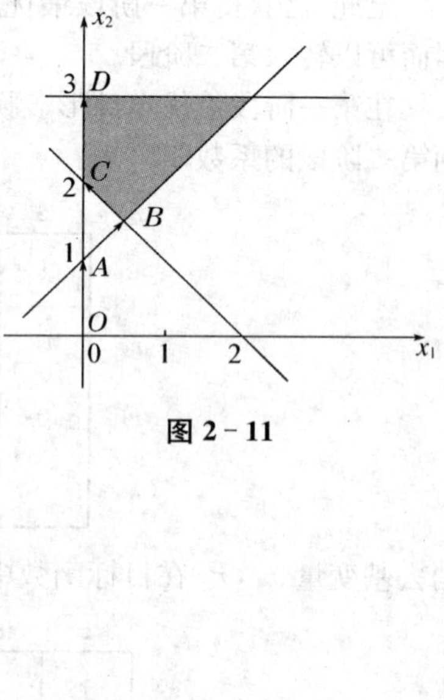

图 2－11

§2.9 退化和循环

定义 2.8 退化的基础可行解.

设 $\boldsymbol{B}$ 是线性规划的一个可行基

$$\boldsymbol{X}_B=\boldsymbol{B}^{-1}\boldsymbol{b}=(x_{B1},x_{B2},\cdots,x_{Bi},\cdots,x_{Bm})^{\mathrm{T}}$$

是这个基础解中的基变量. 如果其中至少有一个分量 $x_{Bi}=0(i=1,2,\cdots,m)$，则称此基础可行解是退化的.

例 2.24 对于以下的线性规划问题：

$$\min z=-2x_1-x_2$$

$$\text{s. t.}\begin{cases}x_1+x_2\leqslant 6\\x_2\leqslant 3\\x_1+2x_2\leqslant 9\\x_1,x_2\geqslant 0\end{cases}$$

引进松弛变量 $x_3, x_4, x_5 \geqslant 0$，得到

$$\min z = -2x_1 - x_2$$

$$\text{s. t.} \begin{cases} x_1 + x_2 + x_3 = 6 \\ x_2 + x_4 = 3 \\ x_1 + 2x_2 + x_5 = 9 \\ x_1, x_2, x_3, x_4, x_5 \geqslant 0 \end{cases}$$

其中

$$\boldsymbol{A} = [\boldsymbol{a}_1 \quad \boldsymbol{a}_2 \quad \boldsymbol{a}_3 \quad \boldsymbol{a}_4 \quad \boldsymbol{a}_5] = \begin{bmatrix} 1 & 1 & 1 & 0 & 0 \\ 0 & 1 & 0 & 1 & 0 \\ 1 & 2 & 0 & 0 & 1 \end{bmatrix}$$

对于基

$$\boldsymbol{B}_1 = [\boldsymbol{a}_1 \quad \boldsymbol{a}_2 \quad \boldsymbol{a}_3] = \begin{bmatrix} 1 & 1 & 1 \\ 0 & 1 & 0 \\ 1 & 2 & 0 \end{bmatrix}$$

$$\boldsymbol{X}_{B_1} = \boldsymbol{B}^{-1}\boldsymbol{b} = \begin{bmatrix} x_1 \\ x_2 \\ x_3 \end{bmatrix} = \begin{bmatrix} 0 & -2 & 1 \\ 0 & 1 & 0 \\ 1 & 1 & -1 \end{bmatrix} \cdot \begin{bmatrix} 6 \\ 3 \\ 9 \end{bmatrix} = \begin{bmatrix} 3 \\ 3 \\ 0 \end{bmatrix}$$

是一退化的基础可行解，即

$$\boldsymbol{X}_1 = (x_1, x_2, x_3, x_4, x_5)^{\mathrm{T}} = (3, 3, 0, 0, 0)^{\mathrm{T}}$$

同样，对于基

$$\boldsymbol{B}_2 = [\boldsymbol{a}_1, \boldsymbol{a}_2, \boldsymbol{a}_4]$$

相应的基础可行解为

$$\boldsymbol{X}_{B_2} = \begin{bmatrix} x_1 \\ x_2 \\ x_4 \end{bmatrix} = \begin{bmatrix} 3 \\ 3 \\ 0 \end{bmatrix}, \boldsymbol{X}_{N_2} = \begin{bmatrix} x_3 \\ x_5 \end{bmatrix} = \begin{bmatrix} 0 \\ 0 \end{bmatrix}$$

即
$$\boldsymbol{X}_2 = (x_1, x_2, x_3, x_4, x_5)^{\mathrm{T}} = (3, 3, 0, 0, 0)^{\mathrm{T}}$$

再看基
$$\boldsymbol{B}_3 = [\boldsymbol{a}_1, \boldsymbol{a}_2, \boldsymbol{a}_5]$$

相应的基础可行解为

$$\boldsymbol{X}_{B_3} = \begin{bmatrix} x_1 \\ x_2 \\ x_5 \end{bmatrix} = \begin{bmatrix} 3 \\ 3 \\ 0 \end{bmatrix}, \boldsymbol{X}_{N_3} = \begin{bmatrix} x_3 \\ x_4 \end{bmatrix} = \begin{bmatrix} 0 \\ 0 \end{bmatrix}$$

即 $\boldsymbol{X}_3 = (x_1, x_2, x_3, x_4, x_5)^{\mathrm{T}} = (3, 3, 0, 0, 0)^{\mathrm{T}}$

由此可见，以上三个不同的基对应于可行域中同一个极点. 由图 2－12 可以看出，退化的极点是由若干个不同的极点在特殊情况下合并成一个极点(图中的极点 B)而形成的.

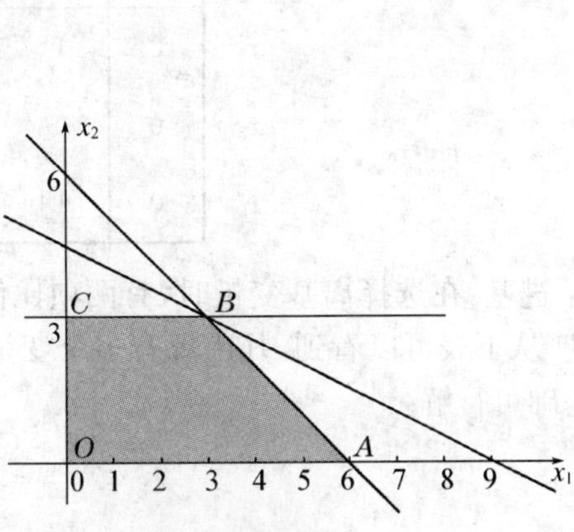

图 2－12

退化的结构对单纯形迭代会有不利的影响. 当迭代进入一个退化极点时，可能出现以下情况：

(1) 进行进基、离基变换后，虽然改变了基，但

没有改变极点，目标函数当然也不会改进. 进行若干次基变换后，才脱离退化极点，进入其他极点. 这种情况会增加迭代次数，使单纯形法收敛的速度减慢.

(2) 在十分特殊的情况下，退化会出现基的循环，一旦出现这样的情况，单纯形迭代将永远停留在同一极点上，因而无法求得最优解.

下面以例 2.24 为例，说明退化对迭代的影响.

$$\min z=-2x_1-x_2$$
$$\text{s. t.}\begin{cases}x_1+x_2\leqslant 6\\x_2\leqslant 3\\x_1+2x_2\leqslant 9\\x_1,x_2\geqslant 0\end{cases}$$

引进松弛变量 $x_3,x_4,x_5\geqslant 0$，得到

$$\min z=-2x_1-x_2$$
$$\text{s. t.}\begin{cases}x_1+x_2+x_3=6\\x_2+x_4=3\\x_1+2x_2+x_5=9\\x_1,x_2,x_3,x_4,x_5\geqslant 0\end{cases}$$

单纯形表的迭代如下，为了说明问题，第一次迭代中选择 x_2 进基而不是 x_1 进基.

	z	x_1	x_2	x_3	x_4	x_5	RHS	
z	1	2	1	0	0	0	0	
x_3	0	1	1	1	0	0	6	6/1
x_4	0	0	[1]	0	1	0	3	3/1
x_5	0	1	2	0	0	1	9	9/2

x_2 进基，x_4 离基.

	z	x_1	x_2	x_3	x_4	x_5	RHS	
z	1	2	0	0	−1	0	−3	
x_3	0	1	0	1	−1	0	3	3/1
x_2	0	0	1	0	1	0	3	—
x_5	0	[1]	0	0	−2	1	3	3/1

x_1 进基，在选择离基变量时，有两项比值相同，即 x_3 和 x_5 都可以选为离基变量，不妨选 x_5 离基. 从下表可以看到，凡出现有多个变量可被选为离基变量时，下一次迭代必定获得一退化的基础可行解.

	z	x_1	x_2	x_3	x_4	x_5	RHS	
z	1	0	0	0	3	-2	-9	
x_3	0	0	0	1	[1]	-1	0	0/1
x_2	0	0	1	0	1	0	3	3/1
x_1	0	1	0	0	-2	1	3	3/1

x_4 进基，x_3 离基.

	z	x_1	x_2	x_3	x_4	x_5	RHS	
z	1	0	0	-3	0	1	-9	
x_4	0	0	0	1	1	-1	0	—
x_2	0	0	1	-1	0	[1]	3	3/1
x_1	0	1	0	2	0	-1	3	—

以上两次迭代虽然都进行了基变换，但对应的极点相同，目标函数值没有变化，这就是退化对单纯形迭代次数的影响.

从上表可以看出，下一次迭代，x_5 进基，由于 $y_{15}=-1$，x_4 不再被选作离基变量，从而脱离退化极点. 下一次迭代的单纯形表为

	z	x_1	x_2	x_3	x_4	x_5	RHS
z	1	0	-1	-2	0	0	-12
x_4	0	0	1	0	1	0	3
x_5	0	0	1	-1	0	1	3
x_1	0	1	1	1	0	0	6

现在已获得最优解. 对照图 2-12，以上迭代的路径是 $O\to C\to B\to B\to A$，其中退化极点 B 在迭代中出现了两次.

在非常特殊的情况下，确实存在因退化而导致基的循环变换而不能脱离退化极点的情况. Beale 曾给出以下的例子：

例 2.25

$$\min z=-3/4x_4+20x_5-1/2x_6+6x_7$$

$$\text{s.t.}\begin{cases}x_1+1/4x_4-8x_5-x_6+9x_7=0\\ x_2+1/2x_4-12x_5-1/2x_6+3x_7=0\\ x_3+x_6=1\\ x_1,x_2,x_3,x_4,x_5,x_6,x_7\geqslant 0\end{cases}$$

这个例子，从初始基 $\boldsymbol{B}=[\boldsymbol{a}_1,\boldsymbol{a}_2,\boldsymbol{a}_3]$ 开始，经过六次迭代，又回到初始基 $\boldsymbol{B}$，在这六次迭代过程中，目标函数值始终保持为 0，没有任何改进.

一旦出现这种因退化而导致的基的循环，单纯形法就无法求得最优解，这是单纯形法的一个缺陷. 值得庆幸的是，尽管退化的结构经常遇到，但除了极个别人为精心构造的例子外（如例

2.25)，循环现象在实际问题中从未出现过. 尽管如此，人们还是对如何防止出现循环做了大量研究：1952 年 Charnes 提出了“摄动法”；1954 年 Dantzig，Orden 和 Wolfe 又提出了“字典序法”. 这些方法都比较复杂，同时也降低了迭代的速度.

1976 年，Bland 提出了一个避免循环的新方法，其原则十分简单. 仅在选择进基变量和离基变量时作了以下规定：

(1) 在选择进基变量时，在所有检验数 $z_j-c_j>0$ 的非基变量中选取下标最小的进基；

(2) 当有多个变量同时可作为离基变量时，选择下标最小的那个变量离基，这样就可以避免出现循环.

当然，用 Bland 的方法，由于选取进基变量时不再考虑检验数 z_j-c_j 绝对值的大小，将会导致收敛速度降低.

§2.10 注释和补充

2.10.1 用两阶段法判定线性规划问题无可行解

在线性规划初始基础可行解的两阶段法中，如果辅助问题最优解的目标函数值 $\min z'>0$，则原问题没有可行解. 这一论断可以证明如下：

设线性规划问题为

$$\min z=\boldsymbol{C}^{\mathrm{T}}\boldsymbol{X}$$
$$\text{s. t.}\begin{cases}\boldsymbol{AX}=\boldsymbol{b}\\ \boldsymbol{X}\geqslant\boldsymbol{0}\end{cases}$$

增加人工变量 $\boldsymbol{X}_a^{\mathrm{T}}=(x_{a1}\quad\cdots\quad x_{ai}\quad\cdots\quad x_{am})$，构造辅助问题：

$$\min z'=\sum_{i=1}^{m}x_{ai}$$
$$\text{s. t.}\begin{cases}\boldsymbol{AX}+\boldsymbol{X}_a=b\\ \boldsymbol{X}\geqslant\boldsymbol{0}\end{cases}$$

设辅助问题有最优解，且 $\min z'>0$，而原问题有可行解：

$$\boldsymbol{X}_F^{\mathrm{T}}=(x_1\quad\cdots\quad x_j\quad\cdots\quad x_n)$$

则这个可行解必定满足 $\boldsymbol{AX}_F=\boldsymbol{b}$. 构造一个辅助问题的解：

$$\boldsymbol{X}^{\mathrm{T}}=(\boldsymbol{X}_F^{\mathrm{T}}\quad\boldsymbol{X}_a^{\mathrm{T}})=(x_1\quad\cdots\quad x_j\quad\cdots\quad x_n\quad 0\quad\cdots\quad 0\quad\cdots\quad 0)$$

即人工变量全等于零. 这个解必定是辅助问题的可行解，并且这个解的辅助问题的目标函数值等于零，这与辅助问题最优解的目标函数值大于零矛盾. 因此，如果辅助问题最优解的目标函数值大于零，则原问题无可行解.

辅助问题最优解的目标函数值大于零，最优解中至少有一个人工变量还留在基变量中，因此两阶段法中辅助问题最优解的基变量中至少包含一个人工变量，则线性规划问题没有可行解.

2.10.2 初始基础可行解——大 M 法

求初始基础可行解除了两阶段法以外，还可以用大 M 法. 对于极小化的线性规划问题，大

M 法的基本步骤如下：

(1) 引进松弛变量，使约束条件成为等式.

(2) 如果约束条件的系数矩阵中不存在一个单位矩阵，则引进人工变量.

(3) 在原目标函数中，加上人工变量，每个人工变量的系数为一个足够大的正数 M.

(4) 用单纯形表求解以上问题，如果这个问题的最优解中有人工变量是基变量，则原问题无可行解；如果最优解中所有人工变量都离基，则得到原问题的最优解.

例 2.26 对于以下线性规划问题：

$$\min z=2x_1+3x_2+x_3$$
$$\text{s. t.}\begin{cases}4x_1+x_2-x_3\geqslant 16\\x_1-2x_2+x_3\geqslant 24\\x_1,x_2,x_3\geqslant 0\end{cases}$$

引进松弛变量 $x_4,x_5\geqslant 0$：

$$\min z=2x_1+3x_2+x_3$$
$$\text{s. t.}\begin{cases}4x_1+x_2-x_3-x_4=16\\x_1-2x_2+x_3-x_5=24\\x_1,x_2,x_3,x_4,x_5\geqslant 0\end{cases}$$

引进人工变量 $x_6,x_7\geqslant 0$，在目标函数中增加人工变量：

$$\min z=2x_1+3x_2+x_3+Mx_6+Mx_7$$
$$\text{s. t.}\begin{cases}4x_1+x_2-x_3-x_4+x_6=16\\x_1-2x_2+x_3-x_5+x_7=24\\x_1,x_2,x_3,x_4,x_5,x_6,x_7\geqslant 0\end{cases}$$

列出单纯形表：

	z	x_1	x_2	x_3	x_4	x_5	x_6	x_7	RHS
z	1	−2	−3	−1	0	0	$-M$	$-M$	0
x_6	0	4	1	−1	−1	0	1	0	16
x_7	0	1	−2	1	0	−1	0	1	24

消去基变量 x_6,x_7 在目标函数中的系数.

	z	x_1	x_2	x_3	x_4	x_5	x_6	x_7	RHS
z	1	$5M-2$	$-M-3$	−1	$-M$	$-M$	0	0	$40M$
x_6	0	[4]	1	−1	−1	0	1	0	16
x_7	0	1	−2	1	0	−1	0	1	24

由于 M 是足够大的正数，因此 $5M-2>0$，x_1 进基，x_6 离基.

	z	x_1	x_2	x_3	x_4	x_5	x_6	x_7	RHS
z	1	0	$-\frac{9}{4}M-\frac{1}{2}$	$\frac{5}{4}M-\frac{3}{2}$	$\frac{1}{4}M-\frac{1}{2}$	$-M$	$-\frac{5}{4}M+\frac{1}{2}$	0	$20M+8$
x_1	0	1	1/4	−1/4	−1/4	0	1/4	0	4
x_7	0	0	−9/4	[5/4]	1/4	−1	−1/4	1	20

由于$\frac{5}{4}M+\frac{1}{2}>0$，$x_3$ 进基，x_7 离基.

	z	x_1	x_2	x_3	x_4	x_5	x_6	x_7	RHS
z	1	0	−16/5	0	−1/5	−6/5	$-M+1/5$	$-M-6/5$	32
x_1	0	1	−1/5	0	−1/5	−1/5	1/5	1/5	8
x_3	0	0	−9/5	1	1/5	−4/5	−1/5	4/5	16

由于$-M+1/5<0$，$-M-6/5<0$，已获得最优解，最优解为

$$(x_1,x_2,x_3,x_4,x_5,x_6,x_7)=(8,0,16,0,0,0,0),\min z=32$$

原问题的解为

$$(x_1,x_2,x_3,x_4,x_5)=(8,0,16,0,0),\min z=32$$

如果用两阶段法求解以上问题，可以发现单纯形法迭代的次数和变量进基离基的次序完全相同. 因此，两阶段法和大 M 法的实质是一样的. 各种不同的实际问题，目标函数中变量的系数大小可能相差很大，M 的取值要远远大于各种问题可能出现的最大的系数，它的取值在算法编程中往往难以确定，如果取一个足够大的 M(例如 $M=10^8$)又会引起较大的计算误差. 由于大 M 法的这些缺点，大多数商业化的线性规划程序都不采用大 M 法，而是采用两阶段算法.

习题

1. 用图解法求解下列线性规划问题，并指出各问题是具有唯一最优解、无穷多最优解、无界解还是无可行解.

(1) $\min z=6x_1+4x_2$

$$\text{s.t.}\begin{cases}2x_1+x_2\geqslant 1\\3x_1+4x_2\geqslant 1.5\\x_1,\ x_2\geqslant 0\end{cases}$$

(2) $\max z=4x_1+8x_2$

$$\text{s.t.}\begin{cases}2x_1+2x_2\leqslant 10\\-x_1+x_2\geqslant 8\\x_1,\ x_2\geqslant 0\end{cases}$$

(3) $\max z=x_1+x_2$

$$\text{s.t.}\begin{cases}8x_1+6x_2\geqslant 24\\4x_1+6x_2\geqslant -12\\2x_2\geqslant 4\\x_1,x_2\geqslant 0\end{cases}$$

(4) $\max z=3x_1-2x_2$

$$\text{s.t.}\begin{cases}x_1+x_2\leqslant 1\\2x_1+2x_2\geqslant 4\\x_1,x_2\geqslant 0\end{cases}$$

(5) $\max z=3x_1+9x_2$

$$\text{s.t.}\begin{cases}x_1+3x_2\leqslant 22\\-x_1+x_2\leqslant 4\\x_2\leqslant 6\\2x_1-5x_2\leqslant 0\\x_1,x_2\geqslant 0\end{cases}$$

(6) $\max z=3x_1+4x_2$

$$\text{s.t.}\begin{cases}-x_1+2x_2\leqslant 8\\x_1+2x_2\leqslant 12\\2x_1+x_2\leqslant 16\\x_1,x_2\geqslant 0\end{cases}$$

2. 在下列线性规划问题中,找出所有基本解,指出哪些是基本可行解,并分别代入目标函数,比较找出最优解.

(1) $\max z=3x_1+5x_2$

$$\text{s.t.}\begin{cases}x_1+x_3=4\\2x_2+x_4=12\\3x_1+2x_2+x_5=18\\x_j\geqslant 0\quad(j=1,\cdots,5)\end{cases}$$

(2) $\min z=4x_1+12x_2+18x_3$

$$\text{s.t.}\begin{cases}x_1+3x_3-x_4=3\\2x_2+2x_3-x_5=5\\x_j\geqslant 0\quad(j=1,\cdots,5)\end{cases}$$

3. 分别用图解法和单纯形法求解下列线性规划问题,并对照指出单纯形法迭代的每一步相当于图解法可行域中的哪一个顶点.

(1) $\max z=10x_1+5x_2$

$$\text{s.t.}\begin{cases}3x_1+4x_2\leqslant 9\\5x_1+2x_2\leqslant 8\\x_1,x_2\geqslant 0\end{cases}$$

(2) $\max z=100x_1+200x_2$

$$\text{s.t.}\begin{cases}x_1+x_2\leqslant 500\\x_1\leqslant 200\\2x_1+6x_2\leqslant 1\,200\\x_1,x_2\geqslant 0\end{cases}$$

4. 分别用大 M 法和两阶段法求解下列线性规划问题,并指出问题的解属于哪一类:

(1) $\max z=4x_1+5x_2+x_3$

$$\text{s.t.}\begin{cases}3x_1+2x_2+x_3\geqslant 18\\2x_1+x_2\leqslant 4\\x_1+x_2-x_3=5\\x_j\geqslant 0\quad(j=1,2,3)\end{cases}$$

(2) $\max z=2x_1+x_2+x_3$

$$\text{s.t.}\begin{cases}4x_1+2x_2+2x_3\geqslant 4\\2x_1+4x_2\leqslant 20\\4x_1+8x_2+2x_3\leqslant 16\\x_j\geqslant 0\quad(j=1,2,3)\end{cases}$$

(3) $\max z=x_1+x_2$

$$\text{s.t.}\begin{cases}8x_1+6x_2\geqslant 24\\4x_1+6x_2\geqslant -12\\2x_2\geqslant 4\\x_1,x_2\geqslant 0\end{cases}$$

(4) $\max z=x_1+2x_2+3x_3-x_4$

$$\text{s.t.}\begin{cases}x_1+2x_2+3x_3=15\\2x_1+x_2+5x_3=20\\x_1+2x_2+x_3+x_4=10\\x_j\geqslant 0\quad(j=1,\cdots,4)\end{cases}$$

(5) $\max z=4x_1+6x_2$

$$\text{s.t.}\begin{cases}2x_1+4x_2\leqslant 180\\3x_1+2x_2\leqslant 150\\x_1+x_2=57\\x_2\geqslant 22\\x_1,x_2\geqslant 0\end{cases}$$

(6) $\max z=5x_1+3x_2+6x_3$

$$\text{s.t.}\begin{cases}x_1+2x_2+x_3\leqslant 18\\2x_1+x_2+3x_3\leqslant 16\\x_1+x_2+x_3=10\\x_1,x_2\geqslant 0,x_3\text{ 无约束}\end{cases}$$

5. 线性规划问题 $\max z=\boldsymbol{CX},\boldsymbol{AX}=\boldsymbol{b},\boldsymbol{X}\geqslant\boldsymbol{0}$,如 $\boldsymbol{X}^*$ 是该问题的最优解,又 $\lambda>0$ 为某一常

数,分别讨论下列情况时最优解的变化:

(1) 目标函数变为 $\max z=\lambda \boldsymbol{CX}$;

(2) 目标函数变为 $\max z=(\boldsymbol{C}+\lambda)\boldsymbol{X}$;

(3) 目标函数变为 $\max z=\frac{\boldsymbol{C}}{\lambda}\boldsymbol{X}$,约束条件变为 $\boldsymbol{AX}=\lambda \boldsymbol{b}$.

6. 下表中给出某求极大化问题的单纯形表. 问:表中 a_1, a_2, c_1, c_2, d 为何值时以及表中变量属于哪一种类型时,有

(1) 唯一最优解?

(2) 无穷多最优解之一?

(3) 退化的可行解?

(4) 下一步迭代将以 x_1 替换基变量 x_5?

(5) 该线性规划问题具有无界解?

(6) 该线性规划问题无可行解?

		x_1	x_2	x_3	x_4	x_5
x_3	d	4	a_1	1	0	0
x_4	2	−1	−5	0	1	0
x_5	3	a_2	−3	0	0	1
c_j-z_j		c_1	c_2	0	0	0

7. 战斗机是一种重要的作战工具,但要使战斗机发挥作用必须有足够的驾驶员. 因此,生产出来的战斗机除一部分直接用于战斗外,需抽一部分用于培训驾驶员. 已知每年生产的战斗机数量为 $a_j(j=1,\cdots,n)$,又每架战斗机每年能培训出 k 名驾驶员. 问:应如何分配每年生产出来的战斗机,使在 n 年内生产出来的战斗机为空防作出最大贡献?

8. 某石油管道公司希望知道,在下图所示的管道网络中可以流过的最大流量及怎样输送,弧上数字是容量限制. 请建立此问题的线性规划模型,不必求解.

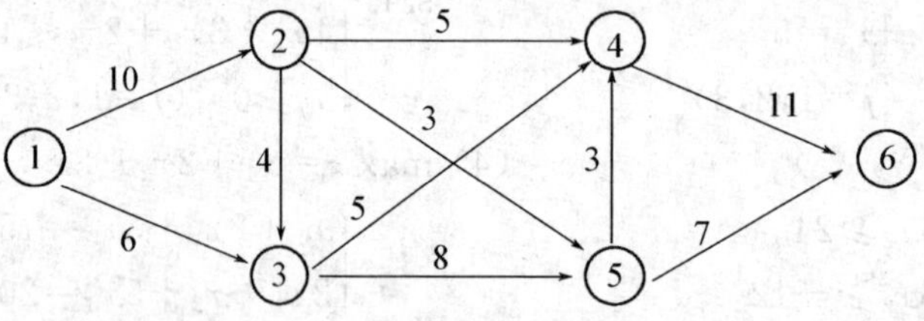

9. 某昼夜服务的公交线路每天各时间区段内所需司机和乘务人员数如下:

班次	时间	所需人数
1	6:00～10:00	60
2	10:00～14:00	70
3	14:00～18:00	60
4	18:00～22:00	50
5	22:00～2:00	20
6	2:00～6:00	30

设司机和乘务人员分别在各时间区段一开始时上班,并连续工作八小时. 问:该公交线路

至少配备多少名司机和乘务人员？列出此问题的线性规划模型.

10. 某班有男生30人，女生20人，周日去植树.根据经验，一天男生平均每人挖坑20个，或栽树30棵，或给25棵树浇水；女生平均每人挖坑10个，或栽树20棵，或给15棵树浇水.问：应怎样安排，才能使植树(包括挖坑、栽树、浇水)最多？请建立此问题的线性规划模型，不必求解.

11. 某糖果厂用原料A、B、C加工成三种不同牌号的糖果甲、乙、丙.已知各种牌号糖果中A、B、C含量，原料成本，各种原料的每月限制用量，三种牌号糖果的单位加工费及售价如下表所示.

问：该厂每月应生产这三种牌号糖果各多少千克，使该厂获利最大？试建立此问题的线性规划的数学模型.

	甲	乙	丙	原料成本/(元/千克)	每月限量/千克
A	≥60%	≥15%		2.00	2 000
B				1.50	2 500
C	≤20%	≤60%	≤50%	1.00	1 200
加工费/(元/千克)	0.50	0.40	0.30		
售价/元	3.40	2.85	2.25		

12. 某商店制定7～12月进货售货计划，已知商店仓库容量不得超过500件，6月底已存货200件，以后每月初进货一次，假设各月份此商品买进售出单价如下表所示.问：各月进货售货各多少，才能使总收入最多？请建立此问题的线性规划模型，不必求解.

月份	7	8	9	10	11	12
买进单价	28	24	25	27	23	23
售出单价	29	24	26	28	22	25

13. 某农场有100公顷土地及15 000元资金可用于发展生产.农场劳动力情况为秋冬季3 500人日，春夏季4 000人日，如劳动力本身用不了时可外出干活，春夏季收入为2.1元/人日，秋冬季收入为1.8元/人日.该农场种植三种作物：大豆、玉米、小麦，并饲养奶牛和鸡.种作物时不需要专门投资，而饲养动物时每头奶牛投资400元，每只鸡投资3元.养奶牛时每头需拨出1.5公顷土地种饲草，并占用人工秋冬季为100人日，春夏季为50人日，年净收入400元/每头奶牛.养鸡时不占土地，需人工：每只鸡秋冬季为0.6人日，春夏季为0.3人日，年净收入为2元/每只鸡.农场现有鸡舍允许最多养3 000只鸡，牛栏允许最多养32头奶牛.三种作物每年需要的人工及收入情况如下表所示.

	大豆	玉米	麦子
秋冬季需人日数	20	35	10
春夏季需人日数	50	75	40
年净收入/(元/公顷)	175	300	120

试决定该农场的经营方案，使年净收入为最大.(建立线性规划模型，不需求解)

第三章

对　偶

§3.1　对偶问题的建立

3.1.1　对偶的定义

定义 3.1　设以下线性规划问题：

$$\min z=\boldsymbol{C}^{\mathrm{T}}\boldsymbol{X}$$
$$\text{s. t.}\begin{cases}\boldsymbol{AX}\geqslant\boldsymbol{b}\\ \boldsymbol{X}\geqslant\boldsymbol{0}\end{cases} \tag{3.1}$$

为原始问题，则称以下问题：

$$\max y=\boldsymbol{b}^{\mathrm{T}}\boldsymbol{W}$$
$$\text{s. t.}\begin{cases}\boldsymbol{A}^{\mathrm{T}}\boldsymbol{W}\leqslant\boldsymbol{C}\\ \boldsymbol{W}\geqslant\boldsymbol{0}\end{cases} \tag{3.2}$$

为原始问题的对偶问题.

例 3.1　设原始问题为

$$\min z=6x_1+8x_2$$
$$\text{s. t.}\begin{cases}3x_1+x_2\geqslant4\\ 5x_1+2x_2\geqslant7\\ x_1,x_2\geqslant0\end{cases} \tag{3.3}$$

则对偶问题为

$$\max y=4w_1+7w_2$$
$$\text{s. t.}\begin{cases}3w_1+5w_2\leqslant6\\ w_1+2w_2\leqslant8\\ w_1,w_2\geqslant0\end{cases} \tag{3.4}$$

例 3.2　设原始问题为

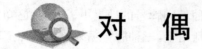

$$\min z=3x_1-2x_2+x_3$$
$$\text{s. t.}\begin{cases}x_1+x_2-3x_3+x_4\geqslant 6\\2x_1-x_2+2x_4\geqslant 4\\5x_2+2x_3-x_4\geqslant 8\\x_1,x_2,x_3,x_4\geqslant 0\end{cases}\tag{3.5}$$

根据定义,相应的对偶问题为

$$\max y=6w_1+4w_2+8w_3$$
$$\text{s. t.}\begin{cases}w_1+2w_2\leqslant 3\\w_1-w_2+5w_3\leqslant -2\\-3w_1+2w_3\leqslant 1\\w_1+2w_2-w_3\leqslant 0\\w_1,w_2,w_3\geqslant 0\end{cases}\tag{3.5}$$

3.1.2 对偶的对偶

设原始问题为

$$\min z=\boldsymbol{C}^{\mathrm{T}}\boldsymbol{X}$$
$$\text{s. t.}\begin{cases}\boldsymbol{AX}\geqslant\boldsymbol{b}\\\boldsymbol{X}\geqslant\boldsymbol{0}\end{cases}\tag{3.6}$$

根据定义 3.1,对偶问题为

$$\max y=\boldsymbol{b}^{\mathrm{T}}\boldsymbol{W}$$
$$\text{s. t.}\begin{cases}\boldsymbol{A}^{\mathrm{T}}\boldsymbol{W}\leqslant\boldsymbol{C}\\\boldsymbol{W}\geqslant\boldsymbol{0}\end{cases}\tag{3.7}$$

现在来考虑式(3.7)的对偶. 为了运用定义 3.1,将式(3.7)改写成以下形式:

$$\min y'=-\boldsymbol{b}^{\mathrm{T}}\boldsymbol{W}$$
$$\text{s. t.}\begin{cases}-\boldsymbol{A}^{\mathrm{T}}\boldsymbol{W}\geqslant-\boldsymbol{C}\\\boldsymbol{W}\geqslant\boldsymbol{0}\end{cases}\tag{3.8}$$

根据定义 3.1,式(3.8)的对偶为

$$\max z'=-\boldsymbol{C}^{\mathrm{T}}\boldsymbol{X}$$
$$\text{s. t.}\begin{cases}-\boldsymbol{AX}\leqslant-\boldsymbol{b}\\\boldsymbol{X}\geqslant\boldsymbol{0}\end{cases}\tag{3.9}$$

即

$$\max z'=-\boldsymbol{C}^{\mathrm{T}}\boldsymbol{X}$$
$$\text{s. t.}\begin{cases}\boldsymbol{AX}\geqslant\boldsymbol{b}\\\boldsymbol{X}\geqslant\boldsymbol{0}\end{cases}\tag{3.10}$$

令 $z=-z'$,式(3.10)成为

$$\min z=\boldsymbol{C}^{\mathrm{T}}\boldsymbol{X}$$
$$\text{s. t.}\begin{cases}\boldsymbol{AX}\geqslant\boldsymbol{b}\\\boldsymbol{X}\geqslant\boldsymbol{0}\end{cases}\tag{3.11}$$

这就是原始问题(3.6). 由此得到以下定理:

定理 3.1 对偶问题的对偶就是原始问题.

3.1.3 其他形式的对偶问题

这一节是要解决非标准形式的原始问题的对偶问题.分为以下几种情况来讨论:

3.1.3.1 等号约束问题

设原始问题的约束条件全是等号约束,即

$$\min z=\boldsymbol{C}^{\mathrm{T}}\boldsymbol{X}$$
$$\text{s. t.}\begin{cases}\boldsymbol{AX}=\boldsymbol{b}\\ \boldsymbol{X}\geqslant\boldsymbol{0}\end{cases}\tag{3.12}$$

这个问题等价于

$$\min z=\boldsymbol{C}^{\mathrm{T}}\boldsymbol{X}$$
$$\text{s. t.}\begin{cases}\boldsymbol{AX}\geqslant\boldsymbol{b}\\ \boldsymbol{AX}\leqslant\boldsymbol{b}\\ \boldsymbol{X}\geqslant\boldsymbol{0}\end{cases}\tag{3.13}$$

将式(3.13)中"$\leqslant$"的约束两边都乘以-1,得到

$$\min z=\boldsymbol{C}^{\mathrm{T}}\boldsymbol{X}$$
$$\text{s. t.}\begin{cases}\boldsymbol{AX}\geqslant\boldsymbol{b}\\ -\boldsymbol{AX}\geqslant-\boldsymbol{b}\\ \boldsymbol{X}\geqslant\boldsymbol{0}\end{cases}\tag{3.14}$$

式(3.14)写成矩阵形式,成为

$$\min z=\boldsymbol{C}^{\mathrm{T}}\boldsymbol{X}$$
$$\text{s. t.}\begin{cases}\begin{bmatrix}\boldsymbol{A}\\ -\boldsymbol{A}\end{bmatrix}\boldsymbol{X}\geqslant\begin{bmatrix}\boldsymbol{b}\\ -\boldsymbol{b}\end{bmatrix}\\ \boldsymbol{X}\geqslant\boldsymbol{0}\end{cases}\tag{3.15}$$

式(3.15)的对偶为

$$\max y=[\boldsymbol{b}^{\mathrm{T}}\quad -\boldsymbol{b}^{\mathrm{T}}]\cdot\begin{bmatrix}\boldsymbol{W}_1\\ \boldsymbol{W}_2\end{bmatrix}$$
$$\text{s. t.}\begin{cases}[\boldsymbol{A}^{\mathrm{T}}\quad -\boldsymbol{A}^{\mathrm{T}}]\cdot\begin{bmatrix}\boldsymbol{W}_1\\ \boldsymbol{W}_2\end{bmatrix}\leqslant\boldsymbol{C}\\ \boldsymbol{W}_1\geqslant\boldsymbol{0},\boldsymbol{W}_2\geqslant\boldsymbol{0}\end{cases}\tag{3.16}$$

即

$$\max y=\boldsymbol{b}^{\mathrm{T}}\boldsymbol{W}_1-\boldsymbol{b}^{\mathrm{T}}\boldsymbol{W}_2$$
$$\text{s. t.}\begin{cases}\boldsymbol{A}^{\mathrm{T}}\boldsymbol{W}_1-\boldsymbol{A}^{\mathrm{T}}\boldsymbol{W}_2\leqslant\boldsymbol{C}\\ \boldsymbol{W}_1,\boldsymbol{W}_2\geqslant\boldsymbol{0}\end{cases}\tag{3.16}$$

或

$$\max y=\boldsymbol{b}^{\mathrm{T}}(\boldsymbol{W}_1-\boldsymbol{W}_2)$$
$$\text{s. t.}\begin{cases}\boldsymbol{A}^{\mathrm{T}}(\boldsymbol{W}_1-\boldsymbol{W}_2)\leqslant\boldsymbol{C}\\ \boldsymbol{W}_1,\boldsymbol{W}_2\geqslant\boldsymbol{0}\end{cases}\tag{3.17}$$

令

$$W=W_1-W_2$$

则 W 无符号限制(unrestricted,简写成 unr),得到约束为等号的原始问题的对偶问题为

$$\max\ y=b^{T}W$$

$$\text{s. t.}\begin{cases}A^{T}W\leqslant C\\ W:\text{unr}\end{cases}\tag{3.18}$$

由此得到以下定理:

定理 3.2 如果原始问题的约束条件是等式,则对偶问题中的变量无符号限制.

3.1.3.2 极小化目标函数、约束条件为“≤”的问题

设原始问题为

$$\min\ z=C^{T}X$$

$$\text{s. t.}\begin{cases}AX\leqslant b\\ X\geqslant 0\end{cases}\tag{3.19}$$

将约束不等式两边同乘以-1,得到

$$\min\ z=C^{T}X$$

$$\text{s. t.}\begin{cases}-AX\geqslant -b\\ X\geqslant 0\end{cases}\tag{3.20}$$

运用定义 3.1,式(3.20)的对偶为

$$\max\ y=-b^{T}W'$$

$$\text{s. t.}\begin{cases}-A^{T}W'\leqslant C\\ W'\geqslant 0\end{cases}\tag{3.21}$$

令 $W=-W'$,式(3.21)成为

$$\max\ y=b^{T}W$$

$$\text{s. t.}\begin{cases}A^{T}W\leqslant C\\ W\leqslant 0\end{cases}\tag{3.22}$$

由此得到以下定理:

定理 3.3 如果极小化原始问题中的约束条件(不包括变量非负约束)为“≤”,则对偶问题中的变量具有非正(≤0)约束.

将定理 3.1 所阐述的原始问题和对偶问题的对称性用于定理 3.2 和定理 3.3,可以得到如下两个推论:

推论 3.1 如果原始问题中的变量无符号限制,则对偶问题中的约束条件为等式约束.

推论 3.2 如果原始问题中的变量具有非正(≤0)约束,则极小化对偶问题的约束条件为“≤”约束.

3.1.3.3 总结

我们可以用以下的表格总结以上定理和推论所表述原始问题和对偶问题之间的关系:

	极小化问题(min)		极大化问题(max)	
变量	$x_j \geqslant 0$	$\longleftrightarrow$	$\sum a_{ij} w_i \leqslant c_j$	约束
	x_j : unr	$\longleftrightarrow$	$\sum a_{ij} w_i = c_j$	
	$x_j \leqslant 0$	$\longleftrightarrow$	$\sum a_{ij} w_i \geqslant c_j$	
约束	$\sum a_{ij} x_j \geqslant b_i$	$\longleftrightarrow$	$w_i \geqslant 0$	变量
	$\sum a_{ij} x_j = b_i$	$\longleftrightarrow$	w_i : unr	
	$\sum a_{ij} x_j \leqslant b_i$	$\longleftrightarrow$	$w_i \leqslant 0$	

运用以上定理和推论,可以直接写出各种形式的原始问题的对偶问题.

例 3.3 写出以下问题的对偶问题:

$$\max z = 8x_1 + 5x_2$$
$$\text{s.t.} \begin{cases} -x_1 + 2x_2 \leqslant 4 \\ 3x_1 - x_2 = 7 \\ 2x_1 + 4x_2 \geqslant 8 \\ x_1 \geqslant 0, x_2 \leqslant 0 \end{cases}$$

其对偶问题为

$$\min y = 4w_1 + 7w_2 + 8w_3$$
$$\text{s.t.} \begin{cases} -w_1 + 3w_2 + 2w_3 \geqslant 8 \\ 2w_1 - w_2 + 4w_3 \leqslant 5 \\ w_1 \geqslant 0, w_2 : \text{unr}, w_3 \leqslant 0 \end{cases}$$

例 3.4 写出以下原始问题的对偶问题:

$$\max z = 2x_1 - x_2 + 4x_3 + x_4$$
$$\text{s.t.} \begin{cases} x_1 + 3x_2 - x_3 + 5x_4 \leqslant 12 \\ -2x_1 - 2x_2 + 3x_3 - 2x_4 = 25 \\ 3x_1 + x_2 - 2x_3 + x_4 \geqslant 18 \\ x_1 \geqslant 0, x_2 \leqslant 0, x_3 : \text{unr}, x_4 \geqslant 0 \end{cases}$$

对偶问题为

$$\min y = 12w_1 + 25w_2 + 18w_3$$
$$\text{s.t.} \begin{cases} w_1 - 2w_2 + 3w_3 \geqslant 2 \\ 3w_1 - 2w_2 + w_3 \leqslant -1 \\ -w_1 + 3w_2 - 2w_3 = 4 \\ 5w_1 - 2w_2 + w_3 \geqslant 1 \\ w_1 \geqslant 0, w_2 : \text{unr}, w_3 \leqslant 0 \end{cases}$$

§3.2 原始对偶关系

3.2.1 原始和对偶问题目标函数值之间的关系

设原始问题为

$$\min z=\boldsymbol{C}^{\mathrm{T}}\boldsymbol{X}$$

$$\text{s.t.}\begin{cases}\boldsymbol{AX}\geqslant\boldsymbol{b}\\ \boldsymbol{X}\geqslant\boldsymbol{0}\end{cases}$$

则对偶问题为

$$\max y=\boldsymbol{b}^{\mathrm{T}}\boldsymbol{W}$$

$$\text{s.t.}\begin{cases}\boldsymbol{A}^{\mathrm{T}}\boldsymbol{W}\leqslant\boldsymbol{C}\\ \boldsymbol{W}\geqslant\boldsymbol{0}\end{cases}$$

设 $\boldsymbol{X}_F$ 为原始问题的一个可行解，$\boldsymbol{W}_F$ 为对偶问题的一个可行解，则 $\boldsymbol{X}_F$ 满足

$$\begin{aligned}\boldsymbol{AX}_F&\geqslant\boldsymbol{b}\\ \boldsymbol{X}_F&\geqslant\boldsymbol{0}\end{aligned}\tag{3.23}$$

$\boldsymbol{W}_F$ 满足

$$\begin{aligned}\boldsymbol{A}^{\mathrm{T}}\boldsymbol{W}_F&\leqslant\boldsymbol{C}\\ \boldsymbol{W}_F&\geqslant\boldsymbol{0}\end{aligned}\tag{3.24}$$

在式(3.23)两边同时左乘 $\boldsymbol{W}_F^{\mathrm{T}}$ ($\boldsymbol{W}_F^{\mathrm{T}}\geqslant\boldsymbol{0}$)，得

$$\boldsymbol{W}_F^{\mathrm{T}}\boldsymbol{AX}_F\geqslant\boldsymbol{W}_F^{\mathrm{T}}\boldsymbol{b}\tag{3.25}$$

将式(3.25)两边的向量转置

$$\boldsymbol{X}_F^{\mathrm{T}}\boldsymbol{A}^{\mathrm{T}}\boldsymbol{W}_F\geqslant\boldsymbol{b}^{\mathrm{T}}\boldsymbol{W}_F\tag{3.26}$$

将式(3.24)中的 $\boldsymbol{A}^{\mathrm{T}}\boldsymbol{W}_F\leqslant\boldsymbol{C}$ 代入式(3.26)，得到

$$\boldsymbol{X}_F^{\mathrm{T}}\boldsymbol{C}\geqslant\boldsymbol{X}_F^{\mathrm{T}}\boldsymbol{A}^{\mathrm{T}}\boldsymbol{W}_F\geqslant\boldsymbol{b}^{\mathrm{T}}\boldsymbol{W}_F\tag{3.27}$$

以上不等式中的各项都是标量，因此

$$\boldsymbol{X}_F^{\mathrm{T}}\boldsymbol{C}=\boldsymbol{C}^{\mathrm{T}}\boldsymbol{X}_F,\ \boldsymbol{X}_F^{\mathrm{T}}\boldsymbol{A}^{\mathrm{T}}\boldsymbol{W}_F=\boldsymbol{W}_F^{\mathrm{T}}\boldsymbol{AX}_F$$

注意，$\boldsymbol{X}_F$ 对应的原始问题的目标函数值 $z_F=\boldsymbol{C}^{\mathrm{T}}\boldsymbol{X}_F$，$\boldsymbol{W}_F$ 对应的对偶问题的目标函数值 $y_F=\boldsymbol{b}^{\mathrm{T}}\boldsymbol{W}_F$，式(3.27)也可以写成

$$z_F=\boldsymbol{C}^{\mathrm{T}}\boldsymbol{X}_F\geqslant\boldsymbol{W}_F^{\mathrm{T}}\boldsymbol{AX}_F\geqslant\boldsymbol{b}^{\mathrm{T}}\boldsymbol{W}_F=y_F\tag{3.28}$$

因此，有以下定理：

定理 3.4 极小化原始问题的任一可行解的目标函数值总是大于或等于极大化对偶问题的任一可行解的目标函数值.

以上定理可以直接产生以下两个推论：

推论 3.3 如果 $\boldsymbol{X}_F$ 和 $\boldsymbol{W}_F$ 分别是原始问题和对偶问题的可行解，并且它们对应的目标函

数值相等,则 X_F 和 W_F 分别是原始问题和对偶问题的最优解.

推论 3.4 如果原始问题和对偶问题中的任一个目标函数无界,则另一个必定无可行解.

请注意推论 3.4 之逆命题不真,即一个问题无可行解,不能推得另一个问题目标函数无界.事实上,一对原始-对偶问题都没有可行解的情况是存在的,以下就是这样一个例子:

例 3.5 设原始问题为

$$\min z=-x_1-x_2$$
$$\text{s. t.}\begin{cases}x_1-x_2\geqslant 1\\ -x_1+x_2\geqslant 1\\ x_1,x_2\geqslant 0\end{cases}$$

对偶问题为

$$\max y=w_1+w_2$$
$$\text{s. t.}\begin{cases}w_1-w_2\leqslant -1\\ -w_1+w_2\leqslant -1\\ w_1,w_2\geqslant 0\end{cases}$$

用图解法就可以证实,以上两个问题都没有可行解.

3.2.2 互补松弛关系

设原始问题为

$$\min z=\boldsymbol{C}^{\mathrm{T}}\boldsymbol{X}$$
$$\text{s. t.}\begin{cases}\boldsymbol{AX}\geqslant \boldsymbol{b}\\ \boldsymbol{X}\geqslant \boldsymbol{0}\end{cases}$$

则对偶问题为

$$\max z=\boldsymbol{b}^{\mathrm{T}}\boldsymbol{W}$$
$$\text{s. t.}\begin{cases}\boldsymbol{A}^{\mathrm{T}}\boldsymbol{W}\leqslant \boldsymbol{C}\\ \boldsymbol{W}\geqslant \boldsymbol{0}\end{cases}$$

若 $\boldsymbol{X}^{\circ}$,$\boldsymbol{W}^{\circ}$ 分别为原始问题和对偶问题的最优解,根据定理 3.1,有

$$\boldsymbol{C}^{\mathrm{T}}\boldsymbol{X}^{\circ}=(\boldsymbol{W}^{\circ})^{\mathrm{T}}\boldsymbol{AX}^{\circ}=(\boldsymbol{W}^{\circ})^{\mathrm{T}}\boldsymbol{b} \tag{3.29}$$

即

$$\begin{cases}\boldsymbol{C}^{\mathrm{T}}\boldsymbol{X}^{\circ}-(\boldsymbol{W}^{\circ})^{\mathrm{T}}\boldsymbol{AX}^{\circ}=0\\ (\boldsymbol{W}^{\circ})^{\mathrm{T}}\boldsymbol{AX}^{\circ}-(\boldsymbol{W}^{\circ})^{\mathrm{T}}\boldsymbol{b}=0\end{cases} \tag{3.30}$$

式(3.30)也可以写成

$$\begin{cases}[\boldsymbol{C}^{\mathrm{T}}-(\boldsymbol{W}^{\circ})^{\mathrm{T}}\boldsymbol{A}]\boldsymbol{X}^{\circ}=0\\ (\boldsymbol{W}^{\circ})^{\mathrm{T}}(\boldsymbol{AX}^{\circ}-\boldsymbol{b})=0\end{cases} \tag{3.31}$$

将式(3.31)写成分量的形式:

$$\begin{cases}\left[c_1-(\boldsymbol{W}_1^{\circ})^{\mathrm{T}}\boldsymbol{a}_1 \quad c_2-(\boldsymbol{W}_2^{\circ})^{\mathrm{T}}\boldsymbol{a}_2 \quad \cdots \quad c_j-(\boldsymbol{W}_j^{\circ})^{\mathrm{T}}\boldsymbol{a}_j \quad \cdots \quad c_n-(\boldsymbol{W}^{\circ})^{\mathrm{T}}\boldsymbol{a}_n\right]\cdot\begin{bmatrix}x_1^{\circ}\\x_2^{\circ}\\\vdots\\x_j^{\circ}\\\vdots\\x_n^{\circ}\end{bmatrix}=0\\[2ex] \left[w_1^{\circ} \quad w_2^{\circ} \quad \cdots \quad w_i^{\circ} \quad \cdots \quad w_m^{\circ}\right]\cdot\begin{bmatrix}\sum_{j=1}^{n}a_{1j}x_j^{\circ}-b_1\\\sum_{j=1}^{n}a_{2j}x_j^{\circ}-b_2\\\vdots\\\sum_{j=1}^{n}a_{ij}x_j^{\circ}-b_i\\\vdots\\\sum_{j=1}^{n}a_{mj}x_j^{\circ}-b_m\end{bmatrix}=0\end{cases} \tag{3.32}$$

由于 $\boldsymbol{X}^{\circ}$,$\boldsymbol{W}^{\circ}$ 分别是原始对偶问题的最优解,因此在式(3.32)中,有

$$\begin{aligned}&x_j^{\circ}\geqslant 0\\&c_j-(\boldsymbol{W}^{\circ})^{\mathrm{T}}\boldsymbol{a}_j\geqslant 0 \qquad (j=1,2,\cdots,n)\\&w_i^{\circ}\geqslant 0\\&\sum_{j=1}^{n}a_{ij}x_j^{\circ}-b_i\geqslant 0 \qquad (i=1,2,\cdots,m)\end{aligned}$$

即式(3.32)中各分量均为非负.因此,有以下定理:

定理 3.5 (互补松弛定理)

若
$$\boldsymbol{X}^{\circ}=(x_1^{\circ},x_2^{\circ},\cdots,x_n^{\circ})^{\mathrm{T}}$$
和
$$\boldsymbol{W}^{\circ}=(w_1^{\circ},w_2^{\circ},\cdots,w_m^{\circ})^{\mathrm{T}}$$
分别是原始问题和对偶问题的最优解,则有

$$\begin{cases}(c_j-(\boldsymbol{W}^{\circ})^{\mathrm{T}}\boldsymbol{a}_j)x_j^{\circ}=0 \ (j=1,2,\cdots,n)\\ w_j^{\circ}(\sum_{j=1}^{n}a_{ij}x_j^{\circ}-b_i)=0 \ (i=1,2,\cdots,m)\end{cases} \tag{3.33}$$

推论 3.5 若原始问题的最优解 $\boldsymbol{X}^{\circ}$ 对于某一个约束 i,有

$$\sum_{j=1}^{n}a_{ij}x_j^{\circ}>b_i$$

则对偶问题最优解中该约束对应的对偶变量

$$w_i^{\circ}=0$$

反之,若在对偶问题的最优解中,第 i 个对偶变量

$$w_i^{\circ}>0$$

则原始问题最优解对于相应的第 i 个约束是等号约束,即

$$\sum_{j=1}^{n} a_{ij}x_j^{\circ}=b_i$$

也就是说，原始问题最优解中的第 i 个松弛变量等于 0.

同样，若 $x_j^{\circ}>0$，则必定有 $c_j=(\boldsymbol{W}^{\circ})^{\mathrm{T}}\boldsymbol{a}_j$；反之，若 $c_j>(\boldsymbol{W}^{\circ})^{\mathrm{T}}\boldsymbol{a}_j$，则必定有 $x_j^{\circ}=0$.

对于以上的定理，还可以有以下更加直观的看法：如果将原始问题和对偶问题最优解中的变量（x_j° 或 w_i°）大于零称为该变量是“松的”，而等于零称为是“紧的”，约束条件取不等号称为该约束是“松的”，取等号称为是“紧的”. 则以上定理可表达如下：

原始问题和对偶问题的最优解，对一个问题如果变量是“松的”，则在另一个问题中相应的约束一定是“紧的”；对一个问题如果约束是“松的”，则在另一个问题中相应的变量一定是“紧的”.

如果分别在原始问题和对偶问题中引进松弛变量

$$(\boldsymbol{X}_{\mathrm{S}}^{\circ})^{\mathrm{T}}=(x_{n+1}^{\circ},x_{n+2}^{\circ},\cdots,x_{n+m}^{\circ})^{\mathrm{T}}$$
$$(\boldsymbol{W}_{\mathrm{S}}^{\circ})^{\mathrm{T}}=(w_{m+1}^{\circ},w_{m+2}^{\circ},\cdots,w_{m+n}^{\circ})^{\mathrm{T}}$$

则定理 3.5 可以表示为

$$\begin{aligned}(\boldsymbol{W}^{\circ})^{\mathrm{T}}\boldsymbol{X}_{\mathrm{S}}^{\circ}&=0\\(\boldsymbol{W}_{\mathrm{S}}^{\circ})^{\mathrm{T}}\boldsymbol{X}^{\circ}&=0\end{aligned}\tag{3.34}$$

即

$$\begin{cases}[w_1^{\circ}\quad w_2^{\circ}\quad\cdots\quad w_i^{\circ}\quad\cdots\quad w_m^{\circ}]\cdot\begin{bmatrix}x_{n+1}^{\circ}\\x_{n+2}^{\circ}\\\vdots\\x_{n+i}^{\circ}\\\vdots\\x_{n+m}^{\circ}\end{bmatrix}=0\\[x_1^{\circ}\quad x_2^{\circ}\quad\cdots\quad x_j^{\circ}\quad\cdots\quad x_n^{\circ}]\cdot\begin{bmatrix}w_{m+1}^{\circ}\\w_{m+2}^{\circ}\\\vdots\\w_{m+j}^{\circ}\\\vdots\\w_{m+n}^{\circ}\end{bmatrix}=0\end{cases}\tag{3.35}$$

而推论可以表示为

$$\begin{aligned}w_i^{\circ}x_{n+i}^{\circ}&=0\\w_{m+j}^{\circ}x_j^{\circ}&=0\end{aligned}\tag{3.36}$$

即，由

$w_i^{\circ}>0$，可以推出 $x_{n+i}^{\circ}=0$；

$w_{n+j}^{\circ}>0$，可以推出 $w_i^{\circ}=0$；　　(3.37)

$w_{m+j}^{\circ}>0$，可以推出 $x_j^{\circ}=0$；

$x_j^{\circ}>0$，可以推出 $w_{m+j}^{\circ}=0$.

利用原始问题和对偶问题最优解之间的互补松弛关系，可以从其中一个问题的最优解求得另一问题的最优解.

例 3.6 求解以下线性规划问题：

$$\min z=6x_1+8x_2+3x_3$$

$$\text{s.t.}\begin{cases}x_1+x_2\geqslant 1\\x_1+2x_2+x_3\geqslant -1\\x_1,x_2,x_3\geqslant 0\end{cases}\tag{3.38}$$

解 写出对偶问题：

$$\max y=w_1-w_2$$

$$\text{s.t.}\begin{cases}w_1+w_2\leqslant 6\\w_1+2w_2\leqslant 8\\w_2\leqslant 3\\w_1,w_2\geqslant 0\end{cases}\tag{3.39}$$

这是一个两个变量的线性规划问题，利用图解法，可以求得这个问题的最优解为

$$(w_1,w_2)^{\mathrm{T}}=(6,0)^{\mathrm{T}}$$

将这个解代入式(3.39)的约束中，容易得到对偶问题各松弛变量的值

$$w_3=0,w_4=2,w_5=3$$

即对偶问题的最优解和最优目标函数值为

$$\boldsymbol{W}^{\mathrm{T}}=(w_1,w_2,w_3,w_4,w_5)^{\mathrm{T}}=(6,0,0,2,3)^{\mathrm{T}},y=6$$

根据定理 3.5，以下的互补松弛关系成立：

由 $w_1>0$，得到 $x_4=0$；

由 $w_4>0$，得到 $x_2=0$；

由 $w_5>0$，得到 $x_3=0$.

因此，原始问题的约束条件

$$\begin{cases}x_1+x_2-x_4=1\\x_1+2x_2+x_3-x_5=-1\end{cases}$$

成为

$$\begin{cases}x_1=1\\x_1-x_5=-1\end{cases}$$

由此得到

$$x_1=1,x_5=2$$

即原始问题的最优解为

$$\boldsymbol{X}=(x_1,x_2,x_3,x_4,x_5)^{\mathrm{T}}=(1,0,0,0,2)^{\mathrm{T}},z=6$$

对照对偶解

$$\boldsymbol{W}^{\mathrm{T}}=(w_1,w_2,w_3,w_4,w_5)^{\mathrm{T}}=(6,0,0,2,3)^{\mathrm{T}},y=6$$

容易验证，以上两个最优解满足互补松弛条件

$$\begin{cases}x_1w_3=x_2w_4=x_3w_5=0\\w_1x_4=w_2x_5=0\end{cases}$$

必须指出，定理 3.5 的逆命题并不成立，也就是说，如果两个向量 $\begin{bmatrix}\boldsymbol{X}\\\boldsymbol{X}_S\end{bmatrix}$ 和 $\begin{bmatrix}\boldsymbol{W}\\\boldsymbol{W}_S\end{bmatrix}$ 满足互补松弛关系 $\boldsymbol{W}^{\mathrm{T}}\boldsymbol{X}_S=0,\boldsymbol{W}_S{}^{\mathrm{T}}\boldsymbol{X}=0$，并不能推出它们分别是原始问题和对偶问题的最优解.

3.2.3 最优解的充分必要条件——Kuhn-Tucker 条件

下面我们不加证明地给出线性规划最优解的充分必要条件.

定理 3.6 若向量$\begin{bmatrix}\boldsymbol{X}\\ \boldsymbol{X}_S\end{bmatrix}$和$\begin{bmatrix}\boldsymbol{W}\\ \boldsymbol{W}_S\end{bmatrix}$分别是原始问题和对偶问题的最优解，当且仅当它们满足以下三个条件：

(1) $\boldsymbol{X},\boldsymbol{X}_S$是原始问题

$$\min z=\boldsymbol{C}^{\mathrm{T}}\boldsymbol{X}$$
$$\text{s. t.}\begin{cases}\boldsymbol{AX}-\boldsymbol{X}_S=\boldsymbol{b}\\ \boldsymbol{X},\boldsymbol{X}_S\geqslant\boldsymbol{0}\end{cases}$$

的可行解. 这个条件称为原始可行条件(Primal Feasible Condition，PFC).

(2) $\boldsymbol{W},\boldsymbol{W}_S$ 是对偶问题

$$\max z=\boldsymbol{b}^{\mathrm{T}}\boldsymbol{W}$$
$$\text{s. t.}\begin{cases}\boldsymbol{A}^{\mathrm{T}}\boldsymbol{W}+\boldsymbol{W}_S=\boldsymbol{C}\\ \boldsymbol{W},\boldsymbol{W}_S\geqslant\boldsymbol{0}\end{cases}$$

的可行解. 这个条件称为对偶可行条件(Dual Feasible Condition，DFC).

(3) $\boldsymbol{X},\boldsymbol{X}_S,\boldsymbol{W},\boldsymbol{W}_S$ 满足：

$$\boldsymbol{W}^{\mathrm{T}}\boldsymbol{X}_S=0$$
$$\boldsymbol{W}_S^{\mathrm{T}}\boldsymbol{X}=0$$

这个条件称为互补松弛条件(Complementary Slackness Condition，CSC).

3.2.4 单纯形表的结构，单纯形表与 K-T 条件的关系

引进对偶的概念以后，我们可以从新的角度来分析单纯形表的结构.

设原始问题为

$$\min z=\boldsymbol{C}^{\mathrm{T}}\boldsymbol{X}$$
$$\text{s. t.}\begin{cases}\boldsymbol{AX}-\boldsymbol{X}_S=\boldsymbol{b}\\ \boldsymbol{X},\boldsymbol{X}_S\geqslant\boldsymbol{0}\end{cases}$$

其中 $\boldsymbol{X}_S$ 为松弛变量. 相应的系数矩阵为

z	$\boldsymbol{X}$	$\boldsymbol{X}_S$	RHS
1	$-\boldsymbol{C}^{\mathrm{T}}$	$\boldsymbol{0}^{\mathrm{T}}$	0
$\boldsymbol{0}$	$\boldsymbol{A}$	$-\boldsymbol{I}$	$\boldsymbol{b}$

设对于任一可行基 $\boldsymbol{B}$，相应的系数矩阵表为

z	$\boldsymbol{X}_B$	$\boldsymbol{X}_N$	$\boldsymbol{X}_S$	RHS
1	$-\boldsymbol{C}_B^{\mathrm{T}}$	$-\boldsymbol{C}_N^{\mathrm{T}}$	$\boldsymbol{0}^{\mathrm{T}}$	0
$\boldsymbol{0}$	$\boldsymbol{B}$	$\boldsymbol{N}$	$-\boldsymbol{I}$	$\boldsymbol{b}$

相应的单纯形表为

	z	$\boldsymbol{X}_B$	$\boldsymbol{X}_N$	$\boldsymbol{X}_S$	RHS
z	1	$\boldsymbol{0}^{\mathrm{T}}$	$\boldsymbol{C}_B^{\mathrm{T}}\boldsymbol{B}^{-1}\boldsymbol{N}-\boldsymbol{C}_N^{\mathrm{T}}$	$-\boldsymbol{C}_B^{\mathrm{T}}\boldsymbol{B}^{-1}$	$\boldsymbol{C}_B^{\mathrm{T}}\boldsymbol{B}^{-1}\boldsymbol{b}$
$\boldsymbol{X}_B$	0	$\boldsymbol{I}$	$\boldsymbol{B}^{-1}\boldsymbol{N}$	$-\boldsymbol{B}^{-1}$	$\boldsymbol{B}^{-1}\boldsymbol{b}$

其中基变量 $\boldsymbol{X}_B$ 在目标函数中的系数 $\boldsymbol{0}^{\mathrm{T}}$ 可以写成

$$\boldsymbol{0}^{\mathrm{T}}=\boldsymbol{C}_B^{\mathrm{T}}\boldsymbol{B}^{-1}\boldsymbol{B}-\boldsymbol{C}_B^{\mathrm{T}}$$

基变量在约束中的矩阵 $\boldsymbol{I}$ 可以写成

$$\boldsymbol{I}=\boldsymbol{B}^{-1}\boldsymbol{B}$$

因此,以上单纯形表可以写成

	z	$\boldsymbol{X}$	$\boldsymbol{X}_S$	RHS
z	1	$\boldsymbol{C}_B^{\mathrm{T}}\boldsymbol{B}^{-1}\boldsymbol{A}-\boldsymbol{C}^{\mathrm{T}}$	$-\boldsymbol{C}_B^{\mathrm{T}}\boldsymbol{B}^{-1}$	$\boldsymbol{C}_B^{\mathrm{T}}\boldsymbol{B}^{-1}\boldsymbol{b}$
$\boldsymbol{X}_B$	$\boldsymbol{0}$	$\boldsymbol{B}^{-1}\boldsymbol{A}$	$-\boldsymbol{B}^{-1}$	$\boldsymbol{B}^{-1}\boldsymbol{b}$

记

$$\boldsymbol{W}^{\mathrm{T}}=\boldsymbol{C}_B^{\mathrm{T}}\boldsymbol{B}^{-1}$$

则

$$\boldsymbol{W}_S^{\mathrm{T}}=\boldsymbol{C}^{\mathrm{T}}-\boldsymbol{W}^{\mathrm{T}}\boldsymbol{A}=\boldsymbol{C}^{\mathrm{T}}-\boldsymbol{C}_B^{\mathrm{T}}\boldsymbol{B}^{-1}\boldsymbol{A}$$

因此,以上单纯形表可以写为

	z	$\boldsymbol{X}$	$\boldsymbol{X}_S$	RHS
z	1	$-\boldsymbol{W}_S^{\mathrm{T}}$	$-\boldsymbol{W}^{\mathrm{T}}$	$\boldsymbol{C}_B^{\mathrm{T}}\boldsymbol{B}^{-1}\boldsymbol{b}$
$\boldsymbol{X}_B$	$\boldsymbol{0}$	$\boldsymbol{B}^{-1}\boldsymbol{A}$	$-\boldsymbol{B}^{-1}$	$\boldsymbol{B}^{-1}\boldsymbol{b}$

如果 $\boldsymbol{B}$ 是原始可行基而不是最优基,则在 $\boldsymbol{X}$ 或 $\boldsymbol{X}_S$ 中,至有一个非基变量 x_j,使得

$$z_j-c_j>0$$

当 $j=1,2,\cdots,n$ 时,$x_j\in\boldsymbol{X}$;当 $j=n+1,\cdots,n+m$ 时,$x_j\in\boldsymbol{X}_S$.

若 $x_j\in\boldsymbol{X}_S$,不妨设 $j=n+i$,则 $z_j-c_j=-w_i>0$,即 $w_i<0$,也就是第 i 个对偶变量违背非负约束.

若 $x_j\in\boldsymbol{X}$,则 $z_j-c_j=-w_{m+j}>0$,即 $w_{m+j}<0$,也就是第 j 个对偶松弛变量违背非负约束,即 $w_{m+j}=c_j-\boldsymbol{W}^{\mathrm{T}}a_j<0$,或 $\boldsymbol{W}^{\mathrm{T}}a_j>c_j$,也就是对偶问题的第 j 个约束不满足.

另外,由单纯形法可知,在 $\boldsymbol{X}$ 中,如果 x_j 是基变量,则 $x_j>0$,而 $z_j-c_j=-w_{m+j}=0$;如果 x_j 是非基变量,则 $x_j=0$,而 $z_j-c_j=-w_{m+j}>0$. 同样,在 $\boldsymbol{X}_S$ 中,如果 x_{n+i} 是基变量,则 $x_{n+i}>0$,而 $z_j-c_j=-w_i=0$;如果 x_{n+i} 是非基变量,则 $x_{n+i}=0$,而 $z_j-c_j=-w_i>0$. 由此可见,无论 $\boldsymbol{X},\boldsymbol{X}_S$ 是否是最优解,$\boldsymbol{X},\boldsymbol{X}_S,\boldsymbol{W},\boldsymbol{W}_S$ 都满足互补松弛关系.

当 $\boldsymbol{B}$ 是最优基时,所有检验数 $z_j-c_j\leqslant 0$,即 $-\boldsymbol{W}_S\leqslant 0$,$-\boldsymbol{W}\leqslant 0$,也就是 $\boldsymbol{W}_S\geqslant 0$,$\boldsymbol{W}\geqslant 0$,满足对偶可行条件.

综上所述,单纯形法和 Kuhn-Tucker 条件的关系可叙述如下:

在单纯形迭代过程中,如果当前基 $\boldsymbol{B}$ 是原始可行基而不是最优基,则

(1) 原始问题相应的解 $\boldsymbol{X},\boldsymbol{X}_S$ 满足原始可行条件;

(2) 对偶问题相应的解 $\boldsymbol{W}^{\mathrm{T}}=\boldsymbol{C}_B^{\mathrm{T}}\boldsymbol{B}^{-1},\boldsymbol{W}_S^{\mathrm{T}}=\boldsymbol{C}^{\mathrm{T}}-\boldsymbol{W}^{\mathrm{T}}\boldsymbol{A}$ 中至少有一个不满足对偶可行条件;

(3) $\boldsymbol{X},\boldsymbol{X}_S,\boldsymbol{W},\boldsymbol{W}_S$ 在单纯形迭代的每一步,都满足互补松弛关系.

当 $\boldsymbol{B}$ 不仅可行,而且是最优基时,对偶问题相应的解 $\boldsymbol{W}^{\mathrm{T}}=\boldsymbol{C}_B^{\mathrm{T}}\boldsymbol{B}^{-1},\boldsymbol{W}_S^{\mathrm{T}}=\boldsymbol{C}^{\mathrm{T}}-\boldsymbol{W}^{\mathrm{T}}\boldsymbol{A}$ 才满足对偶可行条件.

因此,我们可以把单纯形法看成在原始可行条件和互补松弛条件得到满足的条件下,不断改进对偶可行条件的过程,一旦三个条件都得到满足,也就得到了最优解.

例 3.7 求解以下线性规划问题,对每一次迭代得到的基,验证是否满足原始可行条件、对偶可行条件以及互补松弛条件.

$$\min z=-x_1-x_2-x_3$$

$$\text{s.t.}\begin{cases}x_1+x_2+x_3\leqslant 3\\2x_1+2x_2+x_3\leqslant 4\\x_1,x_2,x_3\geqslant 0\end{cases}$$

对偶问题为

$$\max y=3w_1+4w_2$$

$$\text{s.t.}\begin{cases}w_1+2w_2\leqslant -1\\w_1+2w_2\leqslant -1\\w_1+w_2\leqslant -1\\w_1,w_2\leqslant 0\end{cases}$$

这个问题的原始问题用矩阵表示的形式为

$$\min z=\boldsymbol{C}^{\mathrm{T}}\boldsymbol{X}$$

$$\text{s.t.}\begin{cases}\boldsymbol{AX}\leqslant\boldsymbol{b}\\\boldsymbol{X}\geqslant\boldsymbol{0}\end{cases}$$

对偶问题为

$$\max y=\boldsymbol{b}^{\mathrm{T}}\boldsymbol{W}$$

$$\text{s.t.}\begin{cases}\boldsymbol{A}^{\mathrm{T}}\boldsymbol{W}\leqslant\boldsymbol{C}\\\boldsymbol{W}\leqslant\boldsymbol{0}\end{cases}$$

原始问题引进松弛变量 $\boldsymbol{X}_S$,成为

$$\min z=\boldsymbol{C}^{\mathrm{T}}\boldsymbol{X}$$

$$\text{s.t.}\begin{cases}\boldsymbol{AX}+\boldsymbol{X}_S=\boldsymbol{b}\\\boldsymbol{X},\boldsymbol{X}_S\geqslant\boldsymbol{0}\end{cases}$$

对偶问题引进松弛变量,成为

$$\max y=\boldsymbol{b}^{\mathrm{T}}\boldsymbol{W}$$

$$\text{s.t.}\begin{cases}\boldsymbol{A}^{\mathrm{T}}\boldsymbol{W}+\boldsymbol{W}_S=\boldsymbol{C}\\\boldsymbol{W}\leqslant\boldsymbol{0},\boldsymbol{W}_S\geqslant\boldsymbol{0}\end{cases}$$

即

$$\boldsymbol{W}_S^{\mathrm{T}}=\boldsymbol{C}^{\mathrm{T}}-\boldsymbol{W}^{\mathrm{T}}\boldsymbol{A}$$

原始问题相应的系数矩阵为

z	$\boldsymbol{X}$	$\boldsymbol{X}_S$	RHS
1	$-\boldsymbol{C}^{\mathrm{T}}$	$\boldsymbol{0}^{\mathrm{T}}$	0
$\boldsymbol{0}$	$\boldsymbol{A}$	$\boldsymbol{I}$	$\boldsymbol{b}$

设对于任一可行基 $\boldsymbol{B}$，相应的系数矩阵表为

z	$\boldsymbol{X}_B$	$\boldsymbol{X}_N$	$\boldsymbol{X}_S$	RHS
1	$-\boldsymbol{C}_B^{\mathrm{T}}$	$-\boldsymbol{C}_N^{\mathrm{T}}$	$\boldsymbol{0}^{\mathrm{T}}$	0
$\boldsymbol{0}$	$\boldsymbol{B}$	$\boldsymbol{N}$	$\boldsymbol{I}$	$\boldsymbol{b}$

相应的单纯形表为

	z	$\boldsymbol{X}_B$	$\boldsymbol{X}_N$	$\boldsymbol{X}_S$	RHS
z	1	$\boldsymbol{0}^{\mathrm{T}}$	$\boldsymbol{C}_B^{\mathrm{T}}\boldsymbol{B}^{-1}\boldsymbol{N}-\boldsymbol{C}_N^{\mathrm{T}}$	$\boldsymbol{C}_B^{\mathrm{T}}\boldsymbol{B}^{-1}$	$\boldsymbol{C}_B^{\mathrm{T}}\boldsymbol{B}^{-1}\boldsymbol{b}$
$\boldsymbol{X}_B$	$\boldsymbol{0}$	$\boldsymbol{I}$	$\boldsymbol{B}^{-1}\boldsymbol{N}$	$\boldsymbol{B}^{-1}$	$\boldsymbol{B}^{-1}\boldsymbol{b}$

将 $\boldsymbol{X}_B$ 和 $\boldsymbol{X}_N$ 合并成 $\boldsymbol{X}$，以上单纯形表可以写成

	z	$\boldsymbol{X}$	$\boldsymbol{X}_S$	RHS
z	1	$\boldsymbol{C}_B^{\mathrm{T}}\boldsymbol{B}^{-1}\boldsymbol{A}-\boldsymbol{C}^{\mathrm{T}}$	$\boldsymbol{C}_B^{\mathrm{T}}\boldsymbol{B}^{-1}$	$\boldsymbol{C}_B^{\mathrm{T}}\boldsymbol{B}^{-1}\boldsymbol{b}$
$\boldsymbol{X}_B$	$\boldsymbol{0}$	$\boldsymbol{B}^{-1}\boldsymbol{A}$	$\boldsymbol{B}^{-1}$	$\boldsymbol{B}^{-1}\boldsymbol{b}$

记

$$\boldsymbol{W}^{\mathrm{T}}=\boldsymbol{C}_B^{\mathrm{T}}\boldsymbol{B}^{-1}$$

由对偶问题的形式可以知道

$$-\boldsymbol{W}_S^{\mathrm{T}}=-(\boldsymbol{C}^{\mathrm{T}}-\boldsymbol{W}^{\mathrm{T}}\boldsymbol{A})=\boldsymbol{C}_B^{\mathrm{T}}\boldsymbol{B}^{-1}\boldsymbol{A}-\boldsymbol{C}^{\mathrm{T}}$$

因此，以上单纯形表可以写为

	z	$\boldsymbol{X}$	$\boldsymbol{X}_S$	RHS
z	1	$-\boldsymbol{W}_S^{\mathrm{T}}$	$\boldsymbol{W}^{\mathrm{T}}$	$\boldsymbol{C}_B^{\mathrm{T}}\boldsymbol{B}^{-1}\boldsymbol{b}$
$\boldsymbol{X}_B$	$\boldsymbol{0}$	$\boldsymbol{B}^{-1}\boldsymbol{A}$	$\boldsymbol{B}^{-1}$	$\boldsymbol{B}^{-1}\boldsymbol{b}$

在原始问题中引进松弛变量 x_4,x_5，得到

$$\min z=-x_1-x_2-x_3$$

$$\text{s.t.}\begin{cases}x_1+x_2+x_3+x_4=3\\2x_1+2x_2+x_3+x_5=4\\x_1,x_2,x_3,x_4,x_5\geqslant 0\end{cases}$$

在对偶问题中引进松弛变量 w_3, w_4, w_5，得到

$$\max\ y = 3w_1 + 4w_2$$
$$\text{s.t.}\begin{cases} w_1 + 2w_2 + w_3 = -1 \\ w_1 + 2w_2 + w_4 = -1 \\ w_1 + w_2 + w_5 = -1 \\ w_1 \leqslant 0, w_2 \leqslant 0, w_3 \geqslant 0, w_4 \geqslant 0, w_5 \geqslant 0 \end{cases}$$

原始问题的初始单纯形表为

	z	x_1	x_2	x_3	x_4	x_5	RHS	
z	1	1	1	1	0	0	0	
x_4	0	1	1	1	1	0	3	3/1
x_5	0	[2]	2	1	0	1	4	4/2

由此得到

$$x_1 = 0, x_2 = 0, x_3 = 0, x_4 = 3, x_5 = 4$$
$$w_1 = 0, w_2 = 0, w_3 = -1, w_4 = -1, w_5 = -1$$

因此，有

$$x_1 w_3 = 0, x_3 w_4 = 0, x_3 w_5 = 0, x_4 w_1 = 0, x_5 w_2 = 0$$

PFC 和 CSC 满足，松弛变量 w_3, w_4, w_5 都小于 0，DFC 不满足.

x_1 进基，x_5 离基，得到以下单纯形表

	z	x_1	x_2	x_3	x_4	x_5	RHS	
z	1	0	0	1/2	0	−1/2	−2	
x_4	0	0	0	[1/2]	1	−1/2	1	1/(1/2)
x_1	0	1	1	1/2	0	1/2	2	2/(1/2)

由此得到

$$x_1 = 2, x_2 = 0, x_3 = 0, x_4 = 1, x_5 = 0$$
$$w_1 = 0, w_2 = -1/2, w_3 = 0, w_4 = 0, w_5 = -1/2$$

因此，有

$$x_1 w_3 = 0, x_3 w_4 = 0, x_3 w_5 = 0, x_4 w_1 = 0, x_5 w_2 = 0$$

PFC 和 CSC 满足，$w_5 = -1/2 < 0$，DFC 不满足.

x_3 进基，x_4 离基，得到以下单纯形表

	z	x_1	x_2	x_3	x_4	x_5	RHS
z	1	0	0	0	−1	0	−3
x_3	0	0	0	1	2	−1	2
x_1	0	1	1	0	−1	1	1

由此得到

$$x_1=1,x_2=0,x_3=2,x_4=0,x_5=0$$
$$w_1=-1,w_2=0,w_3=0,w_4=0,w_5=0$$

因此,有

$$x_1w_3=0,x_3w_4=0,x_3w_5=0,x_4w_1=0,x_5w_2=0$$

PFC,CSC 和 DFC 都满足,所以是最优解.

§3.3 对偶单纯形法

从上一节中我们已经知道,线性规划取得最优解的充分必要条件是原始可行、对偶可行和互补松弛条件同时满足.同时也曾指出,单纯形迭代过程实际上是在满足原始可行条件和互补松弛条件的基础上,不断改进对偶可行性的过程,一旦对偶可行条件得到满足,就得到了最优解.对偶单纯形法则是从另一角度来进行的.对偶单纯形法在迭代过程中保持对偶可行条件和互补松弛条件满足,并且在迭代过程中不断改进原始可行条件.一旦原始可行条件得到满足,也就求得了最优解.为了说明对偶单纯形法原理,先建立有关概念和定理.

3.3.1 对偶可行基

定义 3.2 设 $\boldsymbol{B}$ 为原始问题的一个基,若 $\boldsymbol{W}^{\mathrm{T}}=\boldsymbol{C}_B^{\mathrm{T}}\boldsymbol{B}^{-1}$ 是对偶问题的可行解,则称 $\boldsymbol{B}$ 为原始问题的对偶可行基.

例 3.8 求以下线性规划问题的对偶可行基.

$$\min z=-x_1-x_2$$
$$\text{s.t.}\begin{cases}2x_1+3x_2\leqslant 12\\2x_1+x_2\leqslant 8\\x_2\leqslant 3\\x_1,x_2\geqslant 0\end{cases}$$

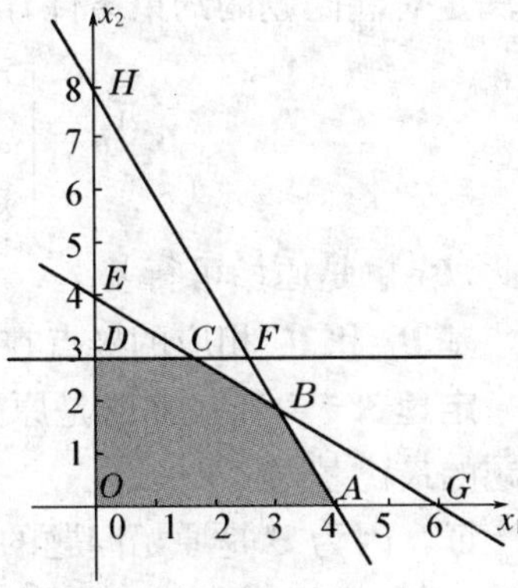

图 3-1

这个问题的图解如图 3-1 所示.引进松弛变量 $x_3,x_4,x_5\geqslant 0$,得到

$$\min z=-x_1-x_2$$
$$\text{s.t.}\begin{cases}2x_1+3x_2+x_3=12\\2x_1+x_2+x_4=8\\x_2+x_5=3\\x_1,x_2,x_3,x_4,x_5\geqslant 0\end{cases}$$

原问题的对偶问题为

$$\max y=12w_1+8w_2+3w_3$$
$$\text{s.t.}\begin{cases}2w_1+2w_2\leqslant -1\\3w_1+w_2+w_3\leqslant -1\\w_1,w_2,w_3\leqslant 0\end{cases}$$

在原始问题中取基

$$\boldsymbol{B}_1=[\boldsymbol{a}_2 \quad \boldsymbol{a}_3 \quad \boldsymbol{a}_5]=\begin{bmatrix}3 & 1 & 0\\1 & 0 & 0\\1 & 0 & 1\end{bmatrix}$$

计算相应的对偶变量

$$\boldsymbol{W}^{\mathrm{T}}=\boldsymbol{C}_B^{\mathrm{T}}\boldsymbol{B}_1^{-1}=[-1 \quad 0 \quad 0]\cdot\begin{bmatrix}0 & 1 & 0\\1 & -3 & 0\\0 & -1 & 1\end{bmatrix}=[0 \quad -1 \quad 0]$$

即 $w_1=0, w_2=-1, w_3=0$. 容易验证 $\boldsymbol{W}$ 满足对偶的所有约束条件，包括变量非正的条件. 根据定义，$\boldsymbol{B}_1$ 是对偶可行基. 但 $\boldsymbol{B}_1$ 并不是原始可行基，这是因为

$$\boldsymbol{B}_1^{-1}\boldsymbol{b}=\begin{bmatrix}x_2\\x_3\\x_5\end{bmatrix}=\begin{bmatrix}0 & 1 & 0\\1 & -3 & 0\\0 & -1 & 1\end{bmatrix}\cdot\begin{bmatrix}12\\8\\3\end{bmatrix}=\begin{bmatrix}8\\-12\\-5\end{bmatrix}$$

不满足原始可行条件.

再取基

$$\boldsymbol{B}_2=[\boldsymbol{a}_1 \quad \boldsymbol{a}_2 \quad \boldsymbol{a}_5]=\begin{bmatrix}2 & 3 & 0\\2 & 1 & 0\\0 & 1 & 1\end{bmatrix}$$

$$\boldsymbol{W}^{\mathrm{T}}=\boldsymbol{C}_B^{\mathrm{T}}\boldsymbol{B}_2^{-1}=[-1 \quad -1 \quad 0]\cdot\begin{bmatrix}-1/4 & 3/4 & 0\\1/2 & -1/2 & 0\\-1/2 & 1/2 & 1\end{bmatrix}=[-1/4 \quad -1/4 \quad 0]$$

$\boldsymbol{W}$ 满足对偶问题的约束条件，因而 $\boldsymbol{B}_2$ 是对偶可行基. 同时

$$\boldsymbol{B}_2^{-1}\boldsymbol{b}=\begin{bmatrix}x_1\\x_2\\x_5\end{bmatrix}=\begin{bmatrix}-1/4 & 3/4 & 0\\1/2 & -1/2 & 0\\-1/2 & 1/2 & 1\end{bmatrix}\cdot\begin{bmatrix}12\\8\\3\end{bmatrix}=\begin{bmatrix}3\\2\\1\end{bmatrix}\geqslant 0$$

因此，$\boldsymbol{B}_2$ 也是原始可行基.

基 $\boldsymbol{B}_1$ 和 $\boldsymbol{B}_2$ 相应的极点在图上分别对应于点 H 和 B. 容易看出，点 B 即基 $\boldsymbol{B}_2$ 是最优解.

定理 3.7 若基 $\boldsymbol{B}$ 既是原始问题的可行基，又是原始问题的对偶可行基，则 $\boldsymbol{B}$ 必定是原始问题的最优基.

证 因为 $\boldsymbol{B}$ 是原始问题的可行基，因此

$$\boldsymbol{X}=\begin{bmatrix}\boldsymbol{X}_B\\\boldsymbol{X}_N\end{bmatrix}=\begin{bmatrix}\boldsymbol{B}^{-1}\boldsymbol{b}\\\boldsymbol{0}\end{bmatrix}\geqslant\boldsymbol{0}$$

同时，因为 $\boldsymbol{B}$ 是对偶可行基，根据对偶可行基的定义，$\boldsymbol{W}^{\mathrm{T}}=\boldsymbol{C}_B^{\mathrm{T}}\boldsymbol{B}^{-1}$ 满足对偶问题的约束条件，即

$$\boldsymbol{W}^{\mathrm{T}}\boldsymbol{A}\leqslant\boldsymbol{C}^{\mathrm{T}}$$
$$\boldsymbol{W}^{\mathrm{T}}\geqslant\boldsymbol{0}$$

或

$$\boldsymbol{C}_B^{\mathrm{T}}\boldsymbol{B}^{-1}\boldsymbol{A}-\boldsymbol{C}^{\mathrm{T}}\leqslant\boldsymbol{0}^{\mathrm{T}}$$
$$-\boldsymbol{C}_B^{\mathrm{T}}\boldsymbol{B}^{-1}\leqslant\boldsymbol{0}^{\mathrm{T}}$$

以上两个条件就是

$$z_j - c_j \leqslant 0, j=1, 2, \cdots, n, n+1, \cdots, n+m$$

因此，$\boldsymbol{B}$ 是原始问题的最优基.

3.3.2 对偶单纯形法

对偶单纯形法是从一个原始不可行而对偶可行的基出发，进行基变换，每次基变换时都保持基的对偶可行性，一旦获得一个原始可行基，则该基必定是最优基.

例 3.9 用对偶单纯形法求解以下问题：

$$\min z = 2x_1 + 3x_2 + 4x_3$$

$$\text{s. t.} \begin{cases} x_1 + 2x_2 + x_3 \geqslant 3 \\ 2x_1 - x_2 + 3x_3 \geqslant 4 \\ x_1, x_2, x_3 \geqslant 0 \end{cases}$$

引进松弛变量 $x_4, x_5 \geqslant 0$，得到

$$\min z = 2x_1 + 3x_2 + 4x_3$$

$$\text{s. t.} \begin{cases} x_1 + 2x_2 + x_3 - x_4 = 3 \\ 2x_1 - x_2 + 3x_3 - x_5 = 4 \\ x_1, x_2, x_3, x_4, x_5 \geqslant 0 \end{cases}$$

为了得到单位矩阵形式的初始基，将约束等式两边同乘以 -1，得到

$$\min z = 2x_1 + 3x_2 + 4x_3$$

$$\text{s. t.} \begin{cases} -x_1 - 2x_2 - x_3 + x_4 = -3 \\ -2x_1 + x_2 - 3x_3 + x_5 = -4 \\ x_1, x_2, x_3, x_4, x_5 \geqslant 0 \end{cases}$$

列出初始单纯形表

	z	x_1	x_2	x_3	x_4	x_5	RHS
z	1	-2	-3	-4	0	0	0
x_4	0	-1	-2	-1	1	0	-3
x_5	0	[-2]	1	-3	0	1	-4
		$(-2)/(-2)$		$(-4)/(-3)$			

由于表中所有的 $z_j - c_j \leqslant 0$，因此当前基是对偶可行基. 但当前基变量的值 $x_3 = -3 < 0$，$x_4 = -4 < 0$，因此当前的基不是原始可行基.

为了改善基的原始可行性，取一个小于零的基变量离基，如果有数个基变量的值小于零，一般可选其中绝对值最大的先离基. 这里选 $x_5 = -4$ 离基.

为了改善原始可行性，应该使旋转运算以后进基变量的值成为非负的，这样就要在离基行中选择 $y_{rj} < 0$ 的元素作为主元. 在上表中，$y_{21} = -2$ 和 $y_{23} = -3$ 可以选为主元.

为了使新的基仍保持对偶可行性，必须使旋转运算后所有检验数 $z_j - c_j \leqslant 0$. 因此，按以下方法选择进基列 k：

$$\min \left\{ \frac{z_j - c_j}{y_{rj}} \middle| y_{rj} < 0 \right\} = \frac{z_k - c_k}{y_{rk}}$$

在上例中，选取

$$\min\left\{\frac{z_1-c_1}{y_{21}},\frac{z_3-c_3}{y_{23}}\right\}=\min\left\{\frac{-2}{-2},\frac{-4}{-3}\right\}=\min\left\{1,\frac{4}{3}\right\}=1$$

选取 x_1 进基，即选取 $y_{21}=-2$ 为主元，进行旋转运算，得到以下单纯形表

	z	x_1	x_2	x_3	x_4	x_5	RHS
z	1	0	-4	-1	0	-1	4
x_4	0	0	$-5/2$	$1/2$	1	$-1/2$	-1
x_1	0	1	$-1/2$	$3/2$	0	$-1/2$	2
			$(-4)/(-5/2)$			$(-1)/(-1/2)$	

由于 $x_4=-1<0$，新的基仍不是原始可行的. 取 x_4 离基，选择进基变量.

$$\min\left\{\frac{z_2-c_2}{y_{12}},\frac{z_5-c_5}{y_{15}}\right\}=\min\left\{\frac{-4}{-5/2},\frac{-1}{-1/2}\right\}=\min\left\{\frac{8}{5},2\right\}=\frac{8}{5}$$

选取 x_2 进基. 即以 $y_{12}=-5/2$ 为主元，进行旋转运算，得到

	z	x_1	x_2	x_3	x_4	x_5	RHS
z	1	0	0	$-9/5$	$-8/5$	$-1/5$	$28/5$
x_2	0	0	1	$-1/5$	$-2/5$	$1/5$	$2/5$
x_1	0	1	0	$7/5$	$-1/5$	$-2/5$	$11/5$

当前基既是原始可行基，又是对偶可行基，因而是最优基. 最优解为

$$x_1=11/5,x_2=2/5,x_3=x_4=x_5=0,\min z=28/5$$

注意，以上极小化问题在迭代过程中，每次迭代目标函数值不断增大，这是因为迭代过程是从可行域以外的点向可行域靠拢的缘故.

由于对偶单纯形法是从可行域外开始迭代的，因此可能出现线性规划没有可行解的情况. 当某一个右边常数 $b_i<0$ 时，则选定相应的基变量 x_{Bi} 为离基变量，如果相应行中约束条件的系数全为正数，也就是无法找到进基变量，则这个问题没有可行解.

掌握了单纯形法和对偶单纯形法，我们就可以更灵活地进行单纯形迭代来求得线性规划的最优解，既可以从一个原始可行、对偶不可行的解出发，用单纯形法进行迭代，也可以从一个原始不可行、对偶可行的解出发，用对偶单纯形法进行迭代，甚至可以从一个原始不可行、对偶也不可行的解出发，先用适当的进基-离基变换把解变成原始可行或对偶可行的，然后再用单纯形法或对偶单纯形法求解.

例 3.10 求解以下线性规划问题：

$$\min z=-3x_1+2x_2+x_3$$

$$\text{s. t.}\begin{cases}x_1+x_2+x_3\geqslant 12 & (1)\\ 2x_1+x_2+x_3\leqslant 38 & (2)\\ x_1+2x_2+2x_3\geqslant 24 & (3)\\ x_1,x_2,x_3\geqslant 0\end{cases}$$

引进松弛变量 $x_4, x_5, x_6 \geqslant 0$，得

$$\min z = -3x_1 + 2x_2 + x_3$$

$$\text{s. t.} \begin{cases} x_1 + x_2 + x_3 - x_4 = 12 & (1) \\ 2x_1 + x_2 + x_3 + x_5 = 38 & (2) \\ x_1 + 2x_2 + 2x_3 - x_6 = 24 & (3) \\ x_1, x_2, x_3, x_4, x_5, x_6 \geqslant 0 \end{cases}$$

约束条件(1)(3)两边分别乘以-1，得

$$\min z = -3x_1 + 2x_2 + x_3$$

$$\text{s. t.} \begin{cases} -x_1 - x_2 - x_3 + x_4 = -12 & (1) \\ 2x_1 + x_2 + x_3 + x_5 = 38 & (2) \\ -x_1 - 2x_2 - 2x_3 + x_6 = -24 & (3) \\ x_1, x_2, x_3, x_4, x_5, x_6 \geqslant 0 \end{cases}$$

列出单纯形表

	z	x_1	x_2	x_3	x_4	x_5	x_6	RHS
z	1	3	-2	-1	0	0	0	0
x_4	0	-1	-1	-1	1	0	0	-12
x_5	0	[2]	1	1	0	1	0	38
x_6	0	-1	-2	-2	0	0	1	-24

初始单纯形表对应的原始问题的解为

$$(x_1, x_2, x_3, x_4, x_5, x_6) = (0, 0, 0, -12, 38, -24)$$

对应的对偶问题的解为

$$(w_1, w_2, w_3, w_4, w_5, w_6) = (0, 0, 0, -3, 2, 1)$$

也就是说，以 x_1, x_2, x_3 为非基变量，以 x_4, x_5, x_6 为基变量，相应的基础解既不是原始可行的，又不是对偶可行的，但原始问题的解和对偶问题的解满足互补松弛关系. 在以上的单纯形表中，选取 x_1 进基，x_5 离基，即 $y_{21} = 2$ 为主元，旋转运算后，可以得到

	z	x_1	x_2	x_3	x_4	x_5	x_6	RHS
z	1	0	$-7/2$	$-5/2$	0	$-3/2$	0	-57
x_4	0	0	$-1/2$	$-1/2$	1	$1/2$	0	7
x_1	0	1	$1/2$	$1/2$	0	$1/2$	0	19
x_6	0	0	$-3/2$	[$-3/2$]	0	$1/2$	1	-5

以上的解为对偶可行、原始不可行. 用对偶单纯形法继续求解. x_6 离基，x_3 进基.

	z	x_1	x_2	x_3	x_4	x_5	x_6	RHS
z	1	0	-1	0	0	$-7/3$	$-5/3$	$-146/3$
x_4	0	0	0	0	1	$1/3$	$-1/3$	$26/3$
x_1	0	1	0	0	0	$2/3$	$1/3$	$52/3$
x_3	0	0	1	1	0	$-1/3$	$-2/3$	$10/3$

以上的解原始可行、对偶可行，并且满足互补松弛关系，因而是最优解. 最优解为

$$(x_1,x_2,x_3,x_4,x_5,x_6)=(52/3,0,10/3,26/3,0,0),\min z=-146/3$$

对偶问题的最优解为

$$(w_1,w_2,w_3,w_4,w_5,w_6)=(0,-7/3,5/3,0,1,0)$$

但是，用以上的办法，从一个原始不可行、对偶也不可行的解出发，求得最优解的方法是有局限性的，它无法判断线性规划问题是否有可行解. 如果没有可行解，从一个原始不可行、对偶也不可行的解出发，无论怎样迭代，也是无法找到既原始可行又对偶可行的解(即最优解)的. 要确定一个问题是否有可行解，还是要用两阶段法.

§3.4 灵敏度分析

灵敏度分析是要在求得最优解以后，解决以下几方面的问题：

(1) 线性规划问题中的各系数在什么范围内变化，不会影响已获得的最优基.

(2) 如果系数的变化超过以上范围，如何在原来最优解的基础上求得新的最优解.

(3) 当线性规划问题增加一个新的变量或新的约束，如何在原来最优解的基础上获得新的最优解.

3.4.1 目标函数系数 C 的变化范围

首先，应该指出目标函数系数 C 向量中的元素数值变化，只会影响最优解中 $z_j-c_j=C_B^{\mathrm{T}}B^{-1}a_j-c_j(j=1,2,\cdots,n)$ 的值，而不会影响 $\bar{b}=B^{-1}b$ 的值. 也就是说，C 中元素的变化只会影响最优解的对偶可行性而不会影响原始可行性.

C 中元素 c_j 的变化范围与相应的变量 x_j 是基变量还是非基变量有所不同，下面就这两种情况分别加以讨论.

3.4.1.1 非基变量在目标函数中系数的灵敏度分析

m 个基变量 $x_{Br}(r=1,2,\cdots,m)$ 在目标函数中的系数为

$$z_{Br}-c_{Br}=C_B^{\mathrm{T}}B^{-1}a_{Br}-c_{Br}=(c_{B1}\quad\cdots\quad c_{Br}\quad\cdots\quad c_{Bm})\begin{bmatrix}0\\ \vdots\\ 1\\ \vdots\\ 0\end{bmatrix}-c_{Br}=0$$

$n-m$ 个非基变量 x_j 在目标函数中的系数为

$$z_j-c_j=\boldsymbol{C}_B^{\mathrm{T}}\boldsymbol{B}^{-1}\boldsymbol{a}_j-c_j$$

设某一个非基变量 x_k 在目标函数中的系数为 c_k，当这个非基变量 x_k 的系数 c_k 变化成为 $c'_k=c_k+\delta$ 时，由上式可知，对基变量在目标函数中的系数没有影响，所有基变量在目标函数中的系数仍为 0.

当这个非基变量 x_k 的系数 c_k 变化成为 $c'_k=c_k+\delta$ 时，$n-m$ 个非基变量 x_j 在目标函数中的系数为

$$z_j-c_j=\boldsymbol{C}_B^{\mathrm{T}}\boldsymbol{B}^{-1}\boldsymbol{a}_j-c_j=\begin{cases}z_j-c_j & j\neq k\\ z_k-c_k=z_k-c_k-\delta & j=k\end{cases}$$

即非基变量 x_k 在目标函数中的系数 c_k 的变化，在最优解中只会影响这个非基变量在目标函数中的系数，其他非基变量的系数不会变化. 如果检验数 $z_k-c_k-\delta\leqslant 0$，则原来的最优基仍保持为最优基，如果检验数 $z_k-c_k-\delta>0$，则原来的最优基不再是最优基，新的最优基可以通过将 x_k 进基，并进行后续的单纯形迭代，得到新的最优基和最优解.

例 3.11 线性规划问题为

$$\min z=-2x_1+x_2-x_3$$

$$\text{s. t.}\begin{cases}x_1+x_2+x_3\leqslant 6\\ -x_1+2x_2\leqslant 4\\ x_1,x_2,x_3\geqslant 0\end{cases}$$

求 $c_2=1$ 在什么范围内变化，原来的最优基保持不变；当 $c_2=-3$ 时，最优基是否变化，如果变化，求新的最优基和最优解.

首先用单纯形法得到以上问题的最优单纯形表. 为了灵敏度分析的方便，表中同时注明各变量以及基变量的目标函数系数.

	C		−2	1	−1	0	0	
		z	x_1	x_2	x_3	x_4	x_5	RHS
$\boldsymbol{C}_B$	z	1	0	−3	−1	−2	0	−12
−2	x_1	0	1	1	1	1	0	6
0	x_5	0	0	3	1	1	1	10

注意到 $z_j-c_j=\boldsymbol{C}_B^{\mathrm{T}}\boldsymbol{B}^{-1}\boldsymbol{a}_j-c_j=\boldsymbol{C}_B^{\mathrm{T}}y_j-c_j=(\sum\limits_{i=1}^{m}c_{Bi}y_{ij})-c_j$，有

$$z_1-c_1=(c_1y_{11}+c_5y_{21})-c_1=(-2\times1+0\times0)-(-2)=0$$
$$z_2-c_2=(c_1y_{12}+c_5y_{22})-c_2=(-2\times1+0\times3)-1=-3$$
$$z_3-c_3=(c_1y_{13}+c_5y_{23})-c_3=(-2\times1+0\times1)-(-1)=-1$$
$$z_4-c_4=(c_1y_{14}+c_5y_{24})-c_4=(-2\times1+0\times1)-0=-2$$
$$z_5-c_5=(c_1y_{15}+c_5y_{25})-c_5=(-2\times0+0\times1)-0=0$$

当 $c'_2=c_2+\delta$ 时，只有非基变量 x_2 在目标函数中的系数相应变化成为

$$z_2-c'_2=(c_1y_{12}+c_5y_{22})-c'_2=(-2\times1+0\times3)-1-\delta=-3-\delta$$

其他变量在目标函数中的系数都不变. 相应的单纯形表如下：

		C	-2	$1+\delta$	-1	0	0	
		z	x_1	x_2	x_3	x_4	x_5	RHS
C_B	z	1	0	$-3-\delta$	-1	-2	0	-12
-2	x_1	0	1	1	1	1	0	6
0	x_5	0	0	3	1	1	1	10

为了保持基的对偶可行性，必须满足所有检验数 $z_j-c_j\leqslant 0(j=1,2,3,4,5)$，也就是 $-3-\delta\leqslant 0$，即 $\delta\geqslant -3$，或 $c_2'=c_2+\delta\geqslant 1+(-3)=-2$，即 $c_2'\geqslant -2$. 也就是说，x_2 在目标函数中的系数从原来的 1 减少到 -2 时，最优基保持不变. 由于最优解 $\boldsymbol{X}_B=\boldsymbol{B}^{-1}\boldsymbol{b}$ 以及最优解的目标函数值 $z=\boldsymbol{C}_B^{\mathrm{T}}\boldsymbol{B}^{-1}\boldsymbol{b}$ 与非基变量在目标函数中的系数 $\boldsymbol{C}_N$ 无关，因此当 c_2 在以上范围内变化时，最优解以及最优解的目标函数值不会变化.

当 $c_2'=-3$ 时，$\delta=c_2'-c_2=(-3)-1=-4$，已经超出保持最优基不变的范围，因此单纯形表不再是最优单纯形表. 将 $\delta=-4$ 代入单纯形表，x_2 在目标函数中的系数为 $-3-\delta=1$，得到以下单纯形表：

	z	x_1	x_2	x_3	x_4	x_5	RHS
z	1	0	1	-1	-2	0	-12
x_1	0	1	1	1	1	0	6
x_5	0	0	[3]	1	1	1	10

x_2 进基，x_5 离基.

	z	x_1	x_2	x_3	x_4	x_5	RHS
z	1	0	0	$-4/3$	$-7/3$	$-1/3$	$-46/3$
x_1	0	1	0	2/3	2/3	$-1/3$	8/3
x_2	0	0	1	1/3	1/3	1/3	10/3

得到新的最优解：$x_1=8/3, x_2=10/3, x_3=0, x_4=0, x_5=0, \min z=-46/3$.

3.4.1.2 基变量在目标函数中系数的灵敏度分析

例 3.12 在线性规划问题中，对 $c_1=1$ 进行灵敏度分析.

$$\min z=x_1+x_2-4x_3$$

$$\text{s.t.}\begin{cases}x_1+x_2+2x_3\leqslant 9\\x_1+x_2-x_3\leqslant 2\\-x_1+x_2+x_3\leqslant 4\\x_1,x_2,x_3\geqslant 0\end{cases}$$

先得到以上问题的最优单纯形表：

		C	1	1	−4	0	0	0	
		z	x_1	x_2	x_3	x_4	x_5	x_6	RHS
C_B	z	1	0	−4	0	−1	0	−2	−17
1	x_1	0	1	−1/4	0	1/3	0	−2/3	1/3
0	x_5	0	0	2	0	0	1	1	6
−4	x_3	0	0	2/3	1	1/3	0	1/3	13/3

当 $c_1'=c_1+\delta$ 时,相应的单纯形表为

		C	$1+\delta$	1	−4	0	0	0	
		z	x_1	x_2	x_3	x_4	x_5	x_6	RHS
C_B	z	1	0	$-4-1/3\delta$	0	$-1+1/3\delta$	0	$-2-2/3\delta$	$-17+3\delta$
$1+\delta$	x_1	0	1	−1/4	0	1/3	0	−2/3	1/3
0	x_5	0	0	2	0	0	1	1	6
−4	x_3	0	0	2/3	1	1/3	0	1/3	13/3

要使原来的基仍保持最优基,就要检验数 $z_j-c_j\leqslant 0(j=1,2,3,4,5)$,即 $\begin{cases}-4-1/3\delta\leqslant 0,\\-1+1/3\delta\leqslant 0,\\-2-2/3\delta\leqslant 0,\end{cases}$ 也就是 $\begin{cases}\delta\geqslant -12,\\\delta\leqslant 3,\\\delta\geqslant -3.\end{cases}$ 由此得到,$-3\leqslant\delta\leqslant 3$,即当 $-2\leqslant c_1\leqslant 4$ 时,最优基保持不变. 当 c_1 的变化超出以上范围时,至少会使一个检验数 $z_j-c_j>0$,用单纯形法继续运行,就可以得到新的最优基和最优解.

3.4.2 右边常数的灵敏度分析

当右边常数向量 $\boldsymbol{b}$ 发生变化,成为 $\boldsymbol{b}'$ 时,对变量在目标函数中的系数

$$z_j-c_j=\boldsymbol{C}_B^{\mathrm{T}}\boldsymbol{B}^{-1}\boldsymbol{a}_j-c_j$$

没有影响,而单纯形表中的右边常数将变成 $\bar{\boldsymbol{b}}=\boldsymbol{B}^{-1}\boldsymbol{b}$. 即右边常数向量的变化只会影响最优基的原始可行性而不会影响其对偶可行性. 当变化以后的 $\bar{\boldsymbol{b}}=\boldsymbol{B}^{-1}\boldsymbol{b}\geqslant\boldsymbol{0}$ 时,原来的最优基仍为最优基,否则,原来的基成为对偶可行基但不是原始可行基,这时要用对偶单纯形法求得新的最优基.

例 3.13 对以下线性规划问题中第一个约束右边常数 $b_1=9$ 进行灵敏度分析.

$$\min z=x_1+x_2-4x_3$$

$$\text{s.t.}\begin{cases}x_1+x_2+2x_3\leqslant 9\\x_1+x_2-x_3\leqslant 2\\-x_1+x_2+x_3\leqslant 4\\x_1,x_2,x_3\geqslant 0\end{cases}$$

解 先求得最优单纯形表：

	z	x_1	x_2	x_3	x_4	x_5	x_6	RHS
z	1	0	−4	0	−1	0	−2	−17
x_1	0	1	−1/4	0	1/3	0	−2/3	1/3
x_5	0	0	2	0	0	1	1	6
x_3	0	0	2/3	1	1/3	0	1/3	13/3

由于初始单纯形表中，约束矩阵中松弛变量 x_4,x_5,x_6 的系数构成一个单位矩阵，因此最优单纯形表中松弛变量在约束矩阵中的系数就是最优基的逆矩阵，即

$$\boldsymbol{B}^{-1}=\begin{bmatrix}1/3 & 0 & -2/3\\ 0 & 1 & 1\\ 1/3 & 0 & 1/3\end{bmatrix},\bar{\boldsymbol{b}}=\boldsymbol{B}^{-1}\boldsymbol{b}=\begin{bmatrix}1/3 & 0 & -2/3\\ 0 & 1 & 1\\ 1/3 & 0 & 1/3\end{bmatrix}\begin{bmatrix}9\\2\\4\end{bmatrix}=\begin{bmatrix}1/3\\6\\13/3\end{bmatrix}$$

当 $b_1'=b_1+\delta=9+\delta$ 时，最后一张单纯形表中的右边常数将成为

$$\bar{\boldsymbol{b}}=\boldsymbol{B}^{-1}\boldsymbol{b}=\begin{bmatrix}1/3 & 0 & -2/3\\ 0 & 1 & 1\\ 1/3 & 0 & 1/3\end{bmatrix}\begin{bmatrix}9+\delta\\2\\4\end{bmatrix}=\begin{bmatrix}1/3+1/3\delta\\6\\13/3+1/3\delta\end{bmatrix}$$

这时，最后单纯形表中目标函数的值也将发生变化，成为

$$z=\boldsymbol{C}_B^{\mathrm{T}}\boldsymbol{B}^{-1}\boldsymbol{b}=[1\quad 0\quad -4]\begin{bmatrix}1/3 & 0 & -2/3\\ 0 & 1 & 1\\ 1/3 & 0 & 1/3\end{bmatrix}\begin{bmatrix}9+\delta\\2\\4\end{bmatrix}=[-1\quad 0\quad -2]\begin{bmatrix}9+\delta\\2\\4\end{bmatrix}=-17-\delta$$

单纯形表成为

	z	x_1	x_2	x_3	x_4	x_5	x_6	RHS
z	1	0	−4	0	−1	0	−2	$-17-\delta$
x_1	0	1	−1/4	0	1/3	0	−2/3	$1/3+1/3\delta$
x_5	0	0	2	0	0	1	1	6
x_3	0	0	2/3	1	1/3	0	1/3	$13/3+1/3\delta$

由此可以看出，当第一个约束的右边常数 b_1 变化 δ 时，新的单纯形表的 RHS 列就是原来最优单纯形表的 RHS 列加上第一个松弛变量 x_4 在原来单纯形表中对应的列与 δ 的乘积. 根据这个规则，容易得到第二个约束的右边常数 $b_2=2$ 变为 $b_2'=2+\delta$ 时的单纯形表：

	z	x_1	x_2	x_3	x_4	x_5	x_6	RHS
z	1	0	−4	0	−1	0	−2	$-17-\delta$
x_1	0	1	−1/3	0	1/3	0	−2/3	1/3
x_5	0	0	2	0	0	1	1	$6+\delta$
x_3	0	0	2/3	1	1/3	0	1/3	13/3

以及第三个约束的右边常数 $b_3=4$ 变为 $b_3'=4+\delta$ 时的单纯形表：

	z	x_1	x_2	x_3	x_4	x_5	x_6	RHS
z	1	0	-4	0	-1	0	-2	$-17-2\delta$
x_1	0	1	$-1/3$	0	$1/3$	0	$-2/3$	$1/3-2/3\delta$
x_5	0	0	2	0	0	1	1	$6+\delta$
x_3	0	0	$2/3$	1	$1/3$	0	$1/3$	$13/3+1/3\delta$

这样就可以分别求出在保持原来最优基原始可行性条件下，$b_1=9,b_2=2,b_3=4$ 的变化范围. 对于 $b_1'=9+\delta$，由第一张单纯形表约束条件的原始可行条件可以得到，当

$$\begin{cases}1/3+1/3\delta\geqslant 0\\13/3+1/3\delta\geqslant 0\end{cases}$$

即 $\begin{cases}\delta\geqslant -1\\\delta\geqslant -13\end{cases}$ 或 $\delta\geqslant -1$，$b_1'=b_1+\delta\geqslant 8$ 时，原来的最优基仍为原始可行基. 由于这时这个基仍是对偶可行的，这时这个基仍是最优基.

当 b_1 的变化超过以上范围，例如 $b_1'=7$，即 $\delta=b_1'-b_1=7-9=-2$ 时，单纯形表成为

	z	x_1	x_2	x_3	x_4	x_5	x_6	RHS
z	1	0	-4	0	-1	0	-2	-15
x_1	0	1	$-1/3$	0	$1/3$	0	[$-2/3$]	$-1/3$
x_5	0	0	2	0	0	1	1	6
x_3	0	0	$2/3$	1	$1/3$	0	$1/3$	$11/3$

用对偶单纯形法继续求解，x_1 离基，x_6 进基.

	z	x_1	x_2	x_3	x_4	x_5	x_6	RHS
z	1	-3	-3	0	-2	0	0	-14
x_6	0	$-3/2$	$1/2$	0	$-1/2$	0	1	$1/2$
x_5	0	$3/2$	$3/2$	0	$1/2$	1	0	$11/2$
x_3	0	$1/2$	$1/2$	1	$1/2$	0	0	$10/3$

得到新的最优解为 $(x_1,x_2,x_3,x_4,x_5,x_6)=(0,0,10/3,0,11/2,1/2)$，$\min z=14$. 对于 b_2 和 b_3 的灵敏度分析，则分别可以由相应的单纯形表得到.

3.4.3 增加一个新的变量

当前最优基是 $\boldsymbol{B}$. 设新增加的变量 x_j 在目标函数中的系数为 c_j，在约束中的系数向量是

$\boldsymbol{a}_j$，计算

$$\boldsymbol{Y}_j=\boldsymbol{B}^{-1}\boldsymbol{a}_j,\ z_j-c_j=\boldsymbol{C}_B^{\mathrm{T}}\boldsymbol{B}^{-1}\boldsymbol{a}_j-c_j$$

在原单纯形表中增加一个新的变量以及新的一列，将以上系数置于原单纯形表中，构成新的单纯形表．若新变量的检验数 $z_j-c_j\leqslant 0$，则原来的基仍为最优基，原来的基变量以及基变量的值保持不变，新的变量 $x_j=0$ 是非基变量．否则 x_j 进基，用单纯形法继续运行，直至获得新的最优基和最优解．

例 3.14

$$\min z=-2x_1+x_2-x_3$$

$$\text{s. t.}\begin{cases}x_1+x_2+x_3\leqslant 6\\-x_1+2x_2\leqslant 4\\x_1,x_2,x_3\geqslant 0\end{cases}$$

中，增加一个新的变量 x_6，它在目标函数中的系数 $c_6=1$，在约束条件中的系数向量为 $\boldsymbol{a}_6=\begin{bmatrix}-1\\2\end{bmatrix}$．求新的最优基和最优解．

列出原问题的最优单纯形表：

	z	x_1	x_2	x_3	x_4	x_5	RHS
z	1	0	-3	-1	-2	0	-12
x_1	0	1	1	1	1	0	6
x_5	0	0	3	1	1	1	10

从中可以看出

$$\boldsymbol{C}_B^{\mathrm{T}}=[c_1\quad c_5]=[-2\quad 0],\boldsymbol{B}^{-1}=\begin{bmatrix}1&0\\1&1\end{bmatrix}$$

$$z_6-c_6=\boldsymbol{C}_B^{\mathrm{T}}\boldsymbol{B}^{-1}\boldsymbol{a}_6-c_6$$

$$\boldsymbol{Y}_6=\boldsymbol{B}^{-1}\boldsymbol{a}_6=\begin{bmatrix}1&0\\1&1\end{bmatrix}\begin{bmatrix}-1\\2\end{bmatrix}=\begin{bmatrix}-1\\1\end{bmatrix}$$

新的单纯形表为

	z	x_1	x_2	x_3	x_4	x_5	x_6	RHS
z	1	0	-3	-1	-2	0	1	-12
x_1	0	1	1	1	1	0	-1	6
x_5	0	0	3	1	1	1	1	10

x_6 进基，x_5 离基，得到下一个单纯形表：

	z	x_1	x_2	x_3	x_4	x_5	x_6	RHS
z	1	0	-6	-2	-3	-1	0	-22
x_1	0	1	4	2	2	1	0	16
x_6	0	0	3	1	1	1	1	10

得到新的最优基为 $\boldsymbol{B}=[\boldsymbol{a}_1,\boldsymbol{a}_6]$,新的最优解为

$$(x_1,x_2,x_3,x_4,x_5,x_6)=(16,0,0,0,0,10),\min z=-22$$

3.4.4 增加一个新的约束

增加一个新的约束以后,如果原来的最优解满足新的约束,则原来的最优解仍是新问题的最优解,否则,最优解将发生变化.

例 3.15 设线性规划问题为

$$\min z=-2x_1+x_2-x_3$$

$$\text{s. t.}\begin{cases}x_1+x_2+x_3\leqslant 6\\-x_1+2x_2\leqslant 4\\x_1,x_2,x_3\geqslant 0\end{cases}$$

最优单纯形表为

	z	x_1	x_2	x_3	x_4	x_5	RHS
z	1	0	−3	−1	−2	0	−12
x_1	0	1	1	1	1	0	6
x_5	0	0	3	1	1	1	10

增加一个约束 $-x_1+2x_2\geqslant 2$. 求新的最优基和最优解.

解 在新的约束中引进松弛变量 x_6,将新的约束变为等式:

$$-x_1+2x_2-x_6=2$$

两边同乘以−1,得到

$$x_1-2x_2+x_6=-2$$

并取 x_6 作为新的基变量,得到新的单纯形表:

	z	x_1	x_2	x_3	x_4	x_5	x_6	RHS
z	1	0	−3	−1	−2	0	0	−12
x_1	0	1	1	1	1	0	0	6
x_5	0	0	3	1	1	1	0	10
x_6	0	1	−2	0	0	0	1	−2

消去 x_1 在第三个约束中的系数,使得基变量 x_1 在约束条件中的系数成为单位向量:

	z	x_1	x_2	x_3	x_4	x_5	x_6	RHS
z	1	0	−3	−1	−2	0	0	−12
x_1	0	1	1	1	1	0	0	6
x_5	0	0	3	1	1	1	0	10
x_6	0	0	−3	[−1]	−1	0	1	−8

显然原来的最优解不满足新的约束,用对偶单纯形法继续求解,x_6 离基,x_3 进基.

	z	x_1	x_2	x_3	x_4	x_5	x_6	RHS
z	1	0	$-8/3$	0	$-5/3$	0	$-1/3$	$-28/3$
x_1	0	1	2/3	0	2/3	0	1/3	10/3
x_5	0	0	8/3	0	2/3	1	1/3	22/3
x_3	0	0	1/3	1	1/3	0	$-1/3$	8/3

新的最优解为$(x_1,x_2,x_3,x_4,x_5,x_6)=(10/3,0,8/3,0,22/3,0)$，$\min z=-28/3$.

如果新增加的约束是等号约束，则需要在这个约束中增加一个人工变量作为新的基变量，然后用两阶段法求得新的最优解(算例略).

约束条件中系数的灵敏度分析，放在§3.6注释与补充中介绍.

§3.5 对偶的经济解释

对偶概念的引入和对偶理论的建立，使线性规划不仅成为优化的工具，而且赋予线性规划理论和算法以明确的经济意义，从而使线性规划成为对企业经济活动进行经济分析的重要工具. 企业经济活动就其目标分析，可以归纳为“最小成本”和“最大利润”两大类. 最小成本问题是要在完成一定任务的前提下，合理安排各项活动，使从事各项活动的总成本最小；最大利润问题是要在各种资源限制的范围以内，合理计划各种产品的产量，使各种产品的总利润最大. 在这一节中，我们仅对最大利润问题进行分析，最小成本问题的分析是类似的，放在§3.6节中作为补充内容.

3.5.1 最大利润问题以及对偶问题的经济解释

设一个企业生产 n 种产品，每种产品的单位利润为 c_j(单位:元/件，$j=1,2,\cdots,n$)，同时企业受到 m 种设备工时的限制，第 i 种设备的能力为 b_i(单位:小时). 生产一件 j 产品要消耗第 i 种设备工时数为 a_{ij}(单位:小时/件，$i=1,2,\cdots,m$；$j=1,2,\cdots,n$). 设第 j 种产品的计划生产量为 x_j(单位:件，$j=1,2,\cdots,n$)，则使总利润最大的线性规划模型为

$$\max z=c_1x_1+c_2x_2+\cdots+c_jx_j+\cdots+c_nx_n$$

$$\text{s.t.}\begin{cases}a_{11}x_1+a_{12}x_2+\cdots+a_{1j}x_j+\cdots+a_{1n}x_n\leqslant b_1\\a_{21}x_1+a_{22}x_2+\cdots+a_{2j}x_j+\cdots+a_{2n}x_n\leqslant b_2\\\vdots\\a_{i1}x_1+a_{i2}x_2+\cdots+a_{ij}x_j+\cdots+a_{in}x_n\leqslant b_i\\\vdots\\a_{m1}x_1+a_{m2}x_2+\cdots+a_{mj}x_j+\cdots+a_{mn}x_n\leqslant b_m\\x_1,x_2,\cdots,x_j,\cdots,x_n\geqslant 0\end{cases}$$

设有一个商人想租用这 m 种设备，他愿意出的租金是 $w_1,w_2,\cdots,w_i,\cdots,w_m$(单位:元/小时，$i=1,2,\cdots,m$). 该商人保证，生产每一种产品所要消耗的各种设备工时，如用以上租金出租，所得的收益不会低于每一种产品的单位利润. 当然，该商人的目标是支付的租金总额最小.

这样,商人用于确定各种设备租金的线性规划模型为

$$\min\ y=b_1w_1+b_2w_2+\cdots+b_iw_i+\cdots+b_mw_m$$

$$\text{s. t.}\begin{cases}a_{11}w_1+a_{21}w_2+\cdots+a_{i1}w_i+\cdots+a_{m1}w_m\geqslant c_1\\ a_{12}w_1+a_{22}w_2+\cdots+a_{i2}w_i+\cdots+a_{m2}w_m\geqslant c_2\\ \quad\vdots\\ a_{1j}w_1+a_{2j}w_2+\cdots+a_{ij}w_i+\cdots+a_{mj}w_m\geqslant c_j\\ \quad\vdots\\ a_{1n}w_1+a_{2n}w_2+\cdots+a_{in}w_i+\cdots+a_{mn}w_m\geqslant c_n\\ w_1,w_2,\cdots,w_j,\cdots,w_n\geqslant 0\end{cases}$$

由对偶理论可知,当以上两个问题都取得最优解时,有

$$z^{\circ}=y^{\circ}=b_1w_1^{\circ}+b_2w_2^{\circ}+\cdots+b_iw_i^{\circ}+\cdots+b_mw_m^{\circ}$$

因此,各种设备能力的边际利润率为

$$\frac{\partial z^{\circ}}{\partial b_i}=w_i^{\circ}(i=1,2,\cdots,m)$$

由此可知,对偶问题最优解中对偶变量 $w_i^{\circ}(i=1,2,\cdots,m)$ 的值就是相应设备的能力对总利润的边际贡献. w_i° 也成为相应设备能力约束的影子价格,w_i° 越大,表明相应的设备能力增加一个单位,引起总利润的增加越大,也就是说,相对于最优生产计划来说,这种设备能力比较紧缺;w_i° 较小,表明设备能力相对不紧缺;$w_i^{\circ}=0$,说明在最优生产计划下第 i 种设备能力有剩余.

3.5.2 互补松弛条件的经济解释

1. 互补松弛条件的经济解释

若在最优生产计划下,第 i 种设备的能力大于这种设备实际耗用,即

$$x_{n+i}=b_i-\sum_{j=1}^{n}a_{ij}x_{ij}>0$$

或者说第 i 种设备能力有剩余,这种设备的微小增加对利润没有影响,按边际贡献的概念,有

$$\frac{\partial z^{\circ}}{\partial b_i}=w_i^{\circ}=0$$

从而满足互补松弛条件 $x_{n+i}^{\circ}w_i^{\circ}=0$.

反之,若 $w_i^{\circ}>0$,即

$$\frac{\partial z^{\circ}}{\partial b_i}>0$$

可以断定这种设备能力没有剩余,即 $\sum_{j=1}^{n}a_{ij}x_j=b_i$,也就是 $x_{n+i}=0$,从而同样满足互补松弛条件 $x_{n+i}^{\circ}w_i^{\circ}=0$.

2. 对偶问题约束的左边

$$\sum_{i=1}^{m}a_{ij}w_i(j=1,2,\cdots,n)$$

表示生产每单位 j 产品$(j=1,2,\cdots,n)$所耗用的各种设备能力应能产生的利润,称为 j 种产品

的机会成本.

若某种产品的机会成本高于这种产品的利润,即

$$\sum_{i=1}^{m} a_{ij} w_i > c_j (j = 1,2,\cdots,n)$$

则在最优解中这种产品一定不会安排生产,即 $x_j^o=0$,从而满足互补松弛条件

$$x_j^o w_{m+j}^o=0$$

反之,如果在最优解中第 j 种产品投入生产,即 $x_j^o>0$,这种产品的机会成本和利润必定相等,即

$$w_{m+j}^o=\sum_{i=1}^{m} a_{ij} w_i - c_j=0(j=1,2,\cdots,n)$$

因此,互补松弛条件 $x_j^o w_{m+j}^o=0$ 成立.

3.5.3 定理 3.4 的经济解释

对于最大利润问题,定理 3.4 的形式成为

$$\boldsymbol{C}^{\mathrm{T}}\boldsymbol{X}\leqslant\boldsymbol{W}^{\mathrm{T}}\boldsymbol{A}\boldsymbol{X}\leqslant\boldsymbol{W}^{\mathrm{T}}\boldsymbol{b}$$

上式左边的不等式是由于某些产品的利润率和机会成本不相等引起的,即 $\boldsymbol{C}^{\mathrm{T}}\leqslant\boldsymbol{W}^{\mathrm{T}}\boldsymbol{A}$. 当取得最优解时,由于互补松弛条件的作用,凡机会成本和利润率不相等的产品都将不安排生产,因而使得不等式成为等式.

右边的不等式是由于某些设备的实际耗用小于设备的实际能力引起的,即 $\boldsymbol{A}\boldsymbol{X}\leqslant\boldsymbol{b}$. 同样,由于互补松弛条件,实际耗用和能力不等的这些设备,影子价格都等于零,从而使右边的不等式也成为等式. 这样,当原始和对偶问题都取得最优解时,有

$$\boldsymbol{C}^{\mathrm{T}}\boldsymbol{X}=\boldsymbol{W}^{\mathrm{T}}\boldsymbol{A}\boldsymbol{X}=\boldsymbol{W}^{\mathrm{T}}\boldsymbol{b}$$

3.5.4 经济解释的例子

现在我们可以来解释第二章中的例 2.1,为什么利润最大的产品在最优生产计划中不安排生产,以及改变哪些条件,原来最优生产计划中不安排生产的产品才可能安排生产?

例 3.16 某工厂拥有 A,B,C 三种类型的设备,生产甲、乙、丙、丁四种产品. 每件产品在生产中需要占用的设备机时数,每件产品可以获得的利润以及三种设备可利用的时数如下表所示:

每件产品占用的机时数/(小时/件)	产品甲	产品乙	产品丙	产品丁	设备能力/小时
设备 A	1.5	1.0	2.4	1.0	2 000
设备 B	1.0	5.0	1.0	3.5	8 000
设备 C	1.5	3.0	3.5	1.0	5 000
利润/(元/件)	5.24	7.30	8.34	4.18	

用线性规划制订使总利润最大的生产计划.

设变量 x_i 为第 i 种产品的生产件数($i=1,2,3,4$),目标函数 z 为相应的生产计划可以获得的总利润. 在加工时间以及利润与产品产量成线性关系的假设下,可以建立如下的线性规划模型:

$$\max z=5.24x_1+7.30x_2+8.34x_3+4.18x_4$$

$$\text{s.t.}\begin{cases}1.5x_1+1.0x_2+2.4x_3+1.0x_4\leqslant 2\,000\\1.0x_1+5.0x_2+1.0x_3+3.5x_4\leqslant 8\,000\\1.5x_1+3.0x_2+3.5x_3+1.0x_4\leqslant 5\,000\\x_1,x_2,x_3,x_4\geqslant 0\end{cases}$$

求解这个线性规划,可以得到最优解为

$x_1=294.12$(件),$x_2=1\,500$(件),$x_3=0$(件),$x_4=58.82$(件);$z=12\,737.06$(元)

请注意最优解中利润率最高的产品丙在最优生产计划中不安排生产,其原因可以通过机会成本分析来说明.

求解以上问题的对偶问题,得到三种设备的影子价格分别为

$$w_1^o=1.953\,5,w_2^o=0.242\,3,w_3^o=1.379\,2$$

这说明三种设备在最优生产计划下,能力都没有剩余,并且第一种设备能力最为紧缺.

分别计算四种产品的机会成本,得到

产品甲:$\sum_{i=1}^{3}a_{i1}w_i=1.5w_1+1.0w_2+1.5w_3$

$=1.5\times1.953\,5+1.0\times0.242\,3+1.5\times1.379\,2\approx5.24=c_1$

产品乙:$\sum_{i=1}^{3}a_{i2}w_i=1.0w_1+5.0w_2+3.0w_3$

$=1.0\times1.953\,5+5.0\times0.242\,3+3.0\times1.379\,2\approx7.30=c_2$

产品丙:$\sum_{i=1}^{3}a_{i3}w_i=2.4w_1+1.0w_2+3.5w_3$

$=2.4\times1.953\,5+1.0\times0.242\,3+3.5\times1.379\,2\approx9.75>c_3$

产品丁:$\sum_{i=1}^{3}a_{i4}w_i=1.0w_1+3.5w_2+1.0w_3$

$=1.0\times1.953\,5+3.5\times0.242\,3+1.0\times1.379\,2\approx4.18=c_4$

例 3.17 设利润最大问题为

	产品 1	产品 2	产品 3	资源限量/吨
资源 1	2.0	1.0	3.0	200
资源 2	1.0	2.0	2.0	350
资源 3	3.0	4.0	1.0	220
资源 4	2.0	3.0	2.0	400
利润/(万元/件)	4.0	3.0	5.0	

利润最大问题的线性规划模型为

$$\max z=4x_1+3x_2+5x_3$$

$$\text{s.t.}\begin{cases}2x_1+x_2+3x_3\leqslant 200\\x_1+2x_2+2x_3\leqslant 350\\3x_1+4x_2+x_3\leqslant 220\\2x_1+3x_2+2x_3\leqslant 400\\x_1,x_2,x_3\geqslant 0\end{cases}$$

引进松弛变量 $x_4, x_5, x_6, x_7 \geqslant 0$，得到

$$\max z = 4x_1 + 3x_2 + 5x_3$$

$$\text{s.t.} \begin{cases} 2x_1 + x_2 + 3x_3 + x_4 = 200 \\ x_1 + 2x_2 + 2x_3 + x_5 = 350 \\ 3x_1 + 4x_2 + x_3 + x_6 = 220 \\ 2x_1 + 3x_2 + 2x_3 + x_7 = 400 \\ x_1, x_2, x_3, x_4, x_5, x_6, x_7 \geqslant 0 \end{cases}$$

其中松弛变量表示资源的剩余量，单位为"吨".

如果已经求得以上问题的最优生产计划为

$$x_1 = 0(\text{件}), x_2 = 460/11 = 41.82(\text{件}), x_3 = 580/11 = 52.73(\text{件})$$

最大利润 $z = 389.09$(万元)，可以计算最优生产计划时各种资源的剩余量：

$$x_4 = 200 - (2x_1 + x_2 + 3x_3) = 0(\text{吨})$$

$$x_5 = 350 - (x_1 + 2x_2 + 2x_3) = 1\,770/11 = 160.9(\text{吨})$$

$$x_6 = 220 - (3x_1 + 4x_2 + 2x_3) = 0(\text{吨})$$

$$x_7 = 400 - (2x_1 + 3x_2 + 2x_3) = 1\,860/11 = 169.90(\text{吨})$$

这个问题的对偶问题如下：

$$\min y = 200w_1 + 350w_2 + 220w_3 + 400w_4$$

$$\text{s.t.} \begin{cases} 2w_1 + w_2 + 3w_3 + 2w_4 - w_5 = 4 \\ w_1 + 2w_2 + 4w_3 + 3w_4 - w_6 = 3 \\ 3w_1 + 2w_2 + w_3 + 2w_4 - w_7 = 5 \\ w_1, w_2, w_3, w_4, w_5, w_6, w_7 \geqslant 0 \end{cases}$$

利用互补松弛关系，可以得到

$$x_2 w_6 = 0, x_3 w_7 = 0, x_5 w_2 = 0, x_7 w_4 = 0$$

而其中 $x_2, x_3, x_5, x_7 > 0$，因此

$$w_6 = w_7 = w_2 = w_4 = 0$$

代入对偶问题，得到对偶问题的最优解

$$w_1 = 17/11, w_2 = 0, w_3 = 4/11, w_4 = 0, w_5 = 2/11, w_6 = 0, w_7 = 0$$

即四种资源的影子价格为

$$w_1 = 17/11 \approx 1.55(\text{万元/吨}),\ w_2 = 0(\text{万元/吨}),$$

$$w_3 = 4/11 \approx 0.36(\text{万元/吨}),\ w_4 = 0(\text{万元/吨})$$

由此可以计算三种产品的机会成本：

产品 1：$2w_1 + w_2 + 3w_3 + 2w_4 = 2\times17/11 + 1\times0 + 3\times4/11 + 2\times0$

$= 46/11 \approx 4.18$(万元/件)

产品 2：$w_1 + 2w_2 + 4w_3 + 3w_4 = 1\times17/11 + 2\times0 + 4\times4/11 + 3\times0$

$= 33/11 = 3.0$(万元/件)

产品 3：$3w_1 + 2w_2 + w_3 + 2w_4 = 3\times17/11 + 2\times0 + 1\times4/11 + 2\times0$

$= 55/11 = 5.0$(万元/件)

由此可以列表如下：

	产品 1	产品 2	产品 3	资源限量/吨	资源剩余/吨	影子价格/(万元/吨)
资源 1	2.0	1.0	3.0	200	0	← 17/11
资源 2	1.0	2.0	2.0	350	160.90→	0
资源 3	3.0	4.0	1.0	220	0	← 4/11
资源 4	2.0	3.0	2.0	400	169.09→	0
利润/(万元/件)	4.0	3.0	5.0			
机会成本/(万元/件)	4.18	3.0	5.0			
(机会成本－利润)/(万元/件)	0.18 ↓	0 ↑	0 ↑			
产品产量/件	0	41.8	52.7			

由此可以清楚地看出，资源剩余量和影子价格之间以及“机会成本－利润率”和产品产量之间的互补松弛关系(表中箭头表示“一个变量大于零，导致另一个变量等于零”的互补松弛关系).

可以看出，最优解中产品不安排生产的原因是这种产品的机会成本高于利润率. 一般来说，一种产品在最优解中是否安排生产，不仅与这种产品的利润率有关，还与这种产品对资源的消耗以及各种资源的紧缺程度有关. 而线性规划模型，正是提供了对以上诸多因素进行系统分析的工具.

§3.6 注释和补充

3.6.1 A 矩阵中系数的灵敏度分析

我们已经知道，目标函数系数 $\boldsymbol{C}$ 向量中的元素数值变化，只会影响最优解中 $z_j - c_j = \boldsymbol{C}_B^{\mathrm{T}}\boldsymbol{B}^{-1}\boldsymbol{a}_j - c_j (j=1,2,\cdots,n)$ 的值，而不会影响 $\bar{\boldsymbol{b}} = \boldsymbol{B}^{-1}\boldsymbol{b}$ 的值，即会影响最优解的对偶可行性而不会影响原始可行性；而右边常数向量 $\boldsymbol{b}$ 发生变化，对变量在目标函数中的系数 $z_j - c_j = \boldsymbol{C}_B^{\mathrm{T}}\boldsymbol{B}^{-1}\boldsymbol{a}_j - c_j$ 没有影响，而要影响最优解中的右边常数将变成 $\bar{\boldsymbol{b}} = \boldsymbol{B}^{-1}\boldsymbol{b}$，即会影响最优基的原始可行性而不会影响其对偶可行性.

A 矩阵中元素的变化情况比较复杂，如果这个元素是最优解中非基变量的系数，那么这个元素不包含在最优基 $\boldsymbol{B}$ 中，它的变化只会影响这个非基变量在目标函数中的系数 $z_j - c_j = \boldsymbol{C}_B^{\mathrm{T}}\boldsymbol{B}^{-1}\boldsymbol{a}_j - c_j$，而且对目标函数系数的影响只反映在 $\boldsymbol{a}_j$ 中；如果这个元素是最优解中基变量在 **A** 矩阵中的系数，那么这个元素包含在最优基 $\boldsymbol{B}$ 中，它的变化不仅会影响这个所有变量在目标函数中的系数 $z_j - c_j = \boldsymbol{C}_B^{\mathrm{T}}\boldsymbol{B}^{-1}\boldsymbol{a}_j - c_j$，而且同时会影响最优解的右边常数 $\bar{\boldsymbol{b}} = \boldsymbol{B}^{-1}\boldsymbol{b}$.

3.6.1.1 A 矩阵中非基变量系数的灵敏度分析

非基变量 x_j 对应的非基列向量 $\boldsymbol{a}_j$ 中元素的变化，只会影响这个非基变量在目标函数中的系数

$$z_j - c_j = \boldsymbol{C}_B^{\mathrm{T}}\boldsymbol{B}^{-1}\boldsymbol{a}_j - c_j = \boldsymbol{W}^{\mathrm{T}}\boldsymbol{a}_j - c_j$$

而且，由于列向量 $\boldsymbol{a}_j$ 不在基 $\boldsymbol{B}$ 中，因此 $\boldsymbol{a}_j$ 中元素的变化不会影响 $\boldsymbol{W}^{\mathrm{T}} = \boldsymbol{C}_B^{\mathrm{T}}\boldsymbol{B}^{-1}$. 当 $\boldsymbol{a}_j$ 中的第 r

个元素 $\boldsymbol{a}_{rj}$ 变成 $a'_{rj}=a_{rj}+\delta$ 时，变量 x_j 的目标函数系数

$$z_j-c_j=\boldsymbol{W}^{\mathrm{T}}\boldsymbol{a}_j-c_j=[w_1\quad\cdots\quad w_r\quad\cdots\quad w_m]\begin{bmatrix}a_{1j}\\ \vdots\\ a_{rj}+\delta\\ \vdots\\ a_{mj}\end{bmatrix}-c_j=\boldsymbol{W}^{\mathrm{T}}\boldsymbol{a}_j-c_j+w_r\delta$$

当

$$z_j-c_j=\boldsymbol{W}^{\mathrm{T}}\boldsymbol{a}_j-c_j+w_r\delta\leqslant 0$$

时，基的对偶可行性保持不变，由此可以得到 δ 的变化范围.

例 3.18

$$\min z=x_1+x_2-4x_3$$
$$\text{s. t.}\begin{cases}x_1+x_2+2x_3\leqslant 9\\ x_1+x_2-x_3\leqslant 2\\ -x_1+x_2+x_3\leqslant 4\\ x_1,x_2,x_3\geqslant 0\end{cases}$$

中，对变量 x_2 在第一个约束中的系数 $a_{12}=1$ 进行灵敏度分析.

这个问题的最优单纯形表如下：

	z	x_1	x_2	x_3	x_4	x_5	x_6	RHS
z	1	0	-4	0	-1	0	-2	-17
x_1	0	1	$-1/4$	0	1/3	0	$-2/3$	1/3
x_5	0	0	2	0	0	1	1	6
x_3	0	0	2/3	1	1/3	0	1/3	13/3

其中 $z_2-c_2=-4$. 设

$$a'_{12}=a_{12}+\delta$$

则

$$z'_2-c_2=z_2-c_2+w_1\delta=-4-\delta\leqslant 0$$

即当

$$\delta\geqslant -4$$

或

$$a'_{12}=a_{12}+\delta\geqslant 1+(-4)=-3$$

时，原来的最优基保持不变.

3.6.1.2 A 矩阵中基变量系数的灵敏度分析

要像非基变量在约束矩阵中的系数一样，确定基变量在约束条件中系数的变化范围，是十分困难的，在这里不作讨论. 对于基变量在约束条件中的系数，我们仅考虑当其中一个元素变化时如何求得新的最优解.

例 3.19 对于线性规划问题：

$$\min z=-2x_1+x_2-x_3$$
$$\text{s. t.}\begin{cases}x_1+x_2+x_3\leqslant 6\\ -x_1+2x_2\leqslant 4\\ x_1,x_2,x_3\geqslant 0\end{cases}$$

已经得到它的最优单纯形表为

	z	x_1	x_2	x_3	x_4	x_5	RHS
z	1	0	-3	-1	-2	0	-12
x_1	0	1	1	1	1	0	6
x_5	0	0	3	1	1	1	10

其中 x_1 是基变量，当 x_1 在约束条件中的系数向量 $\boldsymbol{a}_1=\begin{bmatrix}1\\-1\end{bmatrix}$变为 $\boldsymbol{a}_1=\begin{bmatrix}3\\6\end{bmatrix}$时，求新的最优解.

引进一个新的变量 x_1'，它在目标函数中的系数与 x_1 的系数相同，为-2，在约束中的系数向量为 $\boldsymbol{a}_1=\begin{bmatrix}3\\6\end{bmatrix}$. 对于 x_1'，计算它在目标函数中的系数：

$$z_1-c_1=\boldsymbol{C}_B^{\mathrm{T}}\boldsymbol{B}^{-1}\boldsymbol{a}_1-c_1=\boldsymbol{W}^{\mathrm{T}}\boldsymbol{a}_1-c_1=[-2\quad 0]\begin{bmatrix}3\\6\end{bmatrix}-(-2)=-4$$

以及 x_1'在约束矩阵中的列向量：

$$\boldsymbol{Y}_1=\boldsymbol{B}^{-1}\boldsymbol{a}_1=\begin{bmatrix}1&0\\1&1\end{bmatrix}\cdot\begin{bmatrix}3\\6\end{bmatrix}=\begin{bmatrix}3\\9\end{bmatrix}$$

在原最优单纯形表中增加新的变量 x_1'：

	z	x_1	x_1'	x_2	x_3	x_4	x_5	RHS
z	1	0	-4	-3	-1	-2	0	-12
x_1	0	1	[3]	1	1	1	0	6
x_5	0	0	9	3	1	1	1	10

将 x_1' 进基，x_1 离基，得到

	z	x_1	x_1'	x_2	x_3	x_4	x_5	RHS
z	1	4/3	0	$-5/3$	1/3	$-2/3$	0	-4
x_1'	0	1/3	1	1/3	1/3	1/3	0	2
x_5	0	-3	0	0	[-2]	-2	1	-8

x_3 进基，x_5 离基，得到

	z	x_1	x_1'	x_2	x_3	x_4	x_5	RHS
z	1	5/6	0	$-5/3$	0	-1	$-1/3$	$-16/3$
x_1'	0	$-1/6$	1	1/3	0	0	$-1/3$	2/3
x_3	0	3/2	0	0	1	1	1	4

由于 x_1 已被 x_1' 取代，在单纯形表中删除 x_1.

	z	x'_1	x_2	x_3	x_4	x_5	RHS
z	1	0	$-5/3$	0	-1	$-1/3$	$-16/3$
x'_1	0	1	$1/3$	0	0	$-1/3$	$2/3$
x_3	0	0	0	1	1	1	4

得到新的最优解为 $(x'_1,x_2,x_3,x_4,x_5)=(2/3,0,4,0,0)$，$\min z=-16/3$.

3.6.2 最小成本问题的线性规划模型及其经济解释

设有一个工厂，用 n 种设备，生产 m 种产品(单位：件). 第 j 种设备每小时可以生产第 i 种产品 a_{ij} 件($i=1,2,\cdots,m;j=1,2,\cdots,n$)，第 j 种设备每小时运行费用为 c_j 元，第 i 种产品的需求量为 b_i 件. 该工厂应如何确定各种设备的运行时间，使生产的产品既满足需求，又使生产成本为最低.

设第 j 种设备运行 x_j 小时，则可构造线性规划问题如下：

$$\min z=c_1x_1+c_2x_2+\cdots+c_jx_j+\cdots+c_nx_n$$

$$\text{s. t.}\begin{cases}a_{11}x_1+a_{12}x_2+\cdots+a_{1j}x_j+\cdots+a_{1n}x_n\geqslant b_1\\a_{21}x_1+a_{22}x_2+\cdots+a_{2j}x_j+\cdots+a_{2n}x_n\geqslant b_2\\\qquad\vdots\\a_{i1}x_1+a_{i2}x_2+\cdots+a_{ij}x_j+\cdots+a_{in}x_n\geqslant b_i\\\qquad\vdots\\a_{m1}x_1+a_{m2}x_2+\cdots+a_{mj}x_j+\cdots+a_{mn}x_n\geqslant b_m\\x_1,x_2,\cdots,x_j,\cdots,x_n\geqslant 0\end{cases}$$

假设这时有一个推销同样产品的商人，愿意以价格 $w_1,w_2,\cdots,w_m$ 向这个工厂出售这 m 种产品，并保证他所报的每一种产品的价格都不会高于同一产品的生产成本. 当然，这个推销商在确定推销价格时总是希望总的销售额最大. 这样，推销商确定价格的方法可以用以下线性规划表示：

$$\max y=b_1w_1+b_2w_2+\cdots+b_iw_i+\cdots+b_mw_m$$

$$\text{s. t.}\begin{cases}a_{11}w_1+a_{21}w_2+\cdots+a_{i1}w_i+\cdots+a_{m1}w_m\leqslant c_1\\a_{12}w_1+a_{22}w_2+\cdots+a_{i2}w_i+\cdots+a_{m2}w_m\leqslant c_2\\\qquad\vdots\\a_{1j}w_1+a_{2j}w_2+\cdots+a_{ij}w_i+\cdots+a_{mj}w_m\leqslant c_j\\\qquad\vdots\\a_{1n}w_1+a_{2n}w_2+\cdots+a_{in}w_i+\cdots+a_{mn}w_n\leqslant c_n\\w_1,w_2,\cdots,w_j,\cdots,w_n\geqslant 0\end{cases}$$

用矩阵形式表示为

$$\max y=\boldsymbol{b}^{\mathrm{T}}\boldsymbol{W}$$

$$\text{s. t.}\begin{cases}\boldsymbol{W}^{\mathrm{T}}\boldsymbol{A}\leqslant\boldsymbol{C}\\\boldsymbol{W}\geqslant\boldsymbol{0}\end{cases}$$

容易看出，这就是企业最小生产成本问题的对偶问题. 这个对偶问题的经济意义是产品定价问题.

在对偶问题中第 j 个约束条件可以表示为

$$\boldsymbol{W}^{\mathrm{T}}\boldsymbol{a}_j \leqslant c_j \quad (j=1,2,\cdots,n)$$

在这个约束中，向量 $\boldsymbol{a}_j$ 表示第 j 种设备每开工 1 小时可以生产的 m 种产品的产量，单位是"件/小时"；向量 $\boldsymbol{W}$ 表示推销商愿意提供的 m 种产品的价格，单位是"元/件". 因此，乘积 $\boldsymbol{W}^{\mathrm{T}}\boldsymbol{a}_j$ 表示第 j 种设备每小时生产的 m 种产品，分别用推销商提供的价格核算总成本，我们称之为第 j 种设备开工时间的"机会成本"(Opportunity Cost). 以上不等式表明推销商的承诺：按照他提供的产品价格，每一种设备的机会成本都不会超过这种设备的运行成本. 设备的运行成本和机会成本之差 $\boldsymbol{C}^{\mathrm{T}}-\boldsymbol{W}^{\mathrm{T}}\boldsymbol{A}$ 成为"差额成本"(Reduced Cost).

3.6.2.1 影子价格

对于企业来说，在总成本最小时，第 i 种产品的需求量 b_i 增加一件，所引起的总成本的增加成为这种产品的"影子价格". 即设 z° 为最小总成本，则 $\dfrac{\partial z^{\circ}}{\partial b_i}$ 称为第 i 种产品的影子价格. 对成本最小问题来说，某一产品的影子价格就是这种产品的边际生产成本.

根据对偶理论，当最小成本取得最优解时，有

$$z^{\circ}=y^{\circ}=b_1w_1^{\circ}+b_2w_2^{\circ}+\cdots+b_iw_i^{\circ}+\cdots+b_mw_m^{\circ}$$

因此

$$\frac{\partial z^{\circ}}{\partial b_i}=w_i^{\circ} \quad (i=1,2,\cdots,m)$$

即第 i 种产品的影子价格等于对偶问题最优解中第 i 个对偶变量的值.

3.6.2.2 定理 3.4 的经济解释

定理 3.4 指出，对于企业任何一项设备开工计划 $\boldsymbol{X}$ 和推销商的任何一组产品定价 $\boldsymbol{W}$，必定有

$$\boldsymbol{C}^{\mathrm{T}}\boldsymbol{X} \geqslant \boldsymbol{W}^{\mathrm{T}}\boldsymbol{A}\boldsymbol{X} \geqslant \boldsymbol{W}^{\mathrm{T}}\boldsymbol{b}$$

其中左边一项是设备运行的实际总成本，中间一项是企业实际生产的 m 种产品用推销商提供的价格核算的总成本，右边一项是 m 种产品的需求量用推销商提供的价格核算的总成本. 左边不等式是由于设备的实际运行成本 $\boldsymbol{C}^{\mathrm{T}}$ 总是高于设备的机会成本 $\boldsymbol{W}^{\mathrm{T}}\boldsymbol{A}$，而右边不等式是由于实际生产的产品 $\boldsymbol{A}\boldsymbol{X}$ 一定要大于需求量 $\boldsymbol{b}$.

至于如何解释最优解时以上三项会相等，我们将在给出了互补松弛关系的经济解释以后再讨论.

3.6.2.3 互补松弛关系的经济解释

(1) 如果在最优设备运行计划下，第 i 种产品的实际生产量超过需求量，即

$$\sum_{j=1}^{n} a_{ij}x_j > b_i$$

或松弛变量

$$x_{n+i}>0$$

这时再增加一个单位需求，不会影响设备运行计划，即对最小成本没有影响. 因此，有

$$\frac{\partial z^{\circ}}{\partial b_i}=w_i^{\circ}=0 \quad (i=1,2,\cdots,m)$$

即影子价格等于 0. 于是互补松弛关系

$$x_{n+i}w_i=0$$

成立.

反之,如果某一种产品需求的影子价格 $w_i>0$,这时产品需求每增加一个单位,将会引起总成本 z° 的增加,这说明实际生产这种产品的数量恰等于需求量,即

$$\sum_{j=1}^{n} a_{ij}x_j = b_i$$

或松弛变量

$$x_{n+i}=0$$

于是互补松弛关系

$$x_{n+i}w_i=0$$

成立.

(2) 如果在对偶问题最优解中,有

$$\sum_{i=1}^{m} a_{ij}w_i < c_j \quad (j=1,2,\cdots,n)$$

即第 j 种设备开工的机会成本小于实际成本,或者说松弛变量 $w_{m+j}>0$,在这种情况下,对降低总成本来说,这种设备不开工更为有利,即 $x_j=0$. 于是互补松弛关系

$$x_j w_{m+j}=0$$

成立.

反之,如果在最优解中,某一种设备开工,即 $x_j>0$,可以肯定,这种设备的实际成本与机会成本相等,即

$$\sum_{i=1}^{m} a_{ij}w_i = c_j \quad (j=1,2,\cdots,n)$$

即松弛变量 $w_{m+j}=0$,这时互补松弛关系

$$x_j w_{m+j}=0$$

也成立.

下面我们说明为什么最优解时定理 3.4 中两个不等式都会成为等式.

我们已经指出,$\boldsymbol{C}^{\mathrm{T}}\boldsymbol{X}\geqslant\boldsymbol{W}^{\mathrm{T}}\boldsymbol{A}\boldsymbol{X}$ 中的不等式是由于某些设备运行的实际成本高于机会成本引起的,但由于最优解满足互补松弛条件,凡有成本差异的设备($c_j-\boldsymbol{W}^{\mathrm{T}}\boldsymbol{a}_j>0$)一定不会投入运行($x_j=0$),于是,这种成本差异也就不会引起左右两项不等了.

同样,$\boldsymbol{W}^{\mathrm{T}}\boldsymbol{A}\boldsymbol{X}\geqslant\boldsymbol{W}^{\mathrm{T}}\boldsymbol{b}$ 中的不等式是由于实际生产的产品数量大于需求量引起的,同样由于互补松弛条件的作用,凡是生产量大于需求量($\sum\limits_{j=1}^{n} a_{ij}x_j>b_i$)的产品,其影子价格都等于零($w_i=0$). 因此,这些产品数量的不平衡也就不会引起左右两项不等了.

习题

1. 写出下列线性规划问题的对偶问题.

(1) $\max z=10x_1+x_2+2x_3$

$$\text{s.t.}\begin{cases}x_1+x_2+2x_3\leqslant 10\\4x_1+x_2+x_3\leqslant 20\\x_j\geqslant 0\ (j=1,2,3)\end{cases}$$

(2) $\max z=2x_1+x_2+3x_3+x_4$

$$\text{s.t.}\begin{cases}x_1+x_2+x_3+x_4\leqslant 5\\2x_1-x_2+3x_3=-4\\x_1-x_3+x_4\geqslant 1\\x_1,x_3\geqslant 0,x_2,x_4\ \text{无约束}\end{cases}$$

(3) $\min z=3x_1+2x_2-3x_3+4x_4$

$$\text{s.t.}\begin{cases}x_1-2x_2+3x_3+4x_4\leqslant 3\\x_2+3x_3+4x_4\geqslant -5\\2x_1-3x_2-7x_3-4x_4=2\\x_1\geqslant 0,x_4\leqslant 0,x_2,x_3\ \text{无约束}\end{cases}$$

(4) $\min z=-5x_1-6x_2-7x_3$

$$\text{s.t.}\begin{cases}-x_1+5x_2-3x_3\geqslant 15\\-5x_1-6x_2+10x_3\leqslant 20\\x_1-x_2-x_3=-5\\x_1\leqslant 0,\ x_2\geqslant 0,x_3\ \text{无约束}\end{cases}$$

2. 已知线性规划问题 $\max z=\boldsymbol{CX},\boldsymbol{AX}=\boldsymbol{b},\boldsymbol{X}\geqslant\boldsymbol{0}$. 分别说明发生下列情况时，其对偶问题的解的变化：

(1) 问题的第 k 个约束条件乘常数 $\lambda(\lambda\neq 0)$；

(2) 将第 k 个约束条件乘常数 $\lambda(\lambda\neq 0)$后加到第 r 个约束条件上；

(3) 目标函数改变为 $\max z=\lambda\boldsymbol{CX}(\lambda\neq 0)$；

(4) 模型中全部 x_1 用 $3x_1'$代换.

3. 已知线性规划问题：

$$\min z=8x_1+6x_2+3x_3+6x_4$$

$$\text{s.t.}\begin{cases}x_1+2x_2+x_4\geqslant 3\\3x_1+x_2+x_3+x_4\geqslant 6\\x_3+x_4=2\\x_1+x_3\geqslant 2\\x_j\geqslant 0\ (j=1,2,3,4)\end{cases}$$

(1) 写出其对偶问题；

(2) 已知原问题最优解为 $\boldsymbol{X}^*=(1,1,2,0)$，试根据对偶理论，直接求出对偶问题的最优解.

4. 已知线性规划问题：

$$\min z=2x_1+x_2+5x_3+6x_4 \qquad \text{对偶变量为 } y_1,y_2$$

$$\text{s.t.}\begin{cases}2x_1+x_3+x_4\leqslant 8\\2x_1+2x_2+x_3+2x_4\leqslant 12\\x_j\geqslant 0(j=1,2,3,4)\end{cases}$$

其对偶问题的最优解 $y_1^*=4;y_2^*=1$. 试根据对偶问题的性质，求出原问题的最优解.

5. 考虑线性规划问题：

$$\max z=2x_1+4x_2+3x_3$$

$$\text{s.t.}\begin{cases}3x_1+4x_2+2x_3\leqslant 60\\2x_1+x_2+2x_3\leqslant 40\\x_1+3x_2+2x_3\leqslant 80\\x_j\geqslant 0\ (j=1,2,3)\end{cases}$$

(1) 写出其对偶问题；

(2) 用单纯形法求解原问题，列出每步迭代计算得到的原问题的解与互补的对偶问题的解；

(3) 用对偶单纯形法求解其对偶问题，并列出每步迭代计算得到的对偶问题解及与其互补的对偶问题的解；

(4) 比较(2)和(3)计算结果.

6. 已知线性规划问题：

$$\max z=10x_1+5x_2$$
$$\text{s.t.}\begin{cases}3x_1+4x_2\leqslant 9\\5x_1+2x_2\leqslant 8\\x_j\geqslant 0(j=1,2)\end{cases}$$

用单纯形法求得最终表如下所示：

	x_1	x_2	x_3	x_4	b
x_2	0	1	$\frac{5}{14}$	$-\frac{3}{14}$	$\frac{3}{2}$
x_1	1	0	$-\frac{1}{7}$	$\frac{2}{7}$	1
$\sigma_j=c_j-z_j$	0	0	$-\frac{5}{14}$	$-\frac{25}{14}$	

试用灵敏度分析方法分别判断：

(1) 目标函数系数 c_1 或 c_2 分别在什么范围内变动，上述最优解不变；

(2) 约束条件右端项 b_1，b_2，当一个保持不变时，另一个在什么范围内变化，上述最优基保持不变；

(3) 问题的目标函数变为 $\max z=12x_1+4x_2$ 时上述最优解的变化；

(4) 约束条件右端项由 $\begin{pmatrix}9\\8\end{pmatrix}$ 变为 $\begin{pmatrix}11\\19\end{pmatrix}$ 时上述最优解的变化.

7. 线性规划问题：

$$\max z=-5x_1+5x_2+13x_3$$
$$\text{s.t.}\begin{cases}-x_1+x_2+3x_3\leqslant 20 & ①\\12x_1+4x_2+10x_3\leqslant 90 & ②\\x_j\geqslant 0\ (j=1,2,3)\end{cases}$$

先用单纯形法求解，然后分析下列各种条件下，最优解分别有什么变化.

(1) 约束条件①的右端常数由 20 变为 30；

(2) 约束条件②的右端常数由 90 变为 70；

(3) 目标函数中 x_3 的系数由 13 变为 8，x_1 的系数列向量由 $(-1,12)^{\mathrm{T}}$ 变为 $(0,5)^{\mathrm{T}}$；

(4) 增加一个约束条件③：$2x_1+3x_2+5x_3\leqslant 50$；

(5) 将原约束条件②改变为 $10x_1+5x_2+10x_3\leqslant 100$.

8. 用单纯形法求解某线性规划问题，得到最终单纯形表如下：

c_j	基变量	50	40	10	60	s
		x_1	x_2	x_3	x_4	
a	c	0	1	$\frac{1}{2}$	1	6
b	d	1	0	$\frac{1}{4}$	2	4
$\sigma_j=c_j-z_j$		0	0	e	f	g

(1) 给出 a,b,c,d,e,f,g 的值或表达式；

(2) 指出原问题是求目标函数的最大值还是最小值；

(3) 用 $a+\Delta a$，$b+\Delta b$ 分别代替 a 和 b，仍然保持上表是最优单纯形表，求 Δa，Δb 满足的范围.

9. 某文教用品厂用原材料白坯纸生产原稿纸、日记本和练习本三种产品. 该厂现有工人 100 人，每月白坯纸供应量为 30 000 千克. 已知：工人的劳动生产率为每人每月可生产原稿纸 30 捆，或日记本 30 打，或练习本 30 箱；原材料消耗为每捆原稿纸用白坯纸 $\frac{10}{3}$ 千克，每打日记本用白坯纸 $\frac{40}{3}$ 千克，每箱练习本用白坯纸 $\frac{80}{3}$ 千克. 又知每生产一捆原稿纸可获利 2 元，生产一打日记本获利 3 元，生产一箱练习本获利 1 元. 试确定：

(1) 现有生产条件下获利最大的方案；

(2) 如白坯纸的供应数量不变，当工人数不足时可招收临时工，临时工工资支出为每人每月 40 元，则该厂要不要招收临时工？如要的话，招多少临时工最合适？

10. 某厂生产甲、乙两种产品，需要 A，B 两种原料，生产消耗等参数如下表（表中的消耗系数为千克/件）：

产品原料	甲	乙	可用量/千克	原料成本/(元/千克)
A	2	4	160	1.0
B	3	2	180	2.0
销售价/元	13	16		

(1) 请构造数学模型，使该厂利润最大，并求解.

(2) 原料 A，B 的影子价格各为多少？

(3) 现有新产品丙，每件消耗 3 千克原料 A 和 4 千克原料 B. 问：该产品的销售价格至少为多少时才值得投产？

(4) 工厂可在市场上买到原料 A. 工厂是否应该购买该原料以扩大生产？在保持原问题最优基不变的情况下，最多应购入多少？可增加多少利润？

第四章

整数规划

变量取整数的规划称为整数规划.所有变量都取整数的规划称为纯整数规划,部分变量取整数的规划称为混合整数规划.所有变量都取 0,1 两个值的规划称为 0-1 规划,部分变量取 0,1 两个值的规划称为 0-1 混合规划.

在这一章中,介绍求解整数规划的两种方法——割平面法和分枝定界法.

§4.1　整数规划模型

在实际问题中,整数规划有广泛的应用.

例 4.1(背包问题)　有一只背包,最大装载质量为 W kg,现有 k 种物品,每种物品数量无限.第 i 种物品每件质量为 w_i kg,价值为 v_i 元.每种物品各取多少件装入背包,使其中物品的总价值最高?

设取第 i 种物品 x_i 件($i=1,2,\cdots,k$),则规划问题可以写为

$$\max z=v_1x_1+v_2x_2+\cdots+v_kx_k$$

$$\text{s. t.}\begin{cases}w_1x_1+w_2x_2+\cdots+w_kx_k\leqslant W\\x_1,x_2,\cdots,x_k\geqslant 0\\x_1,x_2,\cdots,x_k\ \text{为整数}\end{cases}$$

这个问题如果用线性规划求解,k 个变量中将只有一个基变量大于 0,其余 $k-1$ 个非基变量都等于 0,而且这个大于 0 的基变量一般情况下是非整数.显然,这样的解是没有意义的.例如以下一个背包问题:

$$\max z=17x_1+72x_2+35x_3$$

$$\text{s. t.}\begin{cases}10x_1+42x_2+20x_3\leqslant 50\\x_1,x_2,x_3\geqslant 0\\x_1,x_2,x_3\ \text{为整数}\end{cases}$$

线性规划的最优解为

$$x_1=0,x_2=\frac{50}{41},x_3=0$$

故整数规划的最优解是

$$x_1=1,x_2=0,x_3=2$$

例 4.2(厂址选择问题)　在 N 个地点中选 r 个($N>r$)建厂,在第 i 个地点建厂($i=1$,

$2,\cdots,N$)所需投资为 I_i 万元,占地 L_i 亩,建成以后的生产能力为 P_i 万吨. 现在有总投资 1 万元,土地 L 亩,应如何选择厂址,使建成后总生产能力最大?

设 $x_i=\begin{cases}0, \text{表示在 } i \text{ 地不建厂;}\\ 1, \text{表示在 } i \text{ 地建厂.}\end{cases}$

整数规划模型为

$$\max z=\sum_{i=1}^{N}P_ix_i$$

$$\text{s. t.}\begin{cases}\sum\limits_{i=1}^{N}I_ix_i\leqslant I\\ \sum\limits_{i=1}^{N}L_ix_i\leqslant L\\ \sum\limits_{i=1}^{N}x_i\leqslant r\\ x_i=0,1\end{cases}$$

这是一个 0-1 规划问题.

例 4.3(考虑固定成本的最小生产费用问题) 在最小成本问题中,设第 j 种设备运行的固定成本为 d_j,运行的变动成本为 c_j,则生产成本与设备运行时间的关系为

$$f_j(x_j)=\begin{cases}0, & x_j=0\\ d_j+c_jx_j, & x_j>0\end{cases}$$

设第 j 种设备运行每小时可以生产第 i 种产品 a_{ij} 件,而第 i 种产品的订货为 b_i 件. 要满足订货同时使设备运行的总成本最小的问题为

$$\min z=\sum_{j=1}^{n}d_jy_j+c_jx_j$$

$$\text{s. t.}\begin{cases}\sum\limits_{j=1}^{n}a_{ij}x_j\geqslant b_i & (i=1,2,\cdots,m)\\ x_j\leqslant My_j & (j=1,2,\cdots,n)\\ x_j\geqslant 0, y_j=0,1\end{cases}$$

这里 M 是一个很大的正数.

当 $y_j=0$ 时,$x_j=0$,即第 j 种设备不运行,相应的运行成本

$$d_jy_j+c_jx_j=0$$

当 $y_j>0$ 时,$0\leqslant x_j\leqslant M$,实际上对 x_j 没有限制,这时相应的运行成本为

$$d_j+c_jx_j$$

这是一个混合 0-1 规划问题.

关于线性规划和整数规划的关系,我们用以下例子说明. 设线性规划问题为

$$\max z=x_1+4x_2$$

$$\text{s. t.}\begin{cases}14x_1+42x_2\leqslant 196\\ -x_1+2x_2\leqslant 5\\ x_1,x_2\geqslant 0\end{cases}$$

相应的整数规划问题为

$$\max z=x_1+4x_2$$

$$\text{s. t.}\begin{cases}14x_1+42x_2\leqslant 196\\-x_1+2x_2\leqslant 5\\x_1,x_2\geqslant 0\\x_1,x_2\ \text{为非负整数}\end{cases}$$

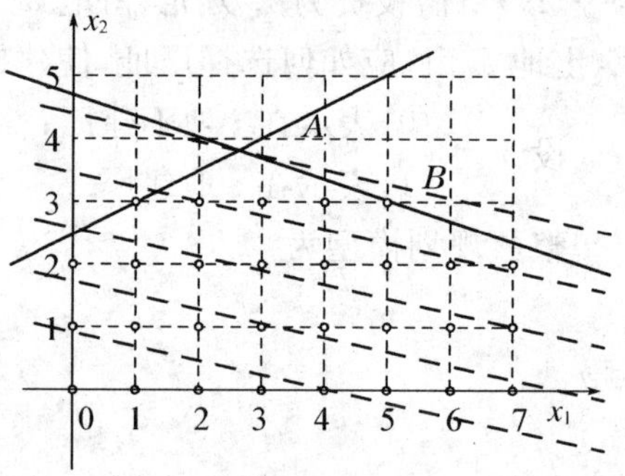

图 4-1

线性规划的可行域如图 4-1 中阴影部分所示. 由图解法可知,线性规划的最优解位于图中的 A 点,即 $(x_1,x_2)=(13/5,19/5)=(2.6,3.8)$,线性规划最优解的目标函数值为 $z=89/5=17.8$.

而相应的整数规划的可行解是图中线性规划可行域中整数网格的交点,共有 29 个可行解,整数规划的最优解位于图中的 B 点,即 $(x_1,x_2)=(5,3)$,整数规划最优解的目标函数值为 $z=17$.

由以上例子可以看到,简单地将线性规划的非整数的最优解用四舍五入或舍去尾数的办法得到整数解,一般情况下并不能得到整数规划的最优解. 整数规划的求解方法要比线性规划复杂得多.

下面我们就来介绍两种整数规划的求解方法.

§4.2 割平面法

割平面法是求解整数规划的基本方法之一. 割平面的基本思想:首先放弃变量的整数要求,求得线性规划的最优解. 如果最优解恰是一个整数解,则线性规划的最优解就是相应的整数规划的最优解. 如果线性规划的最优解不是整数解,则要求构造一个新的约束,对线性规划问题的可行域进行切割,切除已经得到的线性规划的最优解,但保留原可行域中所有的整数解,求解新的线性规划问题. 如果最优解仍不是整数解,再增加附加的约束将其切除,但仍保持最初可行域中所有的整数解. 如此一直进行,直至得到一个整数的最优解为止.

设放弃变量整数要求,得到的线性规划的最优解满足 $x_r+\sum\limits_{j=m+1}^{n}y_{rj}x_j=b_r,r=1,2,\cdots,m$,其中 x_1,x_r,x_m 为基变量,x_{m+1},x_j,x_n 为非基变量. 设其中基变量 x_r 的值 b_r 不是整数,且

$$b_r=I_r+F_r$$

其中 I_r 是 b_r 的整数部分,F_r 是小数部分,即

$$I_r=0,1,2,\cdots;0<F_r<1$$

设 I_{rj} 是 y_{rj} 的整数部分,F_{rj} 是小数部分,则

$$y_{rj}=I_{rj}+F_{rj}$$

其中

$$I_{rj}=0,\pm 1,\pm 2,\cdots$$

由于 y_{rj} 可能是整数,因此

$$0\leqslant F_{rj}\leqslant 1$$

这样,第 r 个约束成为

$$x_r + \sum_{j=m+1}^{n} y_{rj} x_j = b_r \tag{4.1}$$

将 y_{rj} 和 b_r 写成整数部分和小数部分

$$x_r + \sum_{j=m+1}^{n} (I_{rj} + F_{rj}) x_j = I_r + F_r$$

或

$$x_r + \sum_{j=m+1}^{n} I_{rj} x_j - I_r = F_r - \sum_{j=m+1}^{n} F_{rj} x_j \tag{4.2}$$

由于

$$F_r < 1 \text{ 以及 } \sum_{j=m+1}^{n} F_{rj} x_j \geqslant 0$$

因此对于式(4.2)中的任何(整数或非整数的)可行解，有

$$x_r + \sum_{j=m+1}^{n} I_{rj} x_j - I_r = F_r - \sum_{j=m+1}^{n} F_{rj} x_j < 1 \tag{4.3}$$

对于任何可行的整数解，x_r 和 x_j 都是整数，因此 $x_r + \sum_{j=m+1}^{n} I_{rj} x_j - I_r$ 是整数，即

$$x_r + \sum_{j=m+1}^{n} I_{rj} x_j - I_r = \cdots, -2, -1, 0$$

因此，对于整数可行解，式(4.2)可以写成更严格的不等式：

$$x_r + \sum_{j=m+1}^{n} I_{rj} x_j - I_r = F_r - \sum_{j=m+1}^{n} F_{rj} x_j \leqslant 0 \tag{4.4}$$

将线性规划(非整数)的最优解

$$(x_1 \cdots x_r \cdots x_m, x_{m+1} \cdots x_j \cdots x_n) = (b_1 \cdots b_r \cdots b_m, 0 \cdots 0 \cdots 0)$$

代入式(4.4)的左边，得到

$$F_r - \sum_{j=m+1}^{n} F_{rj} x_j = F_r > 0$$

线性规划(非整数)的最优解不满足式(4.4). 因此，式(4.4)具有以下性质：

(1) 线性规划可行域中的任何整数解都满足这个约束；

(2) 线性规划的(非整数)最优解不满足这个约束.

这样，在原线性规划的约束条件基础上增加约束(4.4)，新的可行域将切除原线性规划非整数的最优解而保留所有整数可行解.

例 4.4 用割平面法求解以下整数规划：

$$\min z = 3x_1 + 4x_2$$

$$\text{s.t.} \begin{cases} 3x_1 + x_2 \geqslant 4 \\ x_1 + 2x_2 \geqslant 4 \\ x_1, x_2 \geqslant 0 \\ x_1, x_2 \text{ 为整数} \end{cases}$$

先求相应的线性规划问题，得到最优单纯形表：

	z	x_1	x_2	x_3	x_4	RHS
z	1	0	0	$-2/5$	$-9/5$	$44/5$
x_1	0	1	0	$-2/5$	$1/5$	$4/5$
x_2	0	0	1	$1/5$	$-3/5$	$8/5$

选择一个非整数的基变量,例如 $x_2=8/5$,构造约束条件(4.4),其中

$$b_2=8/5=1+3/5, I_2=1, F_2=3/5$$
$$y_{23}=1/5=0+1/5, I_{23}=0, F_{23}=1/5$$
$$y_{24}=-3/5=-1+2/5, I_{24}=-1, F_{24}=2/5$$

附加的约束条件 $F_r-\sum_{j=m+1}^{n}F_{rj}x_j\leqslant 0$ 为

$$3/5-(1/5x_3+2/5x_4)\leqslant 0$$

即
$$1/5x_3+2/5x_4\geqslant 3/5$$

将这个约束加到线性规划的最优单纯形表中,并增加一个松弛变量 x_5,得到

	z	x_1	x_2	x_3	x_4	x_5	RHS
z	1	0	0	$-2/5$	$-9/5$	0	$44/5$
x_1	0	1	0	$-2/5$	$1/5$	0	$4/5$
x_2	0	0	1	$1/5$	$-3/5$	0	$8/5$
x_5	0	0	0	$[-1/5]$	$-2/5$	1	$-3/5$

用对偶单纯形法,x_5 离基,x_3 进基.

	z	x_1	x_2	x_3	x_4	x_5	RHS
z	1	0	0	0	-1	-2	10
x_1	0	1	0	0	1	-2	2
x_2	0	0	1	0	-1	1	1
x_3	0	0	0	1	2	-5	3

已获得整数的最优解 $x_1=2, x_2=1$.

为了得到切割约束 $1/5x_3+2/5x_4\geqslant 3/5$ 在(x_1, x_2)平面中的表达式,将其中的松弛变量 x_3,x_4 用 x_1,x_2 表示:

$$x_3=3x_1+x_2-4, x_4=x_1+2x_2-4$$

代入切割约束,得到

$$x_1+x_2\geqslant 3$$

这个切割的图解如图 4-2 所示.

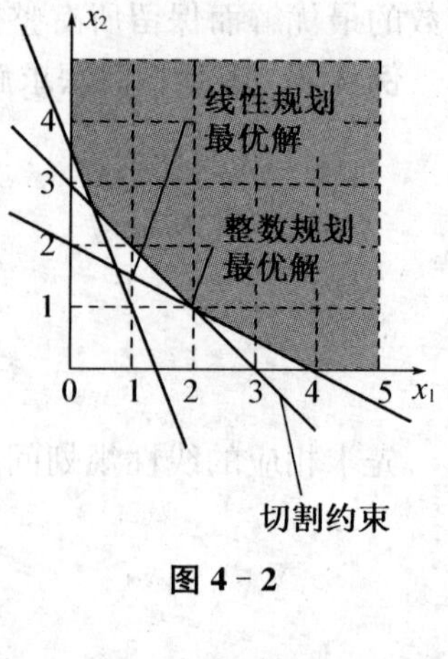

图 4-2

§4.3 分枝定界法

分枝定界法(Branch and Bound,B &B)的基本思想如下：

首先不考虑变量的整数约束，求解相应的线性规划问题，得到线性规划的最优解. 设线性规划问题：

$$\min z=\boldsymbol{C}^{\mathrm{T}}\boldsymbol{X}$$
$$\text{s. t.}\begin{cases}\boldsymbol{AX}=\boldsymbol{b}\\ \boldsymbol{X}\geqslant\boldsymbol{0}\end{cases}$$

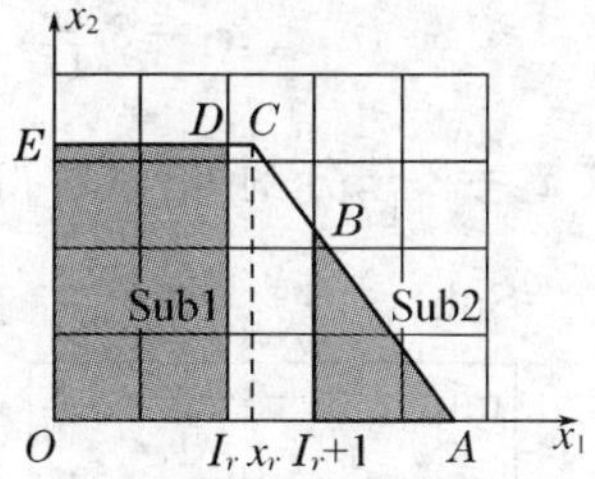

图 4-3

的可行域如图 4-3 中 $OABCDE$(示意图)，并设最优解位于 C. 如果这个最优解中所有的变量都是整数，则已经得到整数规划的最优解. 如果其中某一个变量 x_r 不是整数，则在可行域中除去一块包含这个最优解但不包含任何整数解的区域 $I_r<x_r<I_r+1$(其中 I_r 是变量 x_r 的整数部分)，线性规划的可行域被划分成不相交的两部分，分别以这两部分区域作为可行域，用原来的目标函数构造两个子问题 Sub1 和 Sub2：

Sub1

$$\min z=\boldsymbol{C}^{\mathrm{T}}\boldsymbol{X}$$
$$\text{s. t.}\begin{cases}\boldsymbol{AX}=\boldsymbol{b}\\ x_r\leqslant I_r\\ \boldsymbol{X}\geqslant\boldsymbol{0}\end{cases}$$

Sub2

$$\min z=\boldsymbol{C}^{\mathrm{T}}\boldsymbol{X}$$
$$\text{s. t.}\begin{cases}\boldsymbol{AX}=\boldsymbol{b}\\ x_r\geqslant I_r+1\\ \boldsymbol{X}\geqslant\boldsymbol{0}\end{cases}$$

由于这两个子问题的可行域都是原线性规划问题可行域的子集，这两个子问题的最优解的目标函数值都不会比原线性规划问题的最优解的目标函数值更小. 如果这两个问题的最优解仍不是整数解，则继续选择一个非整数的变量，继续将这个子问题分解为两个更下一级的子问题，这个过程称为“分枝(Branch)”. 在分枝过程中，每一次分枝得到的子问题最优解的目标函数值，都大于或等于分枝前问题的最优解的目标函数值.

如果某一个子问题的最优解是整数解，就获得了一个整数可行解，这个子问题的目标函数值要记录下来，作为整数规划最优目标函数值的上界. 如果某一个子问题的解还不是整数解，但这个非整数解的目标函数值已经超过这个上界，那么这个子问题就不必再进行分枝，因为如果继续分枝，即使得到整数解，这个整数解的目标函数值必定要大于(或等于)分枝以前问题的目标函数值，因而也大于(或等于)已经获得的整数规划的目标函数值，因此不可能是最优的整数解. 如果在分枝过程中得到新的整数解且该整数解的目标函数值小于已记录的上界，则用较小的整数解的目标函数值代替原来的上界. 上界的值越小，就可以避免更多不必要的分枝. 这个确定整数解目标函数值上界并不断更新上界，并且不断“剪除”目标函数值超过上界的分枝的过程，称为定界(Bound).

当最低一层子问题出现以下三种情况之一时，分枝定界算法终止：

(1) 子问题无可行解；

(2) 子问题已获得整数解；

(3) 子问题的目标函数值超过上界.

例 4.5 用分枝定界法求解以下整数规划：

$$\min z=-2x_1-3x_2$$

$$\text{s. t.}\begin{cases}5x_1+7x_2\leqslant 35\\4x_1+9x_2\leqslant 36\\x_1,x_2\geqslant 0\\x_1,x_2\text{ 为整数}\end{cases}$$

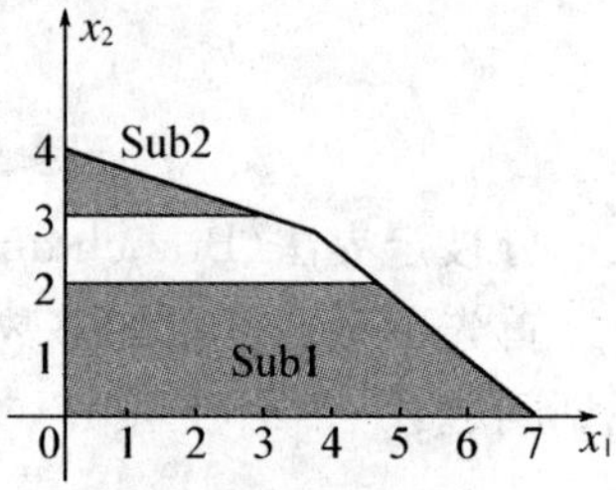

图 4-4

先求得相应的线性规划的最优解，为

$$x_1=3\frac{12}{17},x_2=2\frac{6}{17},z=-14\frac{8}{17}$$

取 $x_2=2\frac{6}{17}$ 分割可行域，得到以下两个子问题：

Sub1

$$\min z=-2x_1-3x_2$$
$$\text{s. t.}\begin{cases}5x_1+7x_2\leqslant 35\\4x_1+9x_2\leqslant 36\\x_2\leqslant 2\\x_1,x_2\geqslant 0\end{cases}$$

Sub1 的最优解为

$$x_1=4\frac{1}{5},x_2=2,z=-14\frac{2}{5}$$

取 $x_1=4\frac{1}{5}$ 对可行域进行分割，得到子问题 Sub3 和 Sub4

Sub2

$$\min z=-2x_1-3x_2$$
$$\text{s. t.}\begin{cases}5x_1+7x_2\leqslant 35\\4x_1+9x_2\leqslant 36\\x_2\geqslant 3\\x_1,x_2\geqslant 0\end{cases}$$

Sub2 的最优解为

$$x_1=2\frac{1}{4},x_2=3,z=-13\frac{1}{2}$$

$z=-13\frac{1}{2}>\bar{z}=-14$，停止分枝.

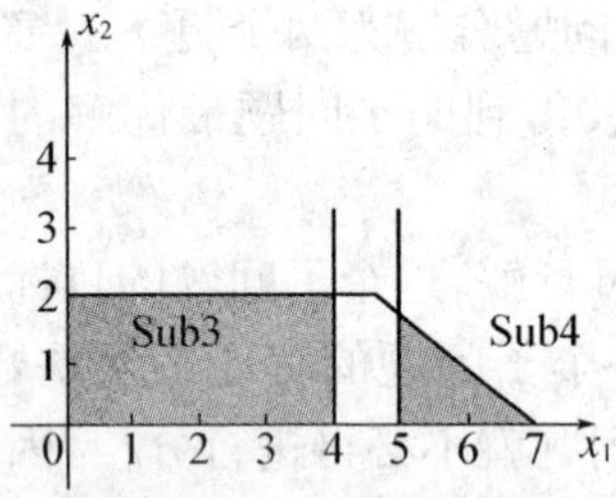

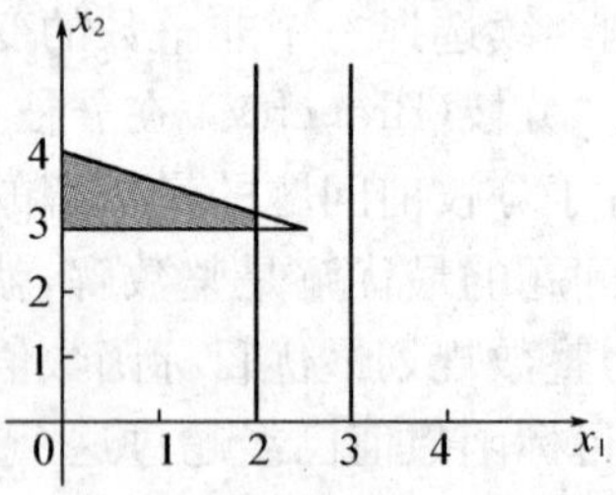

Sub3

$$\min z=-2x_1-3x_2$$
$$\text{s. t.}\begin{cases}5x_1+7x_2\leqslant 35\\4x_1+9x_2\leqslant 36\\x_2\leqslant 2\\x_1\leqslant 4\\x_1,x_2\geqslant 0\end{cases}$$

Sub3 的最优解为

$$x_1=4,x_2=2,z=-14$$

Sub4

$$\min z=-2x_1-3x_2$$
$$\text{s. t.}\begin{cases}5x_1+7x_2\leqslant 35\\4x_1+9x_2\leqslant 36\\x_2\leqslant 2\\x_1\geqslant 5\\x_1,x_2\geqslant 0\end{cases}$$

Sub4 的最优解为

$$x_1=5,x_2=1\frac{3}{7},z=-14\frac{2}{7}$$

获得整数解,取得上界 $\bar{z}=-14$,停止分枝.

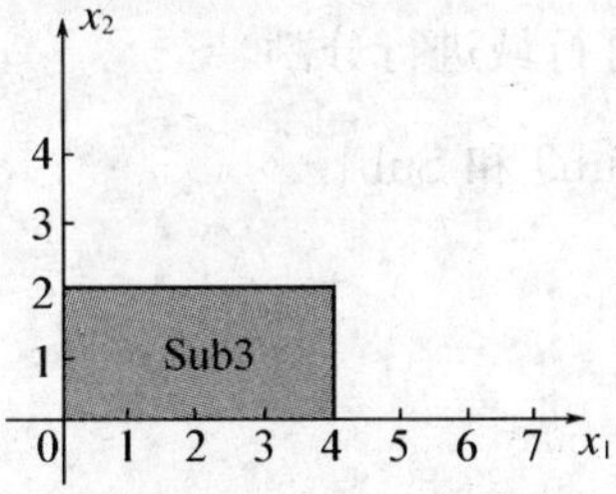

取 $x_2=1\frac{3}{7}$ 对可行域进行分割,得到子问题 Sub5 和 Sub6.

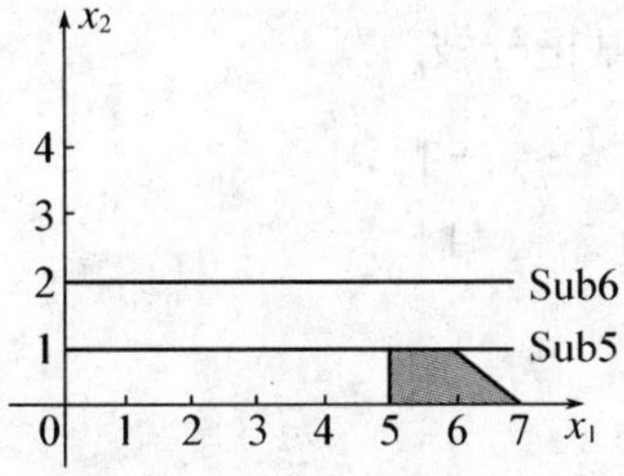

Sub5

$$\min z=-2x_1-3x_2$$
$$\text{s. t.}\begin{cases}5x_1+7x_2\leqslant 35\\4x_1+9x_2\leqslant 36\\x_2\leqslant 2\\x_1\geqslant 5\\x_2\leqslant 1\\x_1,x_2\geqslant 0\end{cases}$$

Sub5 的最优解为

$x_1=5\frac{3}{5}$,$x_2=1$,$z=-14\frac{1}{5}$

取 $x_1=5\frac{3}{5}$ 对可行域进行分割,得到子问题 Sub7 和 Sub8.

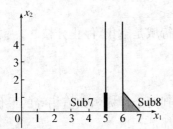

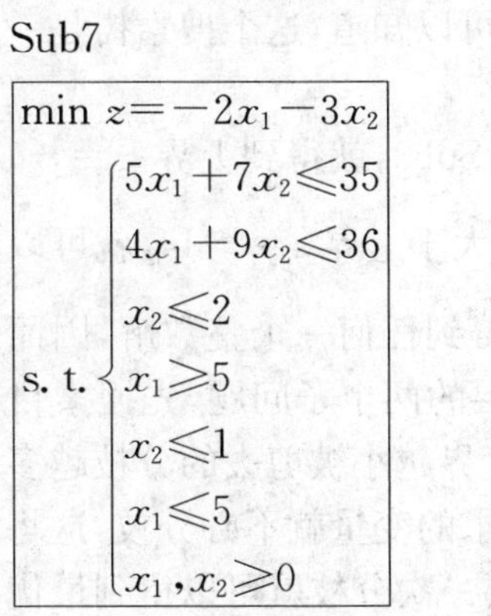

Sub6

$$\min z=-2x_1-3x_2$$
$$\text{s. t.}\begin{cases}5x_1+7x_2\leqslant 35\\4x_1+9x_2\leqslant 36\\x_2\leqslant 2\\x_1\geqslant 5\\x_2\geqslant 2\\x_1,x_2\geqslant 0\end{cases}$$

Sub6 的可行域是空集,停止分枝.

Sub7

$$\min z=-2x_1-3x_2$$
$$\text{s. t.}\begin{cases}5x_1+7x_2\leqslant 35\\4x_1+9x_2\leqslant 36\\x_2\leqslant 2\\x_1\geqslant 5\\x_2\leqslant 1\\x_1\leqslant 5\\x_1,x_2\geqslant 0\end{cases}$$

Sub8

$$\min z=-2x_1-3x_2$$
$$\text{s. t.}\begin{cases}5x_1+7x_2\leqslant 35\\4x_1+9x_2\leqslant 36\\x_2\leqslant 2\\x_1\geqslant 5\\x_2\leqslant 1\\x_1\geqslant 6\\x_1,x_2\geqslant 0\end{cases}$$

Sub7 的最优解为

$x_1=5, x_2=1, z=-13$

获得整数解,停止分枝.

由于 $z=-13>\bar{z}=-14$,
上界仍保持为 $\bar{z}=-14$.

Sub8 的最优解为

$x_1=6, x_2=\frac{5}{7}, z=-14\frac{3}{7}$

取 $x_2=\frac{5}{7}$ 对可行域进行分割,

得到子问题 Sub9 和 Sub10.

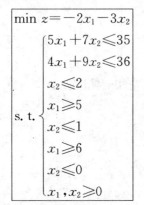

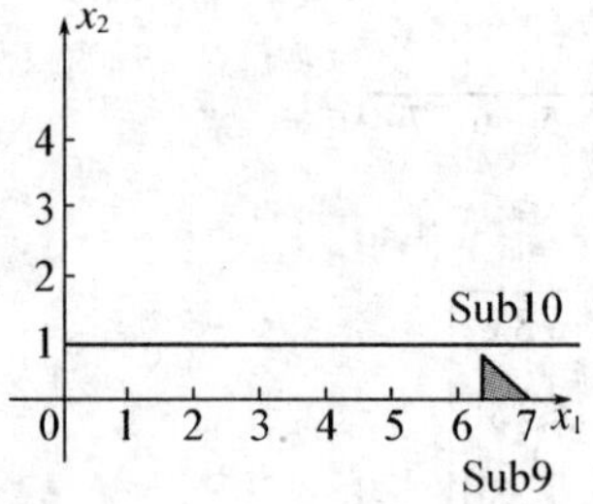

Sub9

$$\min z=-2x_1-3x_2$$
$$\text{s. t.}\begin{cases}5x_1+7x_2\leqslant 35\\4x_1+9x_2\leqslant 36\\x_2\leqslant 2\\x_1\geqslant 5\\x_2\leqslant 1\\x_1\geqslant 6\\x_2\leqslant 0\\x_1,x_2\geqslant 0\end{cases}$$

Sub9 的最优解为 $x_1=7, x_2=0, z=-14$,

获得整数解,$z=-14=\bar{z}=-14$,
上界仍为 $\bar{z}=-14$.

Sub10

$$\min z=-2x_1-3x_2$$
$$\text{s. t.}\begin{cases}5x_1+7x_2\leqslant 35\\4x_1+9x_2\leqslant 36\\x_2\leqslant 2\\x_1\geqslant 5\\x_2\leqslant 1\\x_1\geqslant 6\\x_2\geqslant 1\\x_1,x_2\geqslant 0\end{cases}$$

Sub10 的可行域是空集,停止分枝.

至此,已将所有可能分解的子问题都已分解到底,最后得到两个目标函数值相等的最优整数解:$(x_1,x_2)=(4,2)$ 和 $(x_1,x_2)=(7,0)$,他们的目标函数值都是 -14.

以上的搜索过程可以用一个树状图表示,由分枝定界算法可以知道,这个搜索树是一个二叉树.

不同的搜索策略会导致不同的搜索树,如果先搜索 Sub1~Sub3,就得到上界 $\bar{z}=-14$,然后再搜索 Sub2,就可以知道 Sub2 的目标函数值 $z=-13\frac{1}{2}$ 已经大于上界 $\bar{z}=-14$,就可以剪去 Sub2 以下所有的分枝. 如果先搜索 Sub1~Sub2,这时还没有得到任何一个整数解,因而还没有得到一个上界,因此 Sub2 必须继续分枝. 一般情况下,同一层的两个子问题,先搜索目标函数比较小的比较有利,因为这样可能得到数值比较小的上界,上界越小被剪去的分枝越多.

分枝定界算法对于混合整数规划特别有效,对没有整数要求的变量就不必分枝,这将大大减少分枝的数量. 在以上的例子中,如果 x_2 没有整数限制,只要一次分枝就可以得到最优解.

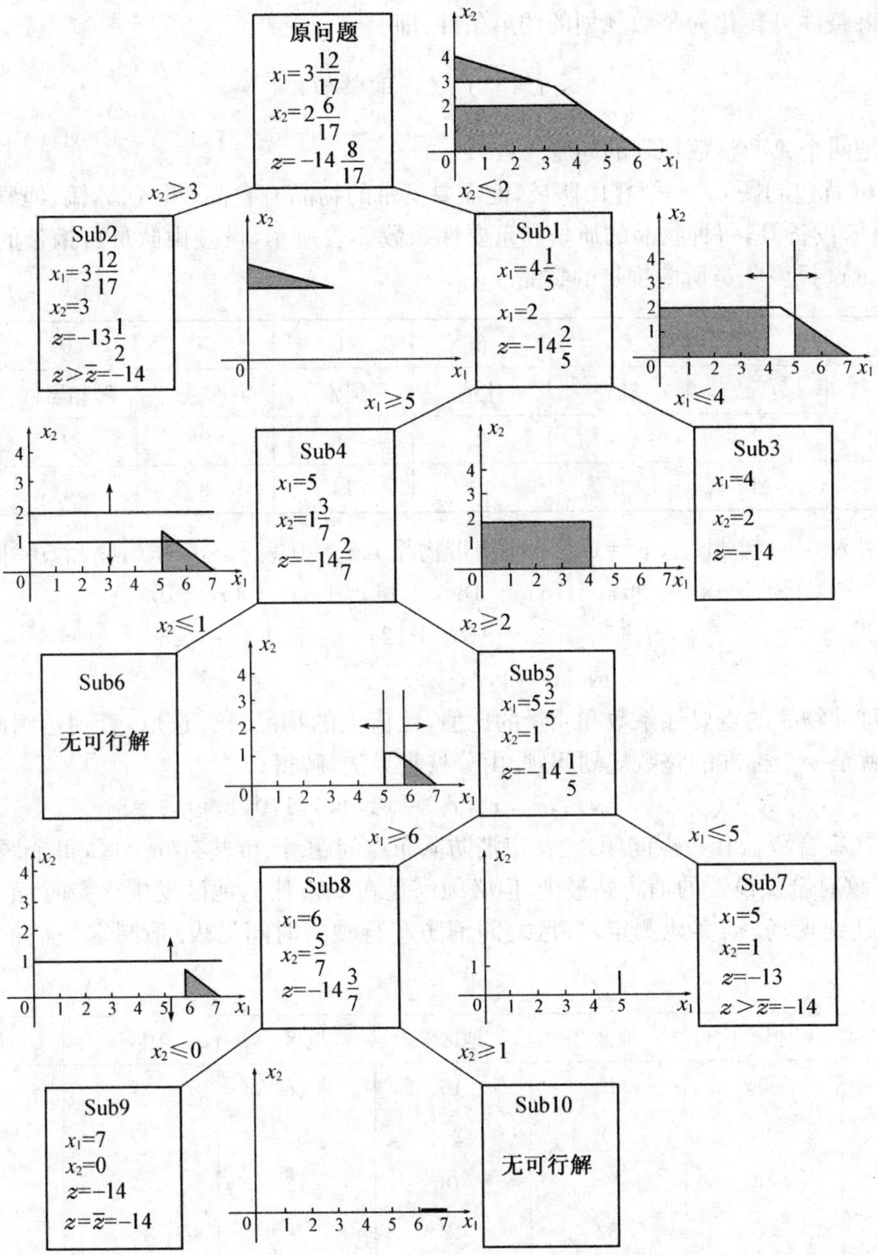

§4.4 整数规划应用

整数规划应用中最常见的是 0－1 型整数规划，它是整数规划中的特殊情形，它的变量仅可取值 0 或 1，这时的变量 x_i 称为 0－1 变量，或称为二进制变量.

0－1 型整数规划中 0－1 变量作为逻辑变量(logical variable)，常被用来表示系统是否处于某一特定状态，或者决策时是否取某个方案.

$$x_i=\begin{cases}1,\text{如果决策 } i \text{ 为“是”或“有”}\\0,\text{如果决策 } i \text{ 为“否”或“无”}\end{cases}$$

上式的约束条件可转化为整数规划的约束条件，即

$$\text{s. t.}\begin{cases}x_i\leqslant 1\\x_i\geqslant 0\end{cases}(x_i\ \text{取整数})$$

下面是两个典型整数规划的问题.

例 4.6（背包问题）　一个登山队员，他需要携带的物品有食品、氧气、冰镐、绳索、帐篷、照相器材、通信设备等，每种物品的质量和重要性系数如表所示，设登山队员可携带的最大质量为 25 kg. 试选择该队员所应携带的物品.

序号	1	2	3	4	5	6	7
物品	食品	氧气	冰镐	绳索	帐篷	照相器材	通信设备
质量/kg	5		2	6	12	2	4
重要性系数	20	5	18	14	8	4	10

解　引入 0-1 变量 x_i，$x_i=1$ 表示应携带物品 i，$x_i=0$ 表示不应携带物品，$i=1,2,\cdots,7$.

$$\max z=20x_1+15x_2+18x_3+14x_4+8x_5+4x_6+10x_7$$

$$\text{s. t.}\begin{cases}5x_1+5x_2+2x_3+6x_4+12x_5+2x_6+4x_7\leqslant 25\\x_i=0\ \text{或}\ 1,i=1,2,\cdots,7\end{cases}$$

比较每种物品的重要性系数和质量的比值，比值大的物品首先选取，直到达到质量限制，上述问题就是一个标准的整数规划问题. 由分枝定界法，解得

$$\boldsymbol{X}=(x_1,x_2,x_3,x_4,x_5,x_6,x_7)=(1,1,1,1,0,1,1),z=81$$

例 4.7（集合覆盖和布点问题）　某市消防队布点问题. 该市共有 6 个区，每个区都可以建消防站，市政府希望设置的消防站最少，但必须满足在城市任何地区发生火警时，消防车要在 15 min 内赶到现场. 据实地测定，各区之间消防车行驶的时间见表. 请制定一个布点最少的计划.

	地区 1	地区 2	地区 3	地区 4	地区 5	地区 6
地区 1	0	10	16	28	27	20
地区 2	10	0	24	32	17	10
地区 3	16	24	0	12	27	21
地区 4	28	32	12	0	15	25
地区 5	27	17	27	15	0	14
地区 6	20	10	21	25	14	0

解　引入 0-1 变量 x_i，$x_i=1$ 表示在该区设消防站，$x_i=0$ 表示不设，$i=1,2,\cdots,6$.

$$\min z = x_1 + x_2 + x_3 + x_4 + x_5 + x_6$$

$$\text{s.t.}\begin{cases} x_1 + x_2 \geqslant 1 \\ x_1 + x_2 + x_6 \geqslant 1 \\ x_3 + x_4 \geqslant 1 \\ x_3 + x_4 + x_5 \geqslant 1 \\ x_4 + x_5 + x_6 \geqslant 1 \\ x_2 + x_5 + x_6 \geqslant 1 \\ x_i = 1 \text{ 或 } 0 \end{cases}$$

解得
$$\boldsymbol{X} = (x_1, x_2, x_3, x_4, x_5, x_6) = (0,1,0,1,0,0), z = 2$$

§4.5 指派问题

在现实生活中,有各种性质的指派问题(assignment problem).指派问题也是整数规划的一类重要问题.例如:有 n 项工作需要分配给 n 个人(或部门)来完成;有 n 项合同需要选择 n 个投标者来承包;有 n 个班级需要安排在各教室上课等.诸如此类问题,它们的基本要求是在满足特定的指派要求条件下,使指派方案的总体效果最佳.

1. 指派问题的数学模型

引入 0-1 变量 x_{ij}:

$$x_{ij} = \begin{cases} 1, \text{表示指派第 } i \text{ 个人完成第 } j \text{ 项工作} \\ 0, \text{表示不指派第 } i \text{ 个人完成第 } j \text{ 项工作} \end{cases}$$

用 c_{ij} 表示第 i 个人完成第 j 项工作所需的资源数,称之为效率系数(或价值系数).因此,指派问题的数学模型为

$$\min z = \sum_{i=1}^{n}\sum_{j=1}^{n} c_{ij} x_{ij}$$

$$\text{s.t.}\begin{cases} \sum_{j=1}^{n} x_{ij} = 1 \\ \sum_{i=1}^{n} x_{ij} = 1 \\ x_{ij} = 0 \text{ 或 } 1 \end{cases}$$

因此,指派问题是线性规划问题,同时也是一类特殊的运输问题.

2. 匈牙利法的基本原理

效率矩阵:将指派问题中的效率系数 c_{ij} 排成一个 $n \times n$ 矩阵,称为效率矩阵.

定理 1 设指派问题的效率矩阵为 $\boldsymbol{C}$,若将该矩阵的某一行(或列)的各个元素都减去同一常数 t(t 可正可负),得到新的矩阵 $\boldsymbol{C}^*$,则以 $\boldsymbol{C}^*$ 为效率矩阵的新指派问题与原指派问题的最优解相同,但其最优值减少 t.

推论 1 若指派问题效率矩阵每一行及每一列分别减去各行及各列的最小元素,则得到的新指派问题与原指派问题有相同的最优解.

定义 1 在效率矩阵 $\boldsymbol{C}$ 中,有一组处在不同行不同列的零元素,称为独立零元素组,此时

其中每个零元素称为独立零元素.

例 4.8 已知

$$C=\begin{bmatrix}5&0&2&0\\2&3&0&0\\0&5&6&7\\4&8&0&0\end{bmatrix}$$

则$\{c_{12},c_{24},c_{31},c_{43}\}$是一个独立零元素组，$\{c_{12},c_{23},c_{31},c_{44}\}$也是一个独立零元素组.

再将$n\times n$个决策变量x_{ij}也排成一个$n\times n$矩阵$\boldsymbol{X}=(x_{ij})_{n\times n}$，称为决策变量矩阵，即

$$\boldsymbol{X}=\begin{bmatrix}x_{11}&x_{12}&\cdots&x_{1n}\\x_{21}&x_{22}&\cdots&x_{2n}\\\vdots&\vdots&\ddots&\vdots\\x_{n1}&x_{n2}&\cdots&x_{nn}\end{bmatrix}$$

根据以上分析，对$\boldsymbol{C}$中出现独立零元素的位置，在$\boldsymbol{X}$中令$x_{ij}=1$，其余取0值，就是指派问题的一个最优解，如上例

$$\boldsymbol{X}(1)=\begin{bmatrix}0&1&0&0\\0&0&0&1\\1&0&0&0\\0&0&1&0\end{bmatrix}\text{和}\ \boldsymbol{X}(2)=\begin{bmatrix}0&1&0&0\\0&0&1&0\\1&0&0&0\\0&0&0&1\end{bmatrix}$$

都是最优解.

但在有的问题中，发现效率矩阵中独立零元素的个数不到n个，这样就无法求到最优指派方案，需要作进一步的分析. 首先给出下述定理.

定理 2 效率矩阵$\boldsymbol{C}$中独立零元素的最多个数等于能覆盖所有零元素的最小直线数.

例 4.9 已知效率矩阵$\boldsymbol{C}_1,\boldsymbol{C}_2,\boldsymbol{C}_3$：

$$\boldsymbol{C}_1=\begin{bmatrix}5&0&2&0\\2&3&0&0\\0&5&6&7\\4&8&0&0\end{bmatrix},\boldsymbol{C}_2=\begin{bmatrix}5&0&2&0&2\\2&3&0&0&0\\0&5&5&7&2\\4&8&0&0&4\\0&6&3&6&5\end{bmatrix},\boldsymbol{C}_3=\begin{bmatrix}7&0&2&0&2\\4&3&0&0&0\\0&3&3&5&0\\6&8&0&0&4\\0&4&1&4&3\end{bmatrix}$$

分别用最少的直线去覆盖各自矩阵中的零元素.

可见，$\boldsymbol{C}_1$至少需要4根，$\boldsymbol{C}_2$至少需要4根，$\boldsymbol{C}_3$最少需要5根. 因此，它们的独立零元素个数分别为4，4，5.

3. 匈牙利法求解步骤

通过具体例题讲解求解步骤.

例 4.10 已知指派问题的效率矩阵如下，求解指派问题.

$$\boldsymbol{C}=\begin{bmatrix}2&15&13&4\\10&4&14&15\\9&14&16&13\\7&8&11&9\end{bmatrix}$$

解 第一步：变换效率矩阵，使指派问题的系数矩阵经过变换，在各行各列中都出现零元

素.具体做法:先将效率矩阵的各行减去该行的最小非零元素,再从所得系数矩阵中减去该列的最小非零元素.

$$\boldsymbol{C}=\begin{bmatrix}2&15&13&4\\10&4&14&15\\9&14&16&13\\7&8&11&9\end{bmatrix}\xrightarrow{\text{行变换}}\begin{bmatrix}0&13&11&2\\6&0&10&11\\0&5&7&4\\0&1&4&2\end{bmatrix}\xrightarrow{\text{列变换}}\begin{bmatrix}0&13&7&0\\6&0&6&9\\0&5&3&2\\0&1&0&0\end{bmatrix}=\boldsymbol{C}_1$$

这样得到的新矩阵中,每行每列都必然出现零元素.

第二步:用圈 0 法求出矩阵 $\boldsymbol{C}_1$ 中的独立零元素.

经第一步变换后,系数矩阵中每行每列都已有了独立零元素;但需要找出 n 个独立的零元素.若能找出,就以这些独立零元素对应的决策变量矩阵中的元素为 1,其余为 0,就得到了最优解.

当 n 较小时,可用观察法、试探法去找出 n 个独立零元素;若 n 较大时,就必须按照一定的步骤去找.常用的步骤如下:

(1) 从只有一个零元素的行(或列)开始,给这个零元素加圈,记作◎.这表示对这行所代表的人,只有一种任务可指派,然后画去◎所在列(行)的其他 0 元素,记 Ø,这表示这列所代表的任务已指派完,不必再考虑别人了.

(2) 给只有一个零元素列(行)的零元素加圈,记作◎.然后画去◎所在行(列)的其他零元素,记作 Ø.

反复进行(1)(2)两步,直到每一列都没有未被标记的零元素或至少有两个未被标记的零元素时止.

这时可能出现 3 种情形:

(1) 每一行均有圈零出现,圈 0 的个数 $m=n$.

(2) 存在未标记过的零元素,但它们所在的行和列中,未标记过的零元素均至少有两个.

(3) 不存在未被标记过的零元素,但圈 0 的个数 $m<n$.

$$\boldsymbol{C}_1=\begin{bmatrix}0&13&7&0\\6&0&6&9\\0&5&3&2\\0&1&0&0\end{bmatrix}\rightarrow\begin{bmatrix}\text{Ø}&13&7&0\\6&\text{◎}&6&9\\\text{◎}&5&3&2\\\text{Ø}&1&0&0\end{bmatrix}\rightarrow\begin{bmatrix}\text{Ø}&13&7&\text{◎}\\6&\text{◎}&6&9\\\text{◎}&5&3&2\\\text{Ø}&1&\text{◎}&\text{Ø}\end{bmatrix}=\boldsymbol{C}_2$$

第三步:进行试指派.

若情形(1)出现,则可进行指派:令圈 0 位置的决策变量取值为 1,其他决策变量的取值均为 0,得到一个最优指派方案,停止计算.

本例中得到 $\boldsymbol{C}_2$ 后,出现了情形(1),可令 $x_{14}=x_{22}=x_{31}=x_{43}=1$,其余 $x_{ij}=0$,即为最佳指派方案.

若情形(2)出现,则再对每行、每列中有两个未被标记过的 0 元素任选一个,加上标记,即圈上该零元素.然后给同行、同列的其他未被标记的零元素加标记"×".然后再进行行、列检验,可能出现情形(1)或(3).

若出现情形(3),则要转入下一步.

第四步:作最少直线覆盖当前所有的零元素(以例题说明).

例 4.11 某 5×5 指派问题效率矩阵如下,求解该指派问题.

$$C=\begin{bmatrix}12&7&9&7&9\\8&9&6&6&6\\7&17&12&14&9\\15&14&6&6&10\\4&10&7&10&9\end{bmatrix}$$

解 对 C 进行行、列变换，减去各行各列最小元素，得

$$C=\begin{bmatrix}12&7&9&7&9\\8&9&6&6&6\\7&17&12&14&9\\15&14&6&6&10\\4&10&7&10&9\end{bmatrix}\xrightarrow{\text{行变换}}\begin{bmatrix}5&0&2&0&2\\2&3&0&0&0\\0&10&5&7&2\\9&8&0&0&4\\0&6&3&6&5\end{bmatrix}\xrightarrow{\text{列变换}}\begin{bmatrix}5&0&2&0&2\\2&3&0&0&0\\0&10&5&7&2\\9&8&0&0&4\\0&6&3&6&5\end{bmatrix}=C_1$$

用圈 0 法对 C_1 进行行列检验，得到

$$\begin{bmatrix}5&\textcircled{0}&2&\varnothing&2\\2&3&\varnothing&\varnothing&\textcircled{0}\\\textcircled{0}&10&5&7&2\\9&8&\textcircled{0}&\varnothing&4\\\varnothing&6&3&6&5\end{bmatrix}=C_2$$

可见，C_2 中没有未被标记过的零元素，但圈 0 的个数 $m<n$，出现情形(3). 现在独立零元素的个数少于 n，不能进行指派，为了增加独立零元素的个数，需要对矩阵 C_2 进行进一步的变换，变换步骤如下：

(1) 对 C_2 中所有不含圈零元素的行打"√"，如第 5 行；

(2) 对打"√"的行中，所有零元素所在列打"√"，如第 1 列；

(3) 对所有打"√"列中圈零元素所在行打"√"，如第 3 行；

(4) 重复上述(2)(3)步，直到不能进一步打"√"为止.

对未打"√"的每一行画一直线，如 1，2，4 行，对已打"√"的列画一纵线，如第 1 列，即得到覆盖当前零元素的最少直线数，见 C_3.

$$C_2=\begin{bmatrix}5&\textcircled{0}&2&\varnothing&2\\2&3&\varnothing&\varnothing&\textcircled{0}\\0&10&5&7&2\\9&8&\textcircled{0}&\varnothing&4\\\varnothing&6&3&6&5\end{bmatrix}\rightarrow C_3=\begin{bmatrix}5&\textcircled{0}&2&\varnothing&2\\2&3&\varnothing&\varnothing&0\\\textcircled{0}&10&5&7&2\\9&8&\textcircled{0}&\varnothing&4\\\varnothing&6&3&6&5\end{bmatrix}$$

第 5 步：对矩阵 C_3 作进一步变换，增加零元素.

在未被直线覆盖过的元素中找出最小元素，将打"√"行的各元素减去这个最小元素，将打"√"列的各元素加上这个最小元素(以避免打"√"行中出现负元素)，这样就增加了零元素的个数.

对 C_3 进行变换，最小元素为 2，对打"√"的第 3，5 行各元素都减去 2，对打"√"的第 1 列各元素都加上 2，得到矩阵 C_4.

$$C_4=\begin{bmatrix}7&0&2&0&2\\4&3&0&0&0\\0&8&3&5&0\\11&8&0&0&4\\0&4&1&4&3\end{bmatrix}$$

第 6 步:对已增加了零元素的矩阵,再用圈 0 法找出独立零元素组.

即回到第 2 步,对 C_4 进行行检验及列检验,直到圈 0 的个数 $m=n$ 时止.

本题对 C_4 再用行列检验后为

$$C_4\rightarrow\begin{bmatrix}7&◎&2&\emptyset&2\\4&3&◎&\emptyset&\emptyset\\\emptyset&8&3&5&◎\\11&8&\emptyset&◎&4\\◎&4&1&4&3\end{bmatrix}=C_5$$

令决策变量矩阵中 $x_{12}=x_{24}=x_{35}=x_{43}=x_{51}=1$,其余 $x_{ij}=0$,即得解.

4. 非标准形式的指派问题

(1) 最大化指派问题

设最大化指派问题系数矩阵 $C=(c_{ij})_{n\times n}$ 中最大元素为 m,令矩阵 $B=(b_{ij})_{n\times n}$,$b_{ij}=m-c_{ij}$,则以 B 为系数矩阵的最小化指派问题和以 C 为系数矩阵的原最大化问题有相同最优解.

(2) 人数和事数不等的指派问题

若人多事少,则添上一些虚拟的"事",费用系数取 0,理解为这些费用实际上不会发生. 反之,添上一些虚拟的"人",费用系数同样取 0.

(3) 一个人可做几件事的指派问题

将该人化作相同的几个"人"来指派. 这几个人做同一件事的费用系数都一样.

(4) 某事一定不能由某人做的指派问题

此时将相应的费用系数取作足够大的数 M.

例 4.12 有 4 种机械要分别装在 4 个工地,它们在 4 个工地的工作效率不同. 问:应如何指派安排,才能使 4 台机械发挥总的效率最大? 效率表如下:

机器	工地			
	甲	乙	丙	丁
Ⅰ	30	25	40	32
Ⅱ	32	35	30	36
Ⅲ	35	40	34	27
Ⅳ	28	43	32	38

解 由表知:$\max c_{ij}=c_{42}=43$. 所以,$b_{ij}=43-c_{ij}$.

$$B=\begin{bmatrix}13&18&3&11\\11&8&13&7\\8&3&9&16\\15&0&11&5\end{bmatrix}\xrightarrow{\text{行变换}}\begin{bmatrix}10&15&0&8\\4&1&6&0\\5&0&6&13\\15&0&11&5\end{bmatrix}\xrightarrow{\text{列变换}}\begin{bmatrix}6&15&0&8\\0&1&6&0\\1&0&6&13\\11&0&11&5\end{bmatrix}$$

$$\begin{bmatrix} 6 & 15 & 0 & 8 \\ 0 & 1 & 6 & 0 \\ 1 & 0 & 6 & 13 \\ 11 & 0 & 11 & 5 \end{bmatrix} \xrightarrow{\text{圈0打勾覆盖增0}} \begin{bmatrix} 6 & 16 & ⓪ & 8 \\ 0 & 2 & 6 & ⓪ \\ ⓪ & 0 & 5 & 12 \\ 10 & ⓪ & 10 & 4 \end{bmatrix}$$

令 $x_{13}=x_{24}=x_{31}=x_{42}=1$，其余取 0，得到最佳指派方案.

习题

1. 分别用割平面法和分枝定界法求以下整数规划问题.

$$\max z=x_1+4x_2$$
$$\text{s. t.}\begin{cases}14x_1+42x_2\leqslant 196\\ -x_1+2x_2\leqslant 5\\ x_1,x_2\geqslant 0\end{cases}$$

2. 用分枝定界法求解以下混合整数规划问题.

$$\max z=3x_1+7x_2$$
$$\text{s. t.}\begin{cases}2x_1+3x_2\leqslant 12\\ -x_1+x_2\leqslant 2\\ x_1,x_2\geqslant 0\\ x_1\text{ 为整数}\end{cases}$$

3. 求解以下整数规划问题.

$$\max z=65x_1+80x_2+30x_3$$
$$\text{s. t.}\begin{cases}2x_1+3x_2+x_3\leqslant 5\\ x_1,x_2,x_3\geqslant 0\\ x_1,x_2,x_3\text{ 为整数}\end{cases}$$

4. 某集装箱运输公司，箱型标准体积 24 m^3，质量 13 t. 现有两种货物可以装运，甲货物体积 5 m^3，质量 2 t，每件利润 2 000 元；乙货物体积 4 m^3，质量 5 t，每件利润 1 000 元. 问：如何装运获利最多？

5. 已知效率矩阵 $\begin{bmatrix} 7 & 9 & 10 & 12 \\ 13 & 12 & 16 & 17 \\ 15 & 16 & 14 & 15 \\ 11 & 12 & 15 & 16 \end{bmatrix}$，求解指派问题.

6. 已知效率矩阵 $\begin{bmatrix} 3 & 8 & 2 & 10 & 3 \\ 8 & 7 & 2 & 9 & 7 \\ 6 & 4 & 2 & 7 & 5 \\ 8 & 4 & 2 & 3 & 5 \\ 9 & 10 & 6 & 9 & 10 \end{bmatrix}$，求解指派问题.

第五章

图　论

图论是应用十分广泛的运筹学分支，它用图形描述对象之间的关系，并研究这些关系之间的内在规律，现已广泛地应用于控制论、信息论、科学管理及计算机等各个领域. 本章主要介绍图论中的最短路、最小生成树、最大流及最小费用最大流等基本问题.

§5.1　图的基本概念

现实世界中许多对象之间的关系都可以用图形来描述. 先看两个例子：

例 5.1　一个群体中有赵、钱、孙、李、周、吴、郑七人，为了说明彼此之间是否相互认识，我们用 $v_1,v_2,v_3,v_4,v_5,v_6,v_7$ 分别代表这七人，规定相互认识的两人就用连线连接两点，则可得到“人际关系图”[图 5-1(a)]. 图中清楚地反映了群体中每个人的人际关系：v_1 与 v_2,v_3 有连线，而与 v_4,v_5,v_6,v_7 没有连线，这说明赵认识孙和钱，却不认识李、周、吴、郑四人.

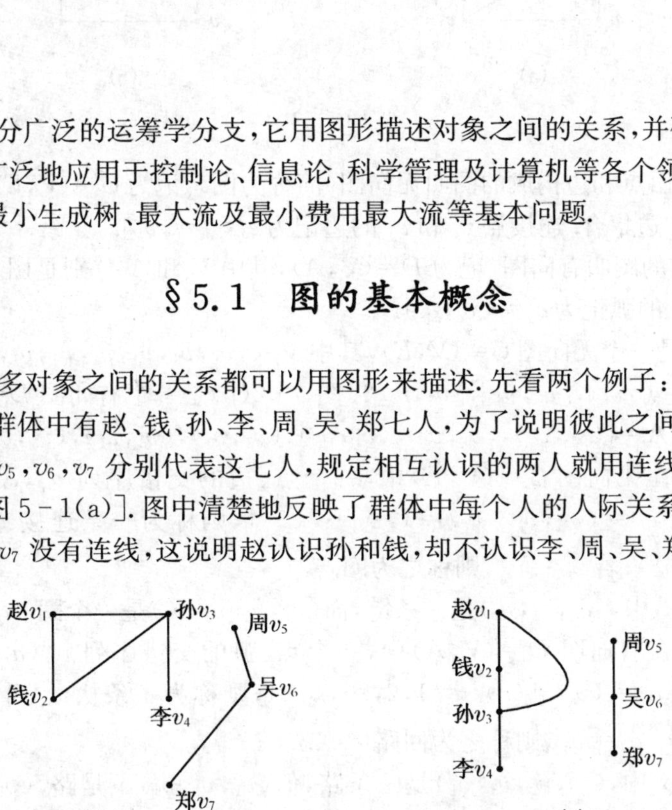

(a)　(b)

图 5-1

例 5.2　一项比赛有甲、乙、丙、丁、戊五只球队参加，为了说明球队的比赛情况，我们用 v_1,v_2,v_3,v_4,v_5 分别代表这五个队，规定已经比过赛的球队就用连线相连两点，则可得到图 5-2(a)，v_1 与 v_2 有连线说明甲队与乙队已经比赛过. 如果想进一步表示球队之间的胜负情况，我们可用获胜球队指向另一队的有向线段相连，则可得到图 5-2(b)，v_1 指向 v_2 说明甲队赢了乙队.

从以上两个例子可以看出，用点及点与点之间的连线所构成的图来反映实际生活中某些对象之间的特定关系是非常方便的. 通常用点代表研究的对象(例如城市、球队、人或商品等)，用点与点之间的连线表示这两个对象之间有特定的关系. 因此，一个图是由一些点及一些点之间(有箭头或无箭头)的连线所组成的. 为区别起见，通常把两点之间有箭头的连线称为弧，而把两点之间无箭头的连线称为边.

另外,在一般情况下图中点与点的相对位置如何、点与点之间的连线长短曲直,对于反映对象之间关系的图而言并不重要.如例1中反映七人相互认识关系的图既可以用图5-1(a)表示,也可以用图5-1(b)表示,两者并无本质区别.

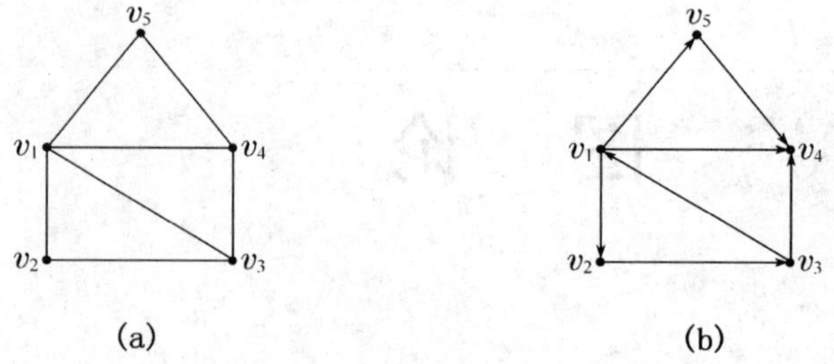

图5-2

定义5.1.1 由点和边构成的图叫无向图(简称为图),记为$G=(V,E)$,其中V和E分别是图G的点集合和边集合.连接点v_i和v_j的边记为$e_i=[v_i,v_j]$.

由点和弧构成的图叫有向图,记为$D=(V,A)$,其中V和A分别是图D的点集合和弧集合.从点v_i指向v_j的弧记为$a_i=(v_i,v_j)$.

例如图5-1是一个无向图$G=(V,E)$,其中$V=\{v_1,v_2,v_3,v_4,v_5,v_6,v_7\}$,$E=\{[v_1,v_2],[v_1,v_3],[v_2,v_3],[v_3,v_4],[v_5,v_6],[v_6,v_7]\}$.图5-2(b)是一个有向图$D=(V,A)$,其中$V=\{v_1,v_2,v_3,v_4,v_5\}$,$A=\{(v_1,v_2),(v_1,v_4),(v_1,v_5),(v_2,v_3),(v_3,v_1),(v_3,v_4),(v_5,v_4)\}$.

定义5.1.2 在无向图$G=(V,E)$中,一个点、边的交错序列$v_{i_1},e_{i_1},v_{i_2},e_{i_2},\cdots,v_{i_{k-1}},e_{i_{k-1}},v_{i_k}$,如果满足$e_{i_t}=(v_{i_t},v_{i_{t+1}})$,$t=1,2,\cdots,k-1$,则称为一条连接$v_{i_1}$到$v_{i_k}$的链,记为$(v_{i_1},v_{i_2},\cdots,v_{i_{k-1}},v_{i_k})$;若$v_{i_1}=v_{i_k}$,则称之为圈.

例如图5-1(a)中,(v_1,v_2,v_3)是一条链,而(v_1,v_2,v_3,v_1)是一个圈.

定义5.1.3 在有向图$D=(V,A)$中,一个点、弧的交错序列$v_{i_1},a_{i_1},v_{i_2},a_{i_2},\cdots,v_{i_{k-1}},a_{i_{k-1}},v_{i_k}$,如果满足$a_{i_t}=(v_{i_t},v_{i_{t+1}})$,$t=1,2,\cdots,k-1$,则称为一条从$v_{i_1}$到$v_{i_k}$的路,记为$(v_{i_1},v_{i_2},\cdots,v_{i_{k-1}},v_{i_k})$;若$v_{i_1}=v_{i_k}$,则称之为回路.

例如图5-2(b)中,(v_1,v_2,v_3,v_4)是一条路,但(v_1,v_4,v_3)不是路,(v_1,v_2,v_3,v_1)是一条回路.

定义5.1.4 在图G中,若任何两个不同的点之间,至少存在一条链,则称G是连通图,否则称为不连通图.

例如图5-1是不连通图,而图5-2(a)是连通图.

定义5.1.5 在$G=(V,E)$中,如果图$G'=(V',E')$满足$V=V'$,$E'\subseteq E$,则$G'=(V',E')$是$G=(V,E)$的生成子图.

简单地说,保留图G中的所有点,而去掉部分G中某些边而得到的图就是图G的生成子图G'.

§5.2 树

5.2.1 树与最小生成树

在各式各样的图中，有一类图是极其简单却又是很有用的，这就是树. 树是图论中一个很重要的概念.

定义 5.2.1 一个无圈的连通图称为树.

例如，图 5-3 中，图(a,b)都不是树，而图(c)是树.

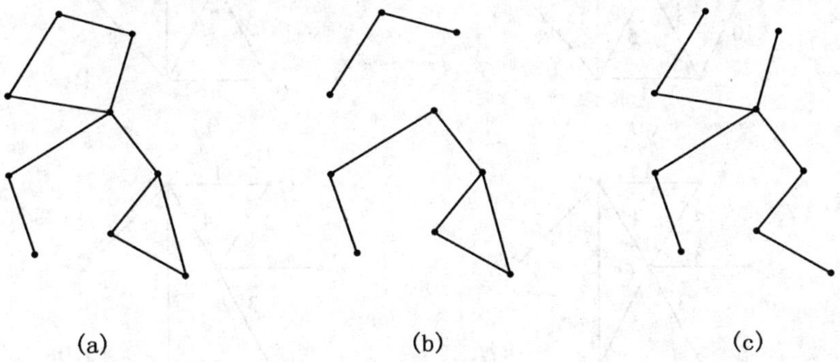

图 5-3

定理 5.2.1 图 G 是树的充分必要条件是任意两个点之间恰有一条链.

由定理 5.2.1 可以推出如下结论：(1) 从一个树中任意去掉一条边，则余下的图是不连通的. 因此，在点集合相同的所有图中，树是含边数最少的连通图；(2) 在树中不相邻的两个点之间添上一条边，则恰好得到一个圈.

定义 5.2.2 若图 G 的生成子图 G' 是一个树，则称图 G' 是图 G 的生成树.

例如，图 5-3 中，图(b)是图(a)的生成子图但不是生成树，而图(c)是图(a)的生成树.

定理 5.2.2 图 G 有生成树的充分必要条件是图 G 是连通图.

在实际应用中，我们往往对图 G 的每一条边$[v_i, v_j]$赋予相应的一个数 $\overline{\omega}_{ij}$，称这样的图 G 为赋权图，$\overline{\omega}_{ij}$ 称为边$[v_i, v_j]$上的权. 这里所说的“权”，是指与边有关的数量指标，根据实际问题的需要，可以赋予它不同的含义，例如表示距离、时间、费用等.

定义 5.2.3 在图 G 的全部生成树中，所有边的权数之和为最小的生成树，称为图 G 的最小生成树.

5.2.2 最小生成树的破圈算法

破圈算法具体如下：

(1) 在给定的赋权的连通图(若不是连通图，则由定理 5.2.2 可知，不存在生成树)上任找一个圈；

(2) 在所找的圈中去掉一条权数最大的边(如果有两条或两条以上的边都是权数最大的边，则任意去掉其中一条)；

(3) 如果所余下的图已不含圈，则算法结束，余下的图即为最小生成树，否则返回步骤(1).

下面通过一个例子来说明破圈法求解最小生成树问题的具体过程.

例 5.3 某大学准备对所属的 7 个二级学院办公室进行计算机联网,这个网络的可能连通的途径如图 5-4(a)所示.

图中 $v_1,\cdots,v_7$ 表示 7 个二级学院的办公室,图中的边为可能联网的途径,边上的数值为这条路线所需的网线长度(单位:百米).请设计一个网络能连通这 7 个办公室,并且使总的网线长度最短.

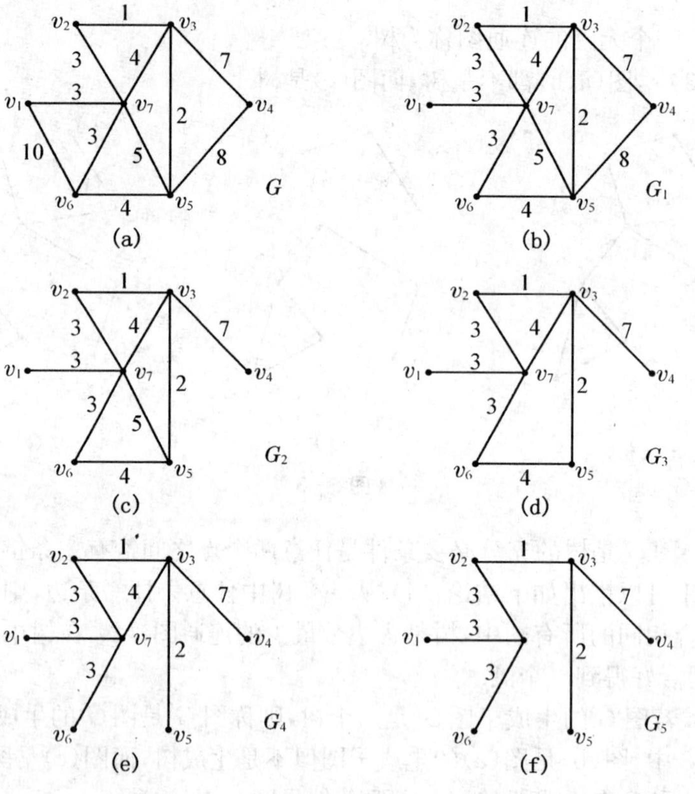

图 5-4

解 此问题实际上是求图 5-4(a)中 G 的最小生成树.我们采用破圈法,具体求解过程如下:

(1) 在图 5-4(a)中任找一个圈(v_1,v_6,v_7,v_1),此圈的边$[v_1,v_6]$的权数 $\overline{\omega}_{16}=10$ 为最大,去掉边$[v_1,v_6]$,得图 5-4(b).

(2) 在图 5-4(b)中任找一个圈(v_3,v_4,v_5,v_7,v_3),此圈的边$[v_4,v_5]$的权数 $\overline{\omega}_{45}=8$ 为最大,去掉边$[v_4,v_5]$,得图 5-4(c).

(3) 在图 5-4(c)中任找一个圈(v_2,v_3,v_5,v_7,v_2),此圈的边$[v_5,v_7]$的权数 $\overline{\omega}_{57}=5$ 为最大,去掉边$[v_5,v_7]$,得图 5-4(d).

(4) 在图 5-4(d)中任找一个圈(v_3,v_5,v_6,v_7,v_3),此圈的边$[v_3,v_7]$,$[v_5,v_6]$的权数 $\overline{\omega}_{37}=\overline{\omega}_{56}=4$ 为最大,去掉边$[v_5,v_6]$(或去掉边$[v_3,v_7]$),得图 5-4(e).

(5) 在图 5-4(e)中只有一个圈(v_2,v_3,v_7,v_2),此圈的边$[v_3,v_7]$的权数 $\overline{\omega}_{37}=4$ 为最大,去掉边$[v_3,v_7]$,得图 5-4 中的图 5-4(f).

(6) 在图 5-4(f)中已无圈,破圈法结束.可知,图 5-4(f)即为图 5-4(a)的最小生成树,总权数等于 19.

因此,该大学可按图 5-4(f)设计计算机网络,且所需网线长度最短为 19 百米.

§5.3 最短路问题

上节我们讨论了从赋权的无向图中寻找最小生成树的问题,同样,也可以对赋权的有向图作类似的讨论.

对图 $D=(V,A)$的每一条弧(v_i,v_j)赋予相应的一个数 c_{ij},这样的图 D 也称为赋权图,c_{ij} 称为弧(v_i,v_j)上的权.如果我们在赋权的有向图 $D=(V,A)$中指定一点为发点,记为 v_s,指定另一点为收点,记为 v_t,其余的点称为中间点,并把 D 中的每一条弧(v_i,v_j)的权数 c_{ij} 称为弧的容量,则又把这样的赋权有向图称为网络.

最短路问题是对一个赋权的有向图 D 中指定的两个点 v_s 和 v_t,找到一条从 v_s 到 v_t 的路 P,使得路 P 上所有弧的权数之和最小,这样的路 P 称为从 v_s 到 v_t 的最短路,最短路上所有弧的权数之和称为从 v_s 到 v_t 的距离.显然,图 D 中从 v_s 到 v_t 的距离与从 v_t 到 v_s 的距离不一定相等.

当图 D 中的每条弧的权数 $c_{ij}\geqslant 0$ 时,可用 Dijkstra 算法求解从 v_s 到 v_t 的最短路.Dijkstra 算法是目前公认最好的方法,又称双标号法.所谓双标号,就是对图中点 v_j 规定两个标号(l_j,k_j),l_j 用以表示从 v_s 到 v_j 的最短路的距离,k_j 用以表示从 v_s 到 v_t 的最短路 P 上 v_j 前面一个零点的标号.此算法是由 Dijkstra 于 1959 年提出来的,其基本思想如下:

(1) 给发点 v_s 标号$(0,s)$,表示从 v_s 到 v_s 的距离为 0,v_s 为发点.

(2) 找出已标号的点的集合 I、没标号的点的集合 J 以及弧的集合$\{(v_i,v_j)\mid v_i\in I,v_j\in J\}$.

(3) 如果上述弧的集合是空集,则算法结束.此时有两种情况:如果 v_t 已标号(l_t,k_t),则从 v_s 到 v_t 的距离即为 l_t,而从 v_s 到 v_t 的最短路,可以从 v_t 反向追踪到发点 v_s 而得到.如果 v_t 未标号,则不存在从 v_s 到 v_t 的(有向)路.

如果上述弧的集合不是空集,转到第(4)步.

(4) 对上述弧的集合中的每一条弧,计算 $s_{ij}=l_i+c_{ij}$,找出 s_{ij} 值最小的弧,不妨设为(v_c,v_d),给此弧的终点以双标号(s_{cd},c),返回第(2)步.

注意,在第(4)步中,若 s_{ij} 值最小的弧有多条,则既可以任选一条弧的终点进行标号,也可以都予以标号;若这些弧中的有些弧的终点为同一点,则此点应有多个双标号,以便最后可找到多条最短路.

例 5.4 求图 5-5(a)中 v_1 到 v_6 的最短路.

解 (1) 给发点 v_1 标号$(0,s)$,表示从 v_1 到 v_1 的距离为 0,v_1 为发点.

(2) 已标号点的集合 $I=\{v_1\}$,未标号点的集合 $J=\{v_2,v_3,v_4,v_5,v_6\}$,弧集合为$\{(v_1,v_2),(v_1,v_3),(v_1,v_4)\}$,并有 $s_{12}=l_1+c_{12}=0+3=3$,$s_{13}=0+c_{13}=2$,$s_{14}=0+c_{14}=5$,$\min(s_{12},s_{13},s_{14})=s_{13}=2$.给弧$(v_1,v_3)$的终点 v_3 标号(2,1)[图 5-5(b)],表示从 v_1 到 v_3 的距离为 2,从 v_1 到 v_3 的最短路中 v_3 的前面一个点是 v_1.

(3) $I=\{v_1,v_3\}$,$J=\{v_2,v_4,v_5,v_6\}$,弧集合为$\{(v_1,v_2),(v_1,v_4),(v_3,v_4)\}$,并有 $s_{34}=l_3+c_{34}=2+1=3$,$\min(s_{12},s_{14},s_{34})=s_{12}=s_{34}=3$.给弧$(v_1,v_2)$的终点 v_2 标号(3,1),给弧(v_3,v_4)

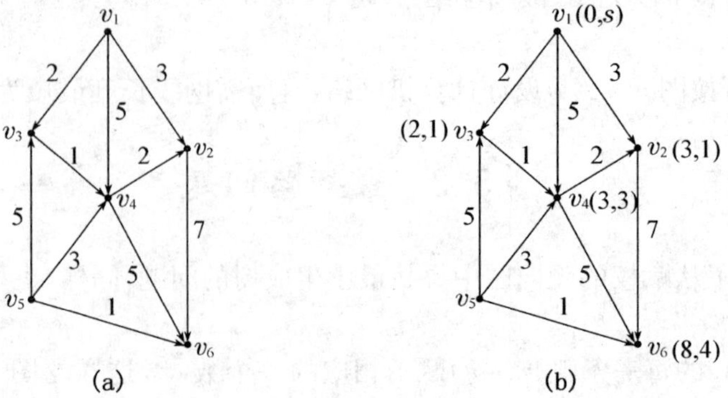

图 5-5

的终点 v_4 标号(3,3).

(4) $I=\{v_1,v_2,v_3,v_4\}$，$J=\{v_5,v_6\}$，弧集合为$\{(v_2,v_6),(v_4,v_6)\}$，并有 $s_{26}=l_2+c_{26}=3+7=10$，$s_{46}=l_4+c_{46}=3+5=8$，$\min(s_{26},s_{46})=s_{46}=8$. 给弧$(v_4,v_6)$的终点 v_6 标号(8,4).

(5) $I=\{v_1,v_2,v_3,v_4,v_6\}$，$J=\{v_5\}$，弧集合为$\varnothing$，Dijkstra 算法结束.

根据收点 v_6 的标号(8,4)知，从 v_1 到 v_6 的距离是 8；从 v_1 到 v_6 的最短路 P 中 v_6 前面的一点是 v_4. 从 v_4 的标号(3,3)知 v_4 前面的一点是 v_3，从 v_3 的标号(2,1)知 v_3 前面的一点是 v_1. 因此，从 v_1 到 v_6 的最短路 P 为 $v_1\rightarrow v_3\rightarrow v_4\rightarrow v_6$.

事实上，根据图 5-5(b)中各点的标号，我们可以得到从 v_1 到图中各点 v_i 的距离及从 v_1 到各点 v_i 的最短路. 由于 v_5 没有标号，因此不存在从 v_1 到 v_5 的(有向)路.

如果把无向图 $G=(V,A)$的每一条边$[v_i,v_j]$都用方向相反的两条弧(v_i,v_j)和(v_j,v_i)代替，那么无向图 G 可看作是一个特殊的有向图. 这样，我们也就可以用 Dijkstra 算法来求无向图的最短路(链)问题，只需在 Dijkstra 算法中把弧集合$\{(v_i,v_j)\mid v_i\in I,v_j\in J\}$改成边集合$\{[v_i,v_j]\mid v_i\in I,v_j\in J\}$即可. 注意，弧是有方向的，而边是无方向的.

例 5.5 燃气公司准备在甲、乙两地沿公路铺设一条输气管道. 问：如何架设可使管道长度最短？图 5-6 给出了甲、乙两地间的交通图，图中的点 $v_1,v_2,\cdots,v_7$ 表示 7 个地名，v_1 为甲地，v_7 为乙地，点之间连线表示两地之间的公路，边的权数表示两地间公路的长度(单位：km).

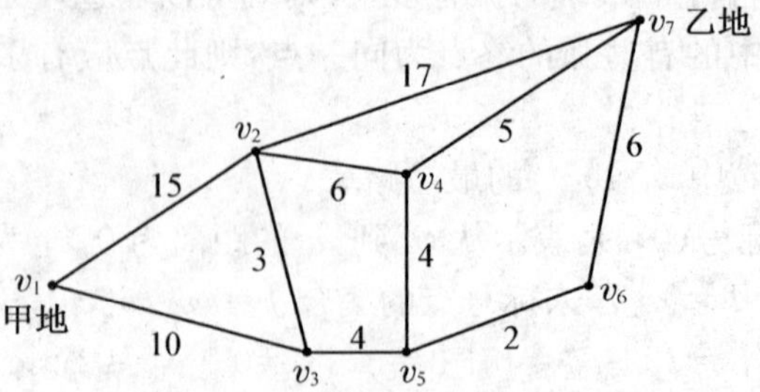

图 5-6

解 因为公路的距离与方向无关，所以两地间的输气管道最短或公路距离最短是一个无向图的最短路问题. 使用 Dijkstra 算法，具体过程如下：

(1) 给发点 v_1 标号$(0,s)$.

(2) 已标号点的集合 $I=\{v_1\}$,未标号点的集合 $J=\{v_2,v_3,v_4,v_5,v_6,v_7\}$,边集合为 $\{[v_1,v_2],[v_1,v_3]\}$,并有 $s_{12}=l_1+c_{12}=0+15=15$,$s_{13}=l_1+c_{13}=0+10=10$, $\min(s_{12},s_{13})=s_{13}=10$. 给边$[v_1,v_3]$的点 v_3 标号$(10,1)$,表示从 v_1 到 v_3 的距离为10,从 v_1 到 v_3 的最短路中 v_3 的前面一个点是 v_1.

(3) $I=\{v_1,v_3\}$,$J=\{v_2,v_4,v_5,v_6,v_7\}$,边集合$\{[v_1,v_2],[v_3,v_2],[v_3,v_5]\}$,并有 $s_{32}=l_3+c_{32}=10+3=13$,$s_{35}=l_3+c_{35}=10+4=14$,$\min(s_{12},s_{32},s_{35})=s_{32}=13$. 给边$[v_3,v_2]$的点 v_2 标号$(13,3)$.

(4) $I=\{v_1,v_2,v_3\}$,$J=\{v_4,v_5,v_6,v_7\}$,边集合$\{[v_2,v_4],[v_2,v_7],[v_3,v_5]\}$,并有 $s_{24}=l_2+c_{24}=13+6=19$,$s_{27}=l_2+c_{27}=13+17=30$,$\min(s_{24},s_{27},s_{35})=s_{35}=14$. 给边$[v_3,v_5]$的点 v_5 标号$(14,3)$.

(5) $I=\{v_1,v_2,v_3,v_5\}$,$J=\{v_4,v_6,v_7\}$,边集合$\{[v_2,v_4],[v_2,v_7],[v_5,v_4],[v_5,v_6]\}$,并有 $s_{54}=l_5+c_{54}=14+4=18$,$s_{56}=l_5+c_{56}=14+2=16$,$\min(s_{24},s_{27},s_{54},s_{56})=s_{56}=16$. 给边$[v_5,v_6]$的点 v_6 标号$(16,5)$.

(6) $I=\{v_1,v_2,v_3,v_5,v_6\}$,$J=\{v_4,v_7\}$,边集合$\{[v_2,v_4],[v_2,v_7],[v_5,v_4],[v_6,v_7]\}$,并有 $s_{67}=l_6+c_{67}=16+6=22$,$\min(s_{24},s_{27},s_{54},s_{67})=s_{54}=18$. 给边$[v_5,v_4]$的点 v_4 标号$(18,5)$.

(7) $I=\{v_1,v_2,v_3,v_4,v_5,v_6\}$,$J=\{v_7\}$,边集合$\{[v_2,v_7],[v_4,v_7],[v_6,v_7]\}$,并有 $s_{47}=l_4+c_{47}=18+5=23$,$\min(s_{27},s_{47},s_{67})=s_{67}=22$. 给边$[v_6,v_7]$的点 v_7 标号$(22,6)$.

(8) $I=\{v_1,v_2,v_3,v_4,v_5,v_6,v_7\}$,$J=\varnothing$,算法结束.

根据收点 v_7 的标号$(22,6)$知从 v_1 到 v_7 的距离是22;从 v_1 到 v_7 的最短路 P 中 v_7 前面的一点是 v_6,从 v_6 的标号$(16,5)$知 v_6 前面的一点是 v_5,从 v_5 的标号$(14,3)$知 v_5 前面的一点是 v_3,从 v_3 的标号$(10,1)$知 v_3 前面的一点是 v_1. 因此,从 v_1 到 v_7 的最短路 P 为 $v_1\to v_3\to v_5\to v_6\to v_7$. 从而,燃气公司应该按照 $v_1\to v_3\to v_5\to v_6\to v_7$ 沿公路铺设输气管道.

§5.4 网络最大流问题

许多系统中都涉及流量问题. 例如,公路系统中有车辆流、控制系统中有信息流、供水系统中有水流、金融系统中有现金流等. 对于这样一些包含了流量问题的系统,我们往往要求出系统的最大流量. 例如,某公路系统允许通过的最多车辆数、某供水系统的最大水流量等.

5.4.1 网络最大流的数学模型

网络最大流问题本质上是一个线性规划模型,下面通过一个具体例子来介绍基本概念.

例 5.6 某石油公司运用图 5-7 所示的管道网把石油从开采地 v_1 运送至销售点 v_6. 每一条弧(v_i,v_j)表示石油经这条弧由 v_i 输送至 v_j,弧旁的数字 c_{ij} 表示这条管道的最大输送能力(单位为万加仑每小

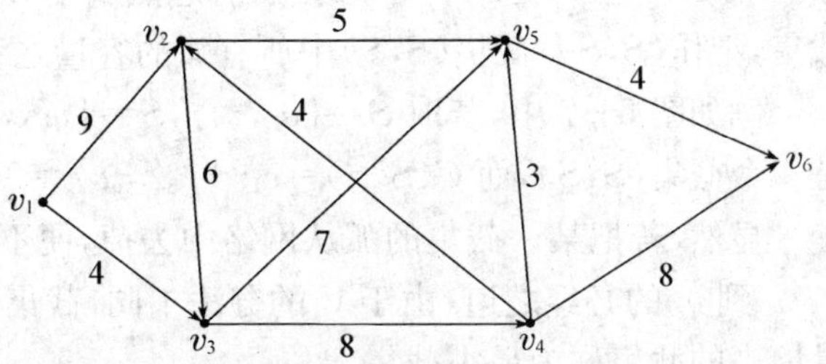

图 5-7

时)，如果使用这个管道系统输送石油，问：每小时最多能运送多少万加仑石油至销售点 v_6？

解 设每小时通过弧 (v_i, v_j) 的石油为 f_{ij} 万加仑，从开采地 v_1 运送至销售点 v_6 的石油总量为 v 万加仑. 显然，有

(1) $0 \leqslant f_{ij} \leqslant c_{ij}$；

(2) 从发点 v_1 运出的石油总量应等于流入收点 v_6 的石油总量 v，即

$$\sum_{(v_1, v_j) \in A} f_{1j} = \sum_{(v_j, v_6) \in A} f_{j6} = v$$

(3) 输送至中间点 $v_j (j \neq 1, 6)$ 的石油总量应等于从 v_j 输出的石油总量，即

$$\sum_{(v_i, v_j) \in A} f_{ij} - \sum_{(v_j, v_i) \in A} f_{ji} = 0$$

我们希望 v 取得最大值，本例等同于如下线性规划问题：

$$(\mathrm{L}) \begin{cases} \max v \\ \displaystyle\sum_{(v_i, v_j) \in A} f_{ij} - \sum_{(v_j, v_i) \in A} f_{ji} = \begin{cases} v, i = s \\ 0, i \neq s, t \\ -v, i = t \end{cases} \\ 0 \leqslant f_{ij} \leqslant c_{ij} \end{cases}$$

其中：A 为网络点的集合，v_s 为发点，v_t 为收点. 这就是网络最大流的数学模型.

一般的，在网络中我们把通过弧 (v_i, v_j) 的运量记作 $f(v_i, v_j)$ 或 f_{ij}，并称之为弧 (v_i, v_j) 上的流量(简称为流).

定义 5.4.1 线性规划问题(L)的一个可行解 $\{f_{ij}\}$ 网络的一个可行流，简记为 f，对应于可行流 f 的目标函数值记为 $v(f)$，称为可行流 f 的流量.

可行流总是存在的. 比如只要令所有弧的流量 $f_{ij}=0$，就得到一个可行流(称为零流)，零流的流量 $v(f)=0$.

由此可见，网络最大流问题就是要在给定的网络上，求一个可行流 $\{f_{ij}\}$，使其流量 $v(f)$ 达到最大. 它是一个特殊的线性规划问题，当然可以用单纯形法通过解问题(L)来得到网络最大流问题的解，但计算量过大. 我们将会看到，用图论的方法来解决最大流问题比线性规划的一般方法更简单、直观.

5.4.2 网络最大流的标号算法

为了方便叙述算法，我们先引入一些定义.

定义 5.4.2 对于网络 $D=(V, A)$，如果将 V 分为两个非空集合 S 和 $\bar{S}$ (即 $V=S \cup \bar{S}$，$S \cap \bar{S}=\varnothing$)，且 $V_s \in S, V_t \in \bar{S}$，则所有起点属于 S 而终点属于 $\bar{S}$ 的弧的集合，称为由 S 决定的截集，记作 $(S, \bar{S})$. 截集 $(S, \bar{S})$ 中所有弧的容量之和，称为该截集的容量，记为 $C(S, \bar{S})$.

例如图 5-7 中，若取 $S=\{v_1, v_3\}$，$\bar{S}=\{v_2, v_4, v_5, v_6\}$，则 $\{(v_1, v_2), (v_3, v_4), (v_3, v_5)\}$ 就是一个截集 $(S, \bar{S})$，而 $C(S, \bar{S})=c_{12}+c_{34}+c_{35}=9+7+8=24$.

显然，若把某一截集的弧从网络中去掉，便不存在从 v_s 到 v_t 的路. 所以直观上说，截集是从 v_s 到 v_t 的必经之道. 由于 V 的分法不同，截集也就不同，对应的截集容量也就不同，其中容量最小的截集称为最小截集.

定理 5.4.1(Ford-Fulkerson) 在任何网络中，最大流的流值等于最小截集的容量(证明

略).

在网络中,设 P 是一条从 v_s 到 v_t 的链,规定 P 的方向是从 v_s 到 v_t,则链 P 上与 P 方向相同的弧称为前向弧,与 P 方向相反的弧称为后向弧.前向弧和后向弧的全体分别记为 P^+ 和 P^-.

定义 5.4.3　设$\{f_{ij}\}$是网络的一个可行流,如果存在一条从 v_s 到 v_t 的链 P,满足:

(1) 在 P 上的所有前向弧(v_i,v_j)上,$f_{ij}<c_{ij}$;

(2) 在 P 上的所有后向弧(v_i,v_j)上,$f_{ij}>0$.

则称 P 是一条关于可行流$\{f_{ij}\}$的增广链.

在图 5-8 中,每条弧旁的数表示(c_{ij},f_{ij}).对于链 $P=v_1v_2v_5v_4v_6$,弧(v_1,v_2),(v_2,v_5),(v_4,v_6)是 P 上的前向弧,且 $f_{12}=3<9=c_{12}$,$f_{25}=3<5=c_{25}$,$f_{46}=2<8=c_{46}$.(v_4,v_5)是后向弧,且 $f_{45}=1>0$.所以,P 是一条增广链.

对于网络中的一个可行流$\{f_{ij}\}$,如果能找到增广链,则可以把$\{f_{ij}\}$调整为流量更大的另一可行流$\{f'_{ij}\}$,方法如下:令 $\theta_1=\min\{c_{ij}-f_{ij}\mid(v_i,v_j)\in P^+\}$(若无前向弧,则令 $\theta_1=+\infty$),$\theta_2=\min\{f_{ij}\mid(v_i,v_j)\in P^-\}$(若无后向弧,则令 $\theta_2=+\infty$),称 $\theta=\min\{\theta_1,\theta_2\}$为调整量.由此可定义流$\{f'_{ij}\}$如下:

$$f'_{ij}=\begin{cases}f_{ij}, & (v_i,v_j)\notin P\\ f_{ij}+\theta, & (v_i,v_j)\in P^+\\ f_{ij}-\theta, & (v_i,v_j)\in P^-\end{cases}$$

容易看出,$\{f'_{ij}\}$仍是可行流,其流量比$\{f_{ij}\}$的流量大 θ.

例如图 5-8 中,对于流$\{f_{ij}\}$我们已经得到了增广链 $P=v_1v_2v_5v_4v_6$,流量为 1.我们令 $\theta_1=\min\{9-3,5-3,8-2\}=2$,$\theta_2=\min\{1\}=1$,所以 $\theta=\min\{\theta_1,\theta_2\}=1$,在 P 上所有前向弧上的流均加上 1,后向弧上的流减去 1,其他弧上的流不变,就得到新的可行流$\{f'_{ij}\}$,其流量为 7,如图 5-9 所示.

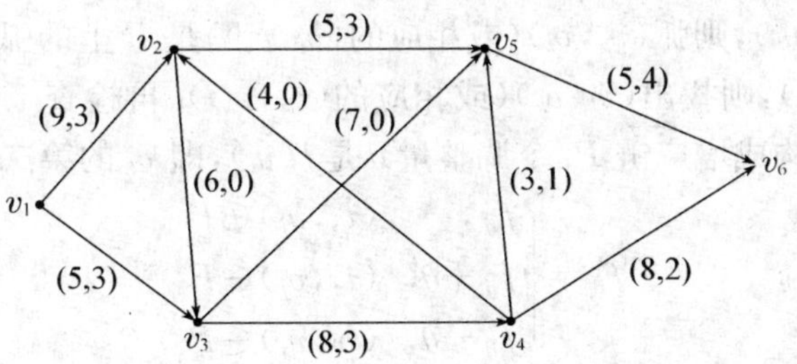

图 5-8

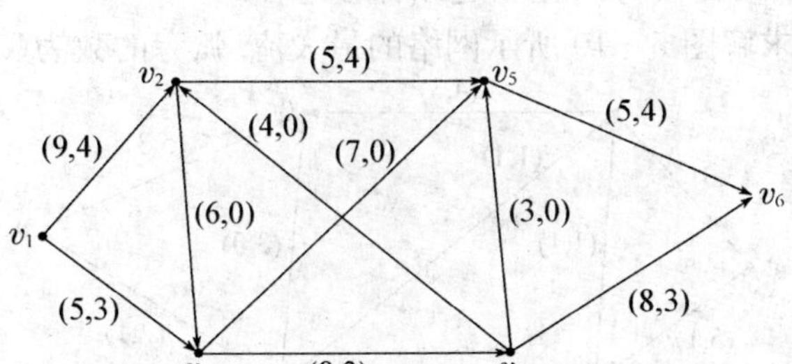

图 5-9

由此例可以看出，对于网络中的一个可行流$\{f_{ij}\}$，如果可求得增广链，则调整后就可求得新的可行流$\{f'_{ij}\}$，并使其流量增大. 反复这样做下去，直到网络中不存在增广链，就求得了网络的最大流. 实际上，我们有如下定理：

定理 5.4.2 可行流$\{f_{ij}\}$是网络最大流，当且仅当不存在关于$\{f_{ij}\}$的增广链.

下面详细介绍 Ford-Fulkerson 于 1956 提出的求网络最大流的标号法. 标号法从一个可行流出发（若网络中没有给定可行流$\{f_{ij}\}$，则可以设$\{f_{ij}\}$是零流），经过标号过程和调整过程，如果标号过程无法继续，就可得到最大流，同时也得到一个最小截集.

1. 标号过程

在这个过程中，网络中的点或者是标号点（又分为已检查和未检查两种），或者是未标号点. 每个点的标号包含两部分：第一部分表明它的标号是从哪一点得到的，以便找出增广链，第二部分是为了确定增广链的调整量.

首先给 v_s 标上$(0,+\infty)$，这时 v_s 是标号而未检查的点，其余都是未标号点. 一般的，任取一个标号而未检查的点 v_i，对一切未标号点 v_j：

(1) 若在弧(v_i,v_j)上，$f_{ij}<c_{ij}$，则给 v_j 标号$(v_i,l(v_j))$，其中 $l(v_j)=\min\{l(v_i),c_{ij}-f_{ij}\}$，这时 v_j 成为标号而未检查的点；

(2)若在弧(v_j,v_i)上，$f_{ji}>0$，则给 v_j 标号$(-v_i,l(v_j))$，其中 $l(v_j)=\min\{l(v_i),f_{ji}\}$，这时 v_j 成为标号而未检查的点.

于是 v_i 成为标号且已检查的点. 重复上述步骤，一旦 v_t 被标上号，表明得到一条从 v_s 到 v_t 的增广链 P，转入调整过程.

若所有标号都是已检查过的点，而标号过程进行不下去时，则算法结束，这时的可行流就是最大流.

2. 调整过程

首先按 v_t 及其他点的第一个标号，利用“反向追踪”的办法，找出增广链 P. 例如，设 v_t 的第一个标号为 v_k（或$-v_k$），则弧(v_k,v_t)（或相应的(v_t,v_k)）是 P 上的弧. 接下来检查 v_k 的第一个标号，若为 v_i（或$-v_i$），则找出(v_i,v_k)（或相应的(v_k,v_i)）. 再检查 v_i 的第一个标号，依次下去，这时被找出的弧就构成增广链 P. 令调整量 θ 是 $l(v_t)$，即 v_t 的第二个标号，令

$$f'_{ij}=\begin{cases} f_{ij}, & (v_i,v_j)\notin P \\ f_{ij}+\theta, & (v_i,v_j)\in P^+ \\ f_{ij}-\theta, & (v_i,v_j)\in P^- \end{cases}$$

去掉所有的标号，对新的可行流$\{f'_{ij}\}$重新进入标号过程.

例 5.7 用标号法求解图 5-10 所示网络的最大流. 弧旁的数为(c_{ij},f_{ij}).

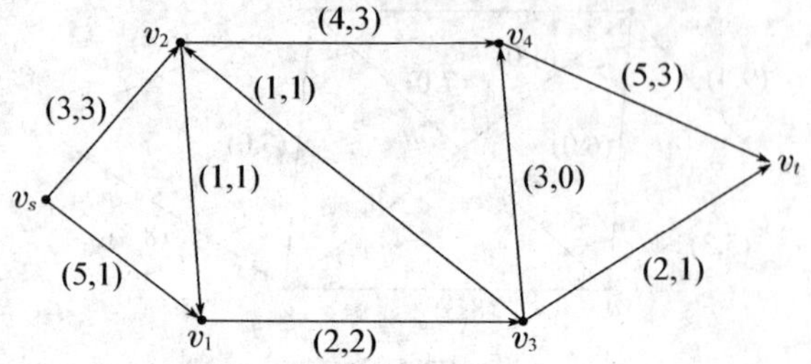

图 5-10

解　第一步:标号过程.

(1) 首先给 v_s 标上$(0,+\infty)$.

(2) 检查 v_s,在弧(v_s,v_2)上,$f_{s2}=c_{s2}$,不满足标号条件.在弧(v_s,v_1)上,$f_{s1}<c_{s1}$,则 v_1 的标号为$(v_s,4)$(因为 $l(v_1)=\min\{l(v_s),5-1\}=\min\{+\infty,4\}=4$).

(3) 检查 v_1,在弧(v_1,v_3)上,$f_{13}=c_{13}$,不满足标号条件.在弧(v_2,v_1)上,$f_{21}>0$,则 v_2 的标号为$(-v_1,1)$(因为 $l(v_2)=\min\{l(v_1),1\}=1$).

(4) 检查 v_2,在弧(v_2,v_4)上,$f_{24}<c_{24}$,则 v_4 的标号为$(v_2,1)$(因为 $l(v_4)=\min\{l(v_2),1\}=1$).在弧$(v_3,v_2)$上,$f_{32}>0$,则 v_3 的标号为$(-v_2,1)$(因为 $l(v_3)=\min\{l(v_2),1\}=1$).

(5) 在 v_3,v_4 中任选一个检查,例如在弧(v_3,v_t)上,$f_{3t}<c_{3t}$,则 v_t 的标号为$(v_3,1)$(因为 $l(v_t)=\min\{l(v_3),1\}=1$).

因为 v_t 有了标号,故转入调整过程.

第二步:调整过程.

按点的第一个标号反向追踪找到一条增广链 $P=v_sv_1v_2v_3v_t$,如图 5-11 中双箭头所示.

易见,$P^+=\{(v_s,v_1),(v_3,v_t)\}$,$P^-=\{(v_2,v_1),(v_3,v_2)\}$.按 $\theta=1$ 在 P 上调整$\{f_{ij}\}$得到新的可行流$\{f'_{ij}\}$:$f'_{s1}=f_{s1}+\theta=1+1=2$,$f'_{3t}=f_{3t}+\theta=1+1=2$,$f'_{21}=f_{21}-\theta=1-1=0$,$f'_{32}=f_{32}-\theta=1-1=0$,其余 f_{ij} 不变.如图 5-12 所示,对新的可行流$\{f'_{ij}\}$进入标号过程,寻找增广链.

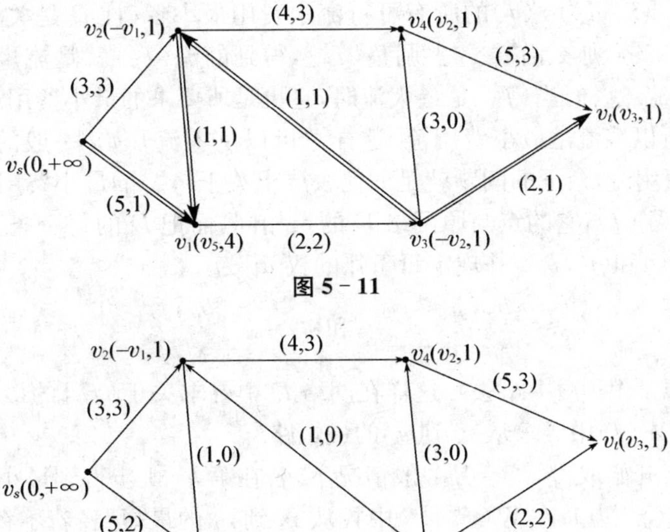

图 5-11

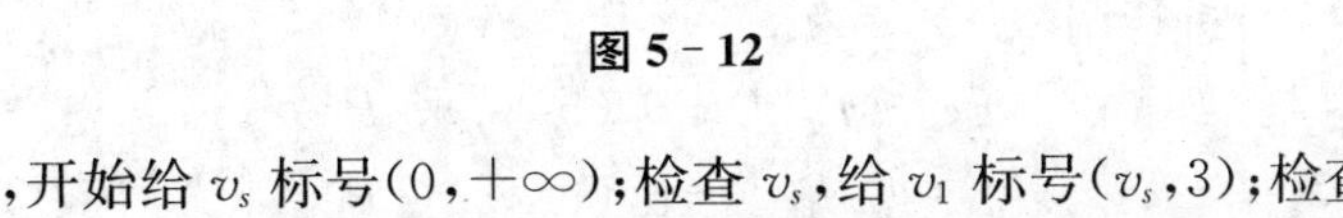

图 5-12

在图 5-12 中,开始给 v_s 标号$(0,+\infty)$;检查 v_s,给 v_1 标号$(v_s,3)$;检查 v_1,弧(v_1,v_3)上,$f_{13}=c_{13}$,弧(v_2,v_1)上,$f_{21}=0$,均不满足标号条件,标号过程无法继续,算法结束.这时可行流$\{f_{ij}\}$:$f_{s1}=3$,$f_{s2}=2$,$f_{13}=2$,$f_{21}=0$,$f_{24}=3$,$f_{32}=0$,$f_{34}=0$,$f_{3t}=2$,$f_{4t}=3$(图 5-12)即为所求最大流,流量为 $v(f)=f_{s1}+f_{s2}=f_{4t}+f_{3t}=5$.与此同时,可找到最小截集$(S,\bar{S})=\{(v_s,v_2),(v_1,v_3)\}$,其中 $S=\{v_s,v_1\}$,$\bar{S}=\{v_2,v_3,v_4,v_t\}$,它的容量也是 5.

5.4.3 最小费用最大流问题

在实际应用中,人们在获得网络最大流的同时,往往还会考虑“费用”多少的问题. 在网络中除了给定每条弧(v_i,v_j)的容量c_{ij}外,还给出了单位流量的费用$b(v_i,v_j)$(简记为b_{ij}). 所谓最小费用最大流问题,就是要求一个最大流$\{f_{ij}\}$,并使流的总运送费用

$$b(f)=\sum_{(v_i,v_j)\in A}b_{ij}f_{ij}$$

达到最小.

当沿着一条关于可行流$\{f_{ij}\}$的增广链P,以$\theta=1$调整$\{f_{ij}\}$得到新的可行流$\{f'_{ij}\}$时

$$\begin{aligned}b(f')-b(f)&=\sum_{(v_i,v_j)\in A}b_{ij}f'_{ij}-\sum_{(v_i,v_j)\in A}b_{ij}f_{ij}\\&=\sum_{(v_i,v_j)\in P^+}b_{ij}f'_{ij}+\sum_{(v_i,v_j)\in P^-}b_{ij}f'_{ij}-\left(\sum_{(v_i,v_j)\in P^+}b_{ij}f_{ij}\sum_{(v_i,v_j)\in P^-}b_{ij}f_{ij}\right)\\&=\sum_{(v_i,v_j)\in P^+}b_{ij}(f'_{ij}-f_{ij})+\sum_{(v_i,v_j)\in P^-}b_{ij}(f'_{ij}-f_{ij})\\&=\sum_{(v_i,v_j)\in P^+}b_{ij}-\sum_{(v_i,v_j)\in P^-}b_{ij}\end{aligned}$$

我们把 $\sum\limits_{(v_i,v_j)\in P^+}b_{ij}-\sum\limits_{(v_i,v_j)\in P^-}b_{ij}$ 叫作增广链P的“费用”.

可证明若$\{f_{ij}\}$是流量为$v(f)$的所有可行流中费用最小者,且P是关于$\{f_{ij}\}$的所有增广链中费用最小的增广链,那么沿着P去调整$\{f_{ij}\}$,得到的流$\{f'_{ij}\}$就是流量为$v(f')$的所有可行流中的最小费用流. 这样,当$\{f'_{ij}\}$是最大流时,它也是所要求的最小费用最大流.

注意,$b_{ij}\geqslant 0$,所以零流是最小费用流. 这样总可以从零流开始. 一般的,设已知$\{f_{ij}\}$是流量为$v(f)$的最小费用流,余下的问题就是如何去寻求关于$\{f_{ij}\}$的最小费用增广链. 为此,可构造一个赋权有向图$W(f)$:它的点与原网络D的点相同,而把D的每一条弧(v_i,v_j)变成两个方向相反的弧(v_i,v_j)和(v_j,v_i),并规定每条弧的权ω_{ij}为

$$\omega_{ij}=\begin{cases}b_{ij},f_{ij}\leqslant c_{ij}\\+\infty,f_{ij}=c_{ij}\end{cases}\text{和}\ \omega_{ji}=\begin{cases}-b_{ij},f_{ij}>0\\+\infty,f_{ij}=c_{ij}\end{cases}$$

(权为$+\infty$的弧可以从$W(f)$中略去). 这样在网络D中寻求关于$\{f_{ij}\}$的最小费用增广链就等价于在赋权有向图$W(f)$中寻求从v_s到v_t的最短路.

具体算法如下:开始取$\{f^{(0)}\}=0$. 一般情况下,若在第$k-1$步得到最小费用流$\{f^{(k-1)}\}$,则构造赋权有向图$W(f^{(k-1)})$,在$W(f^{(k-1)})$中找从v_s到v_t的最短路. 若不存在最短路(即最短路权是$+\infty$),则$\{f^{(k-1)}\}$就是最小费用最大流;若存在最短路,则在原网络中得到相应的增广链P,在P上对$\{f^{(k-1)}\}$进行调整. 令

$$f_{ij}^{(k)}=\begin{cases}f_{ij}^{(k-1)}+\theta,(v_i,v_j)\in P^+\\f_{ij}^{(k-1)}-\theta,(v_i,v_j)\in P^-\\f_{ij}^{(k-1)},\quad (v_i,v_j)\notin P\end{cases}$$

其中θ为调整量$\theta=\min\{\min\limits_{P^+}\{c_{ij}-f_{ij}^{k-1}\},\min\limits_{P^-}\{f_{ij}^{k-1}\}\}$,得到新的可行流$\{f^{(k)}\}$,再对$\{f^{(k)}\}$重复上述步骤.

例 5.8 求图 5-13 的最小费用最大流,弧旁数字为(b_{ij},c_{ij}).

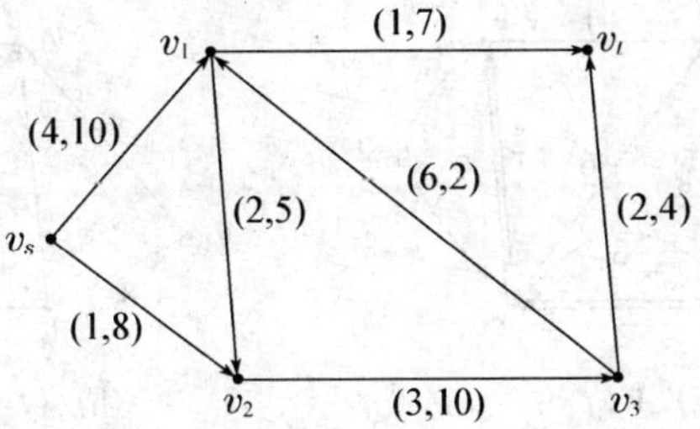

图 5－13

解　(1) 取$\{f^{(0)}\}=0$为初始可行流；

(2) 构造赋权有向图$W(f^{(0)})$，并求出从v_s到v_t的最短路$v_sv_2v_1v_t$，如图 5－14(a)所示；

(3) 在原网络中，与这条最短路相应的增广链为$P=v_sv_2v_1v_t$；

(4) 对P进行调整，$\theta=5$，得$\{f^{(1)}\}$，如图 5－14(b)所示.

按照上述算法依次得$\{f^{(2)}\}$，$\{f^{(3)}\}$，$\{f^{(4)}\}$，流量依次为 7，10，11；构造相应的赋权有向图$W\{f^{(1)}\}$，$W\{f^{(2)}\}$，$W\{f^{(3)}\}$，$W\{f^{(4)}\}$，如图 5－14 所示.

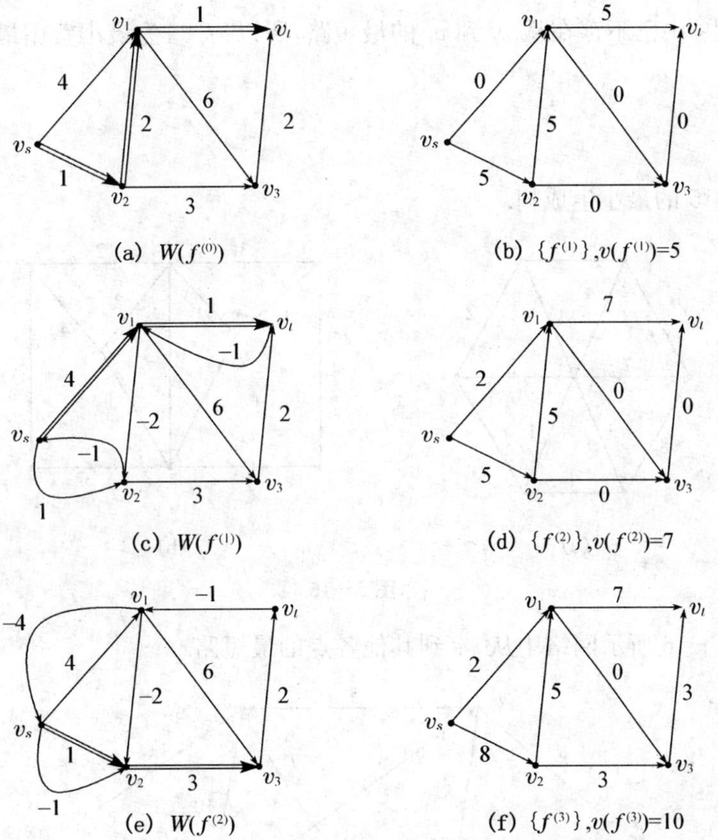

(a) $W(f^{(0)})$　　(b) $\{f^{(1)}\}, v(f^{(1)})=5$

(c) $W(f^{(1)})$　　(d) $\{f^{(2)}\}, v(f^{(2)})=7$

(e) $W(f^{(2)})$　　(f) $\{f^{(3)}\}, v(f^{(3)})=10$

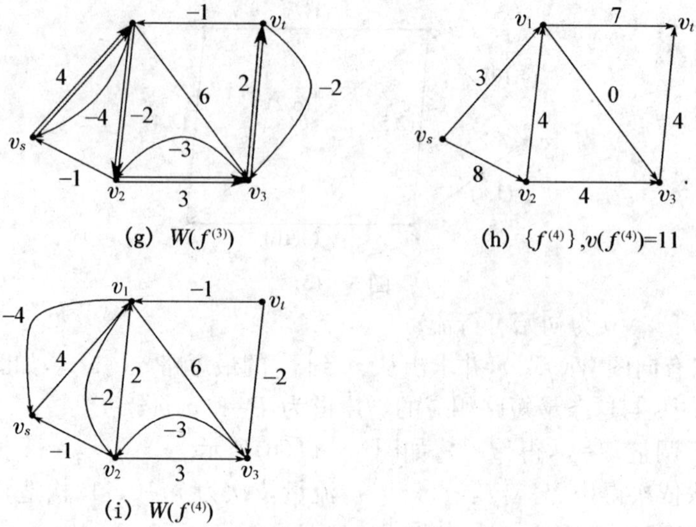

(g) $W(f^{(3)})$　　(h) $\{f^{(4)}\}, v(f^{(4)})=11$

(i) $W(f^{(4)})$

图 5 - 14

注意,$W\{f^{(4)}\}$中已不存在从 v_s 到 v_t 的最短路,所以$\{f^{(4)}\}$为最小费用最大流.

习题

1. 求图 5 - 15 的最小生成树.

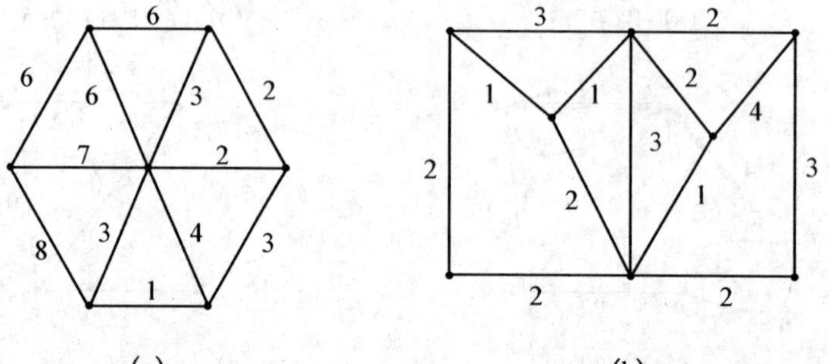

(a)　　(b)

图 5 - 15

2. 求如图 5 - 16 所示网络中从 v_1 到其他各点的最短路.

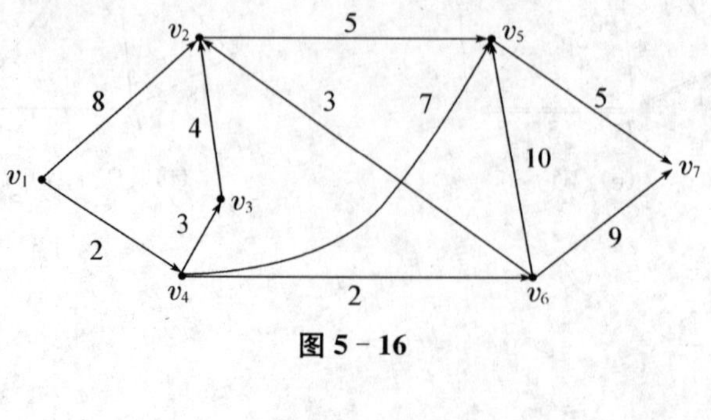

图 5 - 16

3. 某公司使用一台设备，在每年年初，公司就要决定是购买新的设备还是继续使用旧设备. 如果购置新设备，就需要支付一定的购置费，但新设备的维修费用就低. 如果继续使用旧设备，这样可省去购置费，但维修费用就高了. 现在需要制定一个五年之内的更新设备的计划，使得五年之内购置费和维修费总的支付费用最小. 这种设备每年年初的价格如下表：

年份	1	2	3	4	5
年初价格	11	11	12	12	13

还已知使用了不同年限的设备所需的维修费如下表：

使用年限	0～1	1～2	2～3	3～4	4～5
每年维修费用	5	6	8	11	18

4. 求图 5－17 所示网络的最大流.

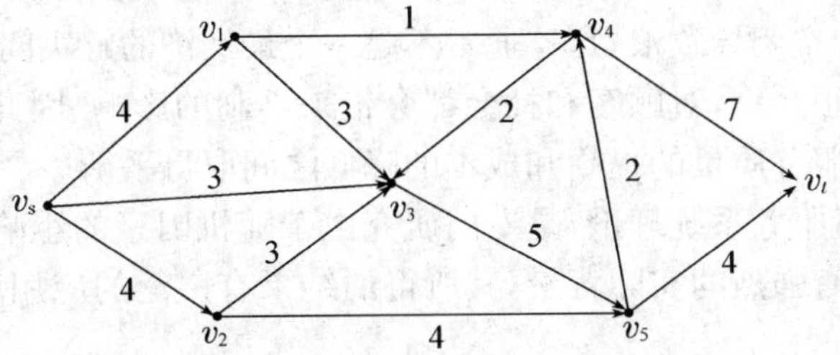

图 5－17

5. 某单位有一批商品要运送给客户，可能运送的路线如图 5－18 所示，各路线运送费用单价和运送能力（b_{ij}，c_{ij}）已标在图上. 问：应该如何组织运送，才能使该单位所花费的费用最小？

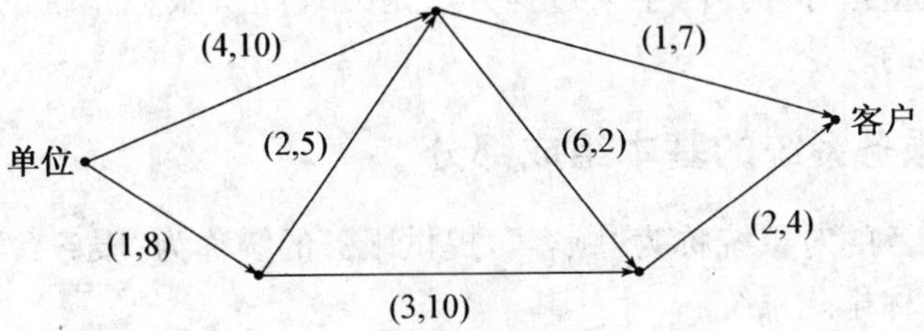

图 5－18

第六章

排队论

排队是日常工作和生活中经常遇到的现象，如病人去医院看病、顾客去售票处购票等常常要排队，出现排队是人们比较厌烦的，但是由于顾客到达和服务时间的随机性，排队现象又几乎是不可避免的. 当然增加服务设施(如医生、服务窗口等)能减少排队现象，但这样会增加投资且因供大于求使设施空闲导致浪费，这通常不是一个最经济的解决问题的办法. 如果服务设施太少，排队现象就会很严重，对顾客和社会都会带来不利的影响. 因此，作为管理人员来说，就要研究排队问题，在服务质量的提高和成本的降低之间取得平衡.

排队论也称为随机服务系统理论，是专门研究由于随机因素的影响而产生的排队现象的科学，它所研究的问题有强烈的实际背景，其所得的结果有广泛的应用. 本章只介绍排队论的基本理论和方法.

§6.1 随机服务系统概论

本节将介绍随机服务系统的基本组成部分、符号表示法以及在排队论中常用的几个概率分布及排队论一些数量指标. 另外，生灭过程方法是处理随机服务系统的一个重要方法，所以还简单介绍生灭过程的理论.

6.1.1 随机服务系统的基本组成部分

今后凡是要求服务的对象统称为“顾客”，提供服务的统称为“服务台”. 顾客与服务台构成一个随机服务系统或称排队系统.

一个排队系统能抽象地描述如下：为获得服务的顾客到达服务台前，服务台有空闲便立刻得到服务，若服务台不空闲，则需要等待服务台出现空闲时再接受服务. 服务完后离开服务台. 因此，排队系统模型可用图 6-1 表示.

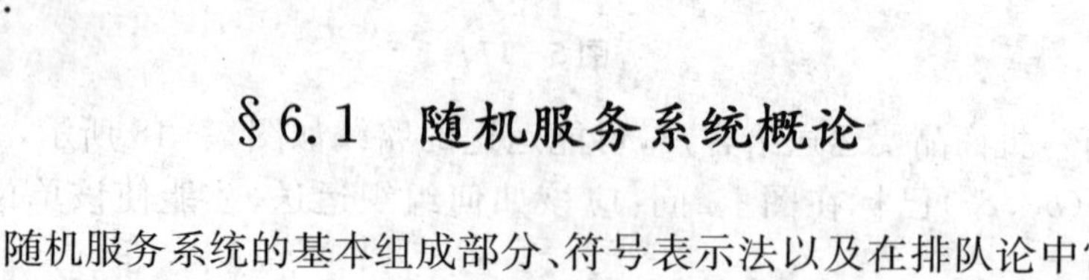

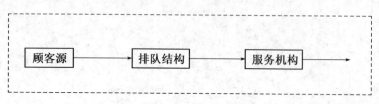

图 6-1 排队系统示意图

一个排队系统是由三个基本部分组成的:输入过程、排队规则及服务机构.

1. 输入过程

输入是指顾客到达排队系统.可能有下列各种不同情况,当然这些情况并不是彼此排斥的:

(1) 顾客的总体(称为顾客源)的组成可能是有限的,也可能是无限的.如到医院看病的病人可以认为总体是无限的,工厂内停机待修的机器显然是有限的总体.

(2) 顾客到来的方式可能是一个一个的,也可能是成批的(每批数量是随机的也有可能是确定的).例如到餐厅就餐就有单个到来的顾客和受邀请来参加宴会的成批顾客,我们将只研究单个到来的情形.

(3) 顾客相继到达的间隔时间可以是确定型的,也可以是随机型的.如在自动装配线上装配的各部件就必须按确定的时间间隔到达装配点.但一般到商店购物的顾客、到医院看病的病人等,它们的到达都是随机型的.对于随机型的情形,要知道单位时间内的顾客到达数或相继到达的间隔时间的概率分布.

(4) 顾客的到达可以是相互独立的.就是说,以前的到达情况对以后顾客的到来没有影响,否则是有关联的.我们主要讨论的是相互独立的情形.

2. 排队规则

(1) 顾客到达时,如所有服务台都正被占用,在这种情形下顾客可以随即离去也可以排队等候.随即离去的称为即时制或称损失制,因为这将失掉许多顾客;排队等候的称为等待制.

对于等待制,为顾客进行服务的次序可以采用下列各种规则:先到先服务、后到先服务、随机服务、有优先权的服务等.

(2) 从队列的数目看,可以是单列,也可以是多列.在多列的情形,各列间的顾客有的可以互相转移,有的不能(如用绳子或栏杆隔开).我们将只讨论各列间不能互相转移的情形.

3. 服务机构

(1) 服务机构是指服务台的数目,一个或多个.

(2) 多个服务台进行服务时,服务的方式是并联还是串联;常见的有单队—单服务台,单队—多服务台(并列)等情形.

(3) 和输入过程一样,服务时间也分确定型的和随机型的.自动冲洗(服务)的时间就是确定的,但大多数情形的服务时间是随机型的.对于随机型的服务时间,需要知道它的概率分布.

6.1.2 排队模型的符号表示

为了描述排队模型,D. K. Kendall 首先提出排队模型的记号方案:$X/Y/Z$.其中 X 处填写表示相继到达间隔时间的分布,Y 处填写表示服务时间的分布,Z 处填写并列的服务台数目.如 $M/M/1$ 表示相继到达间隔时间为负指数分布、服务时间负指数分布、单服务台的模型.

在 1971 年一次关于排队符号标准化会议上决定,用六个符号表示排队模型,$X/Y/Z/A/B/C$ 形式,其中前三项意义不变,A 处填写系统容量限制 N,B 处填写顾客源数目 M,C 处填写服务规则,如先到先服务 FCFS、后到先服务 LCFS 等.并且约定,如果略去后 3 项,即指 $X/Y/Z/\infty/\infty/$FCFS 的情形.在本书中,因只讨论先到先服务 FCFS 的情形,所以略去第六项.

6.1.3 负指数分布和泊松流

1. 负指数分布(记为 M)

一个随机变量 X,它的分布密度函数为

$$f(x)=\begin{cases}\lambda e^{-\lambda x}, x\geqslant 0\\ 0, x<0\end{cases} \quad (\lambda>0,\text{常数}) \tag{6.1}$$

则称 X 服从参数为$\frac{1}{\lambda}$的指数分布,又称 X 服从参数为$\frac{1}{\lambda}$的负指数分布,分布函数为

$$F(x)=\begin{cases}1-e^{-\lambda x}, & x\geqslant 0\\ 0, & x<0\end{cases}$$

X 的数学期望为 $E(X)=\frac{1}{\lambda}$,方差为 $D(X)=\frac{1}{\lambda^2}$.

负指数分布有重要应用,常用它作为各种"寿命"分布的近似. 例如无线电源器件的寿命、动物的寿命、电话问题中的通话时间等. 排队论中的服务时间和顾客到达间隔时间都常常假定服从负指数分布.

负指数分布 X 有一个重要性质,即无记忆或无后效性. 若把 X 解释为电子元件的寿命,无记忆性就是不论现在的年龄多大,剩余寿命的条件分布与原分布相同,不受已有年龄的影响,用概率公式表示为

$$P\{X>t+s|X>s\}=P\{X>t\}$$

反过来,连续型随机变量的分布函数中,只有负指数分布具有无记忆性.

2. 泊松流

用 $N(t)$ 表示 $(0,t]$ 时刻内到达的顾客人数.

令 $P_n(t_1,t_2)$ 表示在时间区间 $[t_1,t_2)$ $(t_2>t_1)$ 内有 $n(\geqslant 0)$ 个顾客到达这一随机事件的概率,即

$$P_n(t_1,t_2)=P\{N(t_2)-N(t_1)=n\}(t_2>t_1,n\geqslant 0)$$

当 $P_n(t_1,t_2)$ 满足下列三个条件时,我们说顾客的到达形成泊松流:

(1) 无后效性. 在不相重叠的时间区间内顾客到达是相互独立的.

(2) 平稳性. 对充分小的 Δt,在时间区间 $[t,t+\Delta t)$ 内有 1 个顾客到达的概率与 t 无关,而约与区间长 Δt 成正比,即

$$P_1(t,t+\Delta t)=\lambda\Delta t+o(\Delta t)$$

其中:$o(\Delta t)$ 是当 $\Delta t\to 0$ 时关于 Δt 的高阶无穷小;$\lambda>0$ 是常数,它表示单位时间有一个顾客到达的概率,称为概率强度.

(3) 普遍性. 在充分小的时间区间 Δt 内发生两个或两个以上的概率是比 Δt 高阶的无穷小量,即

$$P(\Delta t)=\sum_{k=2}^{\infty} P_k(t,t+\Delta t)=o(\Delta t)$$

在上述三个条件下,可以推出

$$P_k(t)=\frac{(\lambda t)^k}{k!}e^{-\lambda t}, k=0,1,2,\cdots \tag{6.2}$$

泊松流与负指数分布有着密切的关系，如果顾客到达的间隔时间相互独立并且服从同一负指数分布，则顾客到达就是泊松流.

6.1.4 生灭过程

1. 定义

现在定义排队论中常用到的一类随机过程——生灭过程.

定义 6.1.1 设有某个系统，具有状态集 $S=\{0,1,2,\cdots\}$，若系统的状态随时间 t 变化的过程 $\{N(t);t\geqslant 0\}$ 满足以下条件，则称为一个生灭过程.

设在时刻 t 系统处于状态 n 的条件下再经过长为 Δt（微小增量）的时间.

(1) 转移到 $n+1$ $(0\leqslant n<+\infty)$ 的概率为 $\lambda_n\Delta t+o(\Delta t)$；

(2) 转移到 $n-1(1\leqslant n<+\infty)$ 的概率为 $\mu_n\Delta t+o(\Delta t)$；

(3) 转移到 $s-\{n-1,n,n+1\}$ 的概率为 $o(\Delta t)$.

其中 $\lambda_n>0,\mu_n>0$ 是与 t 无关的固定常数.

若 S 仅包含有限个元素，$S=\{0,1,2,\cdots,k\}$，也满足以上条件，则称为有限状态生灭过程.

生灭过程的例子很多，例如，一地区人口数量的自然增减、细菌繁殖与死亡、服务台前顾客数量的变化都可看作或近似看作生灭过程模型.

2. 生灭过程稳态概率

现在来讨论系统在时刻 t 处于状态 n 的概率分布，就是求

$$P_n(t)=P(N(t)=n);n=0,1,2,\cdots;t\geqslant 0$$

设系统在时刻 $t+\Delta t$ 处于状态 n，这一事件可以分解为如下四个互不相容的事件之和：

(1)在时刻 t 处于状态 n，而在时刻 $t+\Delta t$ 仍处于状态 n，其概率为 $P_n(t)(1-\lambda_n\Delta t-\mu_n\Delta t)+o(\Delta t)$；

(2) 在时刻 t 处于状态 $n-1$，而在时刻 $t+\Delta t$ 处于状态 n，其概率为 $P_{n-1}(t)\lambda_{n-1}\Delta t+o(\Delta t)$；

(3) 在时刻 t 处于状态 $n+1$，而在时刻 $t+\Delta t$ 处于状态 n，其概率为 $P_{n+1}(t)\mu_{n+1}\Delta t+o(\Delta t)$；

(4) 在时刻 t 处于别的状态（即不是 $n-1,n,n+1$），而在时刻 $t+\Delta t$ 处于状态 n，其概率为 $o(\Delta t)$.

由全概率公式，有

$$P_n(t+\Delta t)=P_n(t)(1-\lambda_n\Delta t-\mu_n\Delta t)+P_{n-1}(t)\lambda_{n-1}\Delta t+P_{n+1}(t)\mu_{n+1}\Delta t+o(\Delta t)$$

类似的，对 $n=0$，有

$$P_0(t+\Delta t)=P_0(t)(1-\lambda_0\Delta t)+P_1(t)\mu_1\Delta t+o(\Delta t)$$

将上面诸式右边不含 Δt 的项移到左边，用 Δt 除两边，然后令 $\Delta t\to 0$，假设极限存在，就得到差分微分方程组：

$$\begin{cases}P_n'(t)=\lambda_{n-1}P_{n-1}(t)-(\lambda_n+\mu_n)P_n(t)+\mu_{n+1}P_{n+1}(t)\\P_0'(t)=-\lambda_0P_0(t)+\mu_1P_1(t)\end{cases}\tag{6.3}$$

解出这组方程，即可得到时刻 t 系统的状态概率分布 $\{P_n(t),n\in S\}$，即生灭过程的瞬时解. 一般说来，解方程组(6.3)比较困难.

假设当 $t\to\infty$ 时，$P_n(t)$ 的极限存在.

$$\lim_{t\to\infty}P_n(t)=P_n,\quad n=0,1,2,\cdots$$

同时可以证明

$$\lim_{t\to\infty}P'_n(t)=0,\quad n=0,1,2,\cdots$$

这样方程组(6.3)两边对 t 取极限并移项后，就得到线性方程组

$$\begin{cases}\lambda_nP_n-\mu_{n+1}P_{n+1}=\lambda_{n-1}P_{n-1}-\mu_nP_n,n=1,2,\cdots\\ \lambda_0P_0-\mu_1P_1=0\end{cases}$$

所以

$$\begin{aligned}\lambda_nP_n-\mu_{n+1}P_{n+1}&=\lambda_{n-1}P_{n-1}-\mu_nP_n\\ &=\lambda_{n-2}P_{n-2}-\mu_{n-1}P_{n-1}=\cdots=\lambda_0P_0-\mu_1P_1=0\end{aligned}$$

$$P_{n+1}=\frac{\lambda_n}{\mu_{n+1}}P_n=\frac{\lambda_n}{\mu_{n+1}}\frac{\lambda_{n-1}}{\mu_n}P_{n-1}=\cdots=\frac{\lambda_n\cdot\lambda_{n-1}\cdot\cdots\cdot\lambda_0}{\mu_{n+1}\cdot\mu_n\cdot\cdots\cdot\mu_1}P_0$$

假设

$$\sum_{n=0}^{\infty}\frac{\lambda_n\cdot\lambda_{n-1}\cdot\cdots\cdot\lambda_0}{\mu_{n+1}\cdot\mu_n\cdot\cdots\cdot\mu_1}<+\infty$$

由于 $\sum_{n=0}^{\infty}P_n=1$，就能解出

$$\begin{cases}P_0=\dfrac{1}{1+\sum\limits_{n=0}^{\infty}\dfrac{\lambda_n\cdot\lambda_{n-1}\cdot\cdots\cdot\lambda_0}{\mu_{n+1}\cdot\mu_n\cdot\cdots\cdot\mu_1}}\\ P_n=\dfrac{\lambda_{n-1}\cdot\lambda_{n-2}\cdot\cdots\cdot\lambda_0}{\mu_n\cdot\mu_{n-1}\cdot\cdots\cdot\mu_1}P_0,n=1,2,\cdots\end{cases}\tag{6.4}$$

这就是生灭过程在 $t\to\infty$ 时的状态概率. 在大多数实际问题中，当 t 很大时，系统会很快趋于统计平衡.

6.1.5 排队系统的数量指标

排队论模型是由一些数学公式和它们之间相互关系所组成的，从这些数学公式中我们可以求出排队系统的数量指标，这些指标刻画了排队系统运行的优劣情况. 其中一些重要的数量指标如下：

(1) 在系统里没有顾客的概率，即所有服务设施空闲的概率，记为 P_0；

(2) 排队的平均长度，即排队的顾客数，记为 L_q；

(3) 在系统里的平均顾客数，它包括排队的顾客数和正在接受服务的顾客数，记为 L_s；

(4) 一位顾客花在排队上的平均时间，记为 W_q；

(5) 一位顾客花在系统里的平均逗留时间，它包括排队时间和接受服务的时间，记为 W_s；

(6) 顾客到达系统时得不到及时服务，必须排队等待服务的概率，记为 P_w；

(7) 在系统里正好有 n 个顾客的概率，这 n 个顾客包括排队的和正在接受服务的顾客，记为 P_n.

§6.2 无限源的排队系统

这节假定顾客来源是无限的，顾客到达间隔时间服从负指数分布且不同的到达间隔时间

相互独立,每个服务台服务一个顾客的时间服从负指数分布,服务台的服务时间相互独立,服务时间与间隔时间相互独立.

6.2.1 $M/M/1/\infty/\infty$系统

$M/M/1/\infty/\infty$模型简记为$M/M/1$模型,是指适合下列条件的排队系统:

(1) 输入过程——顾客源是无限的,顾客单个到来,相互独立,一定时间的到达数服从泊松分布,到达过程已是平稳的.

(2) 排队规则——单队,且对队长没有限制,先到先服务.

(3) 服务机构——单服务台,各顾客的服务时间是相互独立的,服从相同的负指数分布.

设顾客流是参数为λ的泊松流,λ是单位时间内平均到达的顾客人数,即顾客到达的时间间隔相互独立并且服从期望为$\frac{1}{\lambda}$的负指数分布.服务一个顾客的服务时间服从参数为μ的负指数分布.平均服务时间为$\frac{1}{\mu}$,在服务台忙时,单位时间平均服务完的顾客数为μ.称$\rho=\frac{\lambda}{\mu}$为服务强度.

用$N(t)$表示在时刻t系统中顾客的数量(包括等待服务的和正在接受服务的顾客).我们先来证明系统$\{N(t);t\geqslant 0\}$为一个生灭过程.

由于顾客的到达是泊松流,参数为λ,故有

$$P_k(t)=\frac{(\lambda t)^k e^{-\lambda t}}{k!},\quad k=0,1,2,\cdots$$

则在长为Δt的时间内有一个顾客到达的概率为

$$P_1(\Delta t)=\lambda\Delta t e^{-\lambda\Delta t}=\lambda\Delta t\left(1-\lambda\Delta t+\frac{\lambda^2}{2!}\Delta t^2+\cdots\right)=\lambda\Delta t+o(\Delta t)$$

没有顾客到达的概率为

$$P_0(\Delta t)=e^{-\lambda\Delta t}=1-\lambda\Delta t+o(\Delta t)$$

有2个及2个以上顾客到达的概率为

$$\begin{aligned}\sum_{k=2}^{\infty}P_k(\Delta t) &= \sum_{k=0}^{\infty}P_k(\Delta t)-P_0(\Delta t)-P_1(\Delta t)\\ &=e^{-\lambda\Delta t}\sum_{k=0}^{\infty}\frac{(\lambda\Delta t)^k}{k!}-P_0(\Delta t)-P_1(\Delta t)\\ &=e^{-\lambda\Delta t}e^{\lambda\Delta t}-\lambda\Delta t-(1-\lambda\Delta t)+o(\Delta t)\\ &=o(\Delta t)\end{aligned}$$

在服务台忙时(总认为只要系统内有顾客,服务员就得进行服务),顾客接受服务完毕离开系统的间隔时间是独立的、参数为μ的负指数分布.所以在系统忙时,输出过程为一泊松流,参数为μ.于是当系统忙时,在Δt时间区间内1个顾客被服务完的概率为$\mu\Delta t+o(\Delta t)$,没有顾客被服务完的概率为$1-\mu\Delta t+o(\Delta t)$,两个或两个以上顾客被服务完的概率为$o(\Delta t)$,且$\mu$与系统的顾客数无关,与微小时间区间的起点无关.

对任意给定的$t(\geqslant 0)$,微小增量Δt,假设

$$P_{i,j}(\Delta t)=P\{N(t+\Delta t)=j\mid N(t)=i\},i\geqslant 0$$

先考虑$j=i+1$的情况,当$i\geqslant 1$时,

$P_{i,i+1}(\Delta t)=P\{\Delta t$ 时间内恰好到达 1 个顾客而没有顾客被服务完$\}+P\{\Delta t$ 时间内恰好有 k 个顾客到达且$(k-1)$个顾客被服务完$,k\geqslant 2\}$

$=\lambda\Delta t[1-\mu\Delta t+o(\Delta t)]+o(\Delta t)$

$=\lambda\Delta t+o(\Delta t)$

当 $i=0$ 时，

$P_{01}(\Delta t)=P\{N(t+\Delta t)=1|N(t)=0\}$

$=P\{\Delta t$ 时间内到达 1 个顾客$\}$

$=\lambda\Delta t+o(\Delta t)$

$P_{i,i-1}(\Delta t)=P\{N(t+\Delta t)=i-1|N(t)=i\}$

$=P\{\Delta t$ 内无顾客到达且恰好服务完 1 个顾客$\}+P\{\Delta t$ 内有 k 个顾客到达而且恰好服务完$(k+1)$个顾客$,k\geqslant 1\}$

$=(1-\lambda\Delta t+o(\Delta t))(\mu\Delta t+o(\Delta t))+o(\Delta t)$

$=\mu\Delta t+o(\Delta t)$

$P_{i,j}(\Delta t)=P\{N(t+\Delta t)=j|N(t)=i\}$

$=P\{\Delta t$ 内到达 k 个顾客而服务完$(i+k-j)$个顾客$,k\geqslant 2\}$

$=o(\Delta t),j>i+1$

$P_{i,j}(\Delta t)=P\{N(t+\Delta t)=j|N(t)=i\}$

$=P\{\Delta t$ 内到达 k 个顾客而服务完$(j-i+k)$个顾客$,k\geqslant 2\}$

$=o(\Delta t),j<i-1$

由以上结果，可知$\{N(t);t\geqslant 0\}$是一生灭过程，并且

$$\lambda_n=\lambda,n\geqslant 0$$
$$\mu_n=\mu,n\geqslant 1$$

由生灭过程求平稳解公式 (6.4)，得

(1)
$$P_n=\frac{\lambda_{n-1}\cdot\lambda_{n-2}\cdot\cdots\cdot\lambda_0}{\mu_n\cdot\mu_{n-1}\cdot\cdots\cdot\mu_1}P_0=\left(\frac{\lambda}{\mu}\right)^nP_0=\rho^nP_0 \tag{6.5}$$

由假设 $\rho=\dfrac{\lambda}{\mu}<1$，则

(2)
$$P_0=\frac{1}{\sum_{n=0}^{\infty}\left(\frac{\lambda}{\mu}\right)^n}=1-\rho \tag{6.6}$$

从而平稳分布为 $P_n=(1-\rho)\rho^n,n\geqslant 0$.

$P_0=1-\rho$ 是排队系统中没有顾客的概率，也就是服务台空闲的概率，而 ρ 恰好是服务台忙的概率.

(3) 用 N_s 表示在统计平稳下系统的顾客数，平均队长 L_s 是 N_s 的数学期望

$$\begin{aligned}L_s=E(N_s)&=\sum_{n=0}^{\infty}nP_n=\sum_{n=0}^{\infty}n(1-\rho)\rho^n\\&=(\rho+2\rho^2+3\rho^3+\cdots)-(\rho^2+2\rho^3+3\rho^4+\cdots)\\&=\rho+\rho^2+\rho^3+\cdots\\&=\frac{\rho}{1-\rho}\end{aligned} \tag{6.7}$$

(4) 用 N_q 表示在统计平衡时系统的排队顾客数，平均排队顾客数是 N_q 的期望

$$L_q = E(N_q) = \sum_{n=1}^{\infty}(n-1)P_n = \sum_{n=0}^{\infty}nP_n - \sum_{n=1}^{\infty}P_n$$
$$= \sum_{n=0}^{\infty}nP_n - (1-P_0) = L_s - (1-P_0) \tag{6.8}$$
$$= \frac{\rho}{1-\rho} - \rho = \frac{\rho^2}{1-\rho}$$

(5) 当一个顾客进入系统时，系统中已有 n 个顾客的概率为 P_n，每个顾客的平均服务时间为 $\frac{1}{\mu}$，所以他平均等待时间为 $n\cdot\frac{1}{\mu}$. 故平均等待时间 W_q 为

$$W_q = \sum_{n=0}^{\infty}n\cdot\frac{1}{\mu}P_n = \frac{1}{\mu}\sum_{n=0}^{\infty}nP_n = \frac{1}{\mu}L_s = \frac{\rho}{\mu(1-\rho)} = \frac{\lambda}{\mu(\mu-\lambda)} \tag{6.9}$$

(6) 顾客在系统内的平均逗留时间 W_s 等于平均等待时间加上平均服务时间

$$W_s = W_q + \frac{1}{\mu} = \frac{\lambda}{\mu(\mu-\lambda)} + \frac{1}{\mu} = \frac{1}{\mu-\lambda} \tag{6.10}$$

平均队长 L_s、平均等待队长 L_q、平均逗留时间 W_s、平均等待时间 W_q 等是排队系统的重要特征. 这些指标反映了排队系统的服务质量，是顾客及排队系统设计者关心的几个指标. 由式(6.7～6.10)，得到这四个指标之间的关系：

$$\begin{cases} L_s = \lambda W_s \\ L_q = \lambda W_q \\ W_s = W_q + \dfrac{1}{\mu} \\ L_s = L_q + \dfrac{\lambda}{\mu} \end{cases} \tag{6.11}$$

式(6.11)称为 Little 公式，在更一般的排队系统也成立.

例 6.1 某储蓄所设有一个窗口为顾客办理业务，若顾客是以泊松流到达，平均每分钟到达 0.6 人，假定办理业务时间服从负指数分布，平均每分钟可服务 0.8 人. 求

(1) 储蓄所内没有顾客的概率；

(2) 平均队长；

(3) 平均等待队长；

(4) 平均等待时间；

(5) 平均逗留时间；

(6) 顾客必须排队等待才能得到服务的概率；

(7) 储蓄所里有 n 个顾客的概率.

解 由题设可知，$\lambda=0.6$，$\mu=0.8$，$\rho=\frac{0.6}{0.8}=0.75$.

(1) $P_0 = 1-\frac{\lambda}{\mu} = 1-\frac{0.6}{0.8} = 0.25$；

(2) 平均队长 $L_s = \frac{\rho}{1-\rho} = \frac{0.75}{1-0.75} = 3$；

(3) 平均等待队长 $L_q=L_s-\frac{\lambda}{\mu}=3-0.75=2.25$；

(4) 平均等待时间 $W_q=\frac{L_q}{\lambda}=\frac{2.25}{0.6}=3.75$(分钟)；

(5) 平均逗留时间 $W_s=W_q+\frac{1}{\mu}=3.75+1.25=5$(分钟)；

(6) 必须等待的概率 $P_w=1-P_0=0.75$；

(7) 储蓄所里有 n 个顾客的概率 $P_n=\rho^n p_0=(0.75)^n\times 0.25$.

例 6.2 要购置计算机,有两种方案.甲方案是购进一台大型计算机,乙方案是购置 n 台小型计算机,每台小型计算机是大型计算机处理能力的 $\frac{1}{n}$.设要求上机的题目是参数为 λ 的泊松流,大型计算机与小型计算机计算题目的时间服从负指数分布,大型计算机的参数是 μ.试从平均逗留时间、等待时间看,应该选择哪一个方案.

解 设 $\rho=\frac{\lambda}{\mu}$,按甲方案,购大型计算机,则

平均等待时间 $W_{q甲}=\frac{\lambda}{\mu(\mu-\lambda)}$；

平均逗留时间 $W_{s甲}=\frac{1}{\mu-\lambda}$.

按乙方案,购 n 台小型计算机,每台小型计算机的题目到达率为 $\frac{\lambda}{n}$,服务率为 $\frac{\mu}{n}$,$\rho=\frac{\lambda/n}{\mu/n}=\frac{\lambda}{\mu}$.

平均等待时间 $W_{q乙}=\frac{\rho}{\frac{\mu}{n}(1-\rho)}=\frac{n\rho}{\mu(1-\rho)}=nW_{q甲}$；

平均逗留时间 $W_{s乙}=\frac{1}{\frac{\mu}{n}-\frac{\lambda}{n}}=\frac{n}{\mu-\lambda}=nW_{s甲}$.

所以,只是从平均等待时间和平均逗留时间考虑,应该购置大型计算机.

例 6.3 在 $M/M/1$ 模型中,设 c_s 为服务机构单位时间的费用,c_w 为每个顾客在系统停留单位时间损失的费用.求最优服务率使得单位时间服务成本与顾客在系统逗留损失费用之和的期望最小.

解 令单位时间服务成本与顾客在系统逗留损失费用之和的期望为 z,则

$$z=c_s\mu+c_wL_s$$

由式(6.7),得

$$z=c_s\mu+c_w\cdot\frac{\lambda}{\mu-\lambda}$$

由 $\frac{\mathrm{d}z}{\mathrm{d}\mu}=c_s-c_w\lambda\cdot\frac{1}{(\mu-\lambda)^2}=0$,可解出最优的 $\mu^*=\lambda+\sqrt{\frac{c_w}{c_s}\lambda}$.

说明:根号前取"+",是保证 $\rho<1,\mu>\lambda$ 的缘故.

6.2.2 M/M/1/k 系统

有些系统容纳顾客的数量是有限制的. 例如候诊室只能容纳 k 个就医者,第$(k+1)$个顾客到来后,看到候诊室已经坐满了,就自动离开,不参加排队.

假定一个排队系统有一个服务台,服务时间是负指数分布,参数是 μ. 顾客以泊松流到达,参数为 λ. 系统中共有 k 个位置可供进入系统的顾客占用,一旦 k 个位置已被顾客占用(包括等待服务和接受服务的顾客),新到的顾客就自动离开服务系统. 如果系统中有空位置,新到的顾客就进入系统排队等待服务,服务完后离开系统.

用 $N(t)$表示时刻 t 系统中的顾客数,系统的状态集合为 $S=\{0,1,2,\cdots,k\}$. 与 $M/M/1/\infty$ 的证明方法一样,可以证明$\{N(t);t\geqslant 0\}$是个有限生灭过程,有

$$\begin{cases}\lambda_n=\lambda, n=0,1,2,\cdots,k-1\\ \mu_n=\mu, n=1,2,\cdots,k\end{cases}\tag{6.12}$$

$$\rho=\frac{\lambda}{\mu}, P_n=\left(\frac{\lambda}{\mu}\right)^n P_0, n=0,1,2,\cdots,k$$

(1) $P_0=\dfrac{1}{\sum\limits_{n=0}^{k}\rho^n}=\begin{cases}\dfrac{1}{k+1}, & \rho=1\\ \dfrac{1-\rho}{1-\rho^{k+1}}, & \rho\neq 1\end{cases}$

(2) $P_n=\begin{cases}\dfrac{1}{k+1}, & \rho=1\\ \dfrac{(1-\rho)\rho^n}{1-\rho^{k+1}}, & \rho\neq 1, n=0,1,2,\cdots,k\end{cases}$

(3) 平均队长 $L_s=\sum\limits_{n=0}^{k} nP_n$ 分两种情况:

$\rho=1$ 时,

$$L_s=\sum_{n=0}^{k} n\cdot\frac{1}{k+1}=\frac{k}{2}$$

$\rho\neq 1$ 时,

$$\begin{aligned}L_s&=\sum_{n=0}^{k} nP_n=\sum_{n=0}^{k} n\cdot\frac{(1-\rho)\rho^n}{1-\rho^{k+1}}=\frac{(1-\rho)\rho}{1-\rho^{k+1}}\sum_{n=1}^{k} n\rho^{n-1}\\ &=\frac{(1-\rho)\rho}{1-\rho^{k+1}}\frac{\mathrm{d}}{\mathrm{d}\rho}\sum_{n=0}^{k}\rho^n\\ &=\frac{\rho}{1-\rho}-\frac{(k+1)\rho^{k+1}}{1-\rho^{k+1}}\end{aligned}\tag{6.13}$$

(4) 平均等待队长

$$\begin{aligned}L_q&=\sum_{n=1}^{\infty}(n-1)P_n=L_s-(1-P_0)\\ &=\begin{cases}\dfrac{k(k-1)}{2(k+1)}, & \rho=1\\ \dfrac{\rho}{1-\rho}-\dfrac{\rho(1+k\rho^k)}{1-\rho^{k+1}}, & \rho\neq 1\end{cases}\end{aligned}\tag{6.14}$$

P_k 是个重要的量，它称为损失概率，即当系统中有 k 个顾客时，新到的顾客就不能进入系统. 单位时间平均损失的顾客数为

$$\lambda_L=\lambda P_k=\begin{cases}\dfrac{\lambda}{k+1}, & \rho=1\\ \dfrac{\lambda(1-\rho)\rho^k}{1-\rho^{k+1}}, & \rho\neq 1\end{cases}$$

单位时间内平均真正进入系统的顾客数即有效到达率

$$\lambda_e=\lambda-\lambda P_k=\lambda(1-P_k)=\begin{cases}\dfrac{k\lambda}{k+1}, & \rho=1\\ \dfrac{\lambda(1-\rho^k)}{1-\rho^{k+1}}, & \rho\neq 1\end{cases}$$

可以验证，$\lambda_e=\mu(1-P_0)$.

由 Little 公式，可以求得平均逗留时间、平均等待时间分别为

(5)
$$W_s=\frac{L_s}{\lambda_e}=\begin{cases}\dfrac{k+1}{2\lambda}, & \rho=1\\ \dfrac{\rho}{\mu-\lambda}-\dfrac{k\rho^{k+1}}{\lambda(1-\rho^k)}, & \rho\neq 1\end{cases}\tag{6.15}$$

(6)
$$W_q=\frac{L_q}{\lambda_e}=\begin{cases}\dfrac{k-1}{2\lambda}, & \rho=1\\ \dfrac{\rho}{\mu-\lambda}-\dfrac{k\rho^{k+1}}{\lambda(1-\rho^k)}, & \rho\neq 1\end{cases}\tag{6.16}$$

当 $\rho\neq 1$ 时，$W_s=W_q+\dfrac{1}{\mu}$.

平均服务强度 $\rho_e=\dfrac{\lambda_e}{\mu}=\dfrac{\lambda(1-P_k)}{\mu}=1-P_0$，这是实际服务强度，即服务台正在为顾客服务的概率. 而 $\rho=\dfrac{\lambda}{\mu}=\dfrac{1-p_0}{1-p_k}$ 不是服务强度，因为有一部分顾客失掉了.

例 6.4 单人理发馆有 6 个椅子接待人们排队理发. 当 6 个椅子都坐满时，后来到的顾客不进店就离开. 顾客平均到达率为 3 人/小时，理发平均需时 15 分钟. 求

(1) 某顾客一到达就能理发的概率；

(2) 需要等待的顾客数的期望值；

(3) 有效到达率；

(4) 一顾客在理发馆内逗留的期望时间.

解 由题知 $\lambda=3$ 人/小时，$\mu=4$ 人/小时，$k=7$，$\rho=\dfrac{3}{4}$.

(1) $P_0=\dfrac{1-3/4}{1-(3/4)^8}\approx 0.277\,8$

(2) $L_s=\dfrac{3/4}{1-3/4}-\dfrac{8\,(3/4)^8}{1-(3/4)^8}\approx 2.11$

$L_q=L_s-(1-P_0)=2.11-(1-0.277\,8)\approx 1.39$

(3) $\lambda_e=\mu(1-P_0)=4\times(1-0.277\,8)\approx 2.89$(人/小时)

(4) $W_s=L_s/\lambda_e=2.11/2.89\approx 0.73$(小时)

例 6.5 给定一个 $M/M/1/k$ 系统，具有 $\lambda=10$ 人/小时，$\mu=30$ 人/小时，$k=2$. 管理者想改进服务机构. 方案甲是增加等待空间，使 $k=3$；方案乙是将平均服务率提高到 $\mu=40$ 人/小时. 设服务每个顾客的平均收益不变. 问：哪个方案获得更大收益？当 λ 增加到每小时 30 人，又将有什么结果？

解 由于服务每个顾客的平均收益不变，因此服务机构单位时间的收益与单位时间内实际进入系统的平均人数 n_k 成正比（注意，不考虑成本）.

$$n_k=\lambda(1-P_k)=\frac{\lambda(1-\rho^k)}{1-\rho^{k+1}}$$

方案甲：$k=3,\lambda=10,\mu=30$.

$$n_3=10\left[\frac{1-\left(\frac{1}{3}\right)^3}{1-\left(\frac{1}{3}\right)^4}\right]\approx 9.75$$

方案乙：$k=2,\lambda=10,\mu=40$.

$$n_2=\frac{10\left[1-\left(\frac{1}{4}\right)^2\right]}{1-\left(\frac{1}{4}\right)^3}\approx 9.5$$

因此，扩大等待空间收益更大.

当 λ 增加到 30 人/小时后，$\rho=\frac{\lambda}{\mu}=1$，这时方案甲有

$$n_3=30\cdot\left(\frac{3}{3+1}\right)=22.5$$

而方案乙是把 μ 提高到 $\mu=40$ 人/小时. $\rho=\frac{\lambda}{\mu}=\frac{30}{40}<1,k=2$.

$$n_2=30\cdot\left[\frac{1-\left(\frac{3}{4}\right)^2}{1-\left(\frac{3}{4}\right)^3}\right]\approx 22.7$$

所以，当 $\lambda=30$ 人/小时时，提高服务效益的收益比扩大等待空间的收益大.

6.2.3 $M/M/c/\infty$ 系统

现在来讨论多个服务台情况. 假设系统有 c 个服务台，顾客到达时，若有空闲的服务台便立刻接受服务. 若没有空闲的服务台，则排队等待，等到有空闲的服务台时再接受服务. 与以前一样，假设顾客以泊松流到达，参数为 λ，服务台相互独立，服务时间都服从参数为 μ 的负指数分布.

当系统中顾客人数 $n\leqslant c$ 时，这些顾客都正在接受服务，服务时间服从参数为 μ 的负指数分布. 可以证明，顾客的输出是参数为 $n\mu$ 的泊松流. 如果 $n>c$，那么只有 c 个顾客正在接受服务. 其余在排队，顾客的输出服从参数为 $c\mu$ 的泊松流.

用 $N(t)$ 表示 t 时刻排队系统内顾客人数. 与 $M/M/1/\infty$ 的推导方式类似，可以证明 $\{N(t);t\geqslant 0\}$ 也是一个生灭过程.

其参数为

$$\begin{cases}\lambda_n=\lambda, & n=0,1,2,3\cdots \\ \mu_n=\begin{cases}n\mu, & n=1,2,\cdots,c \\ c\mu, & n=c+1,\cdots\end{cases}\end{cases}$$

由式(6.4)得到

$$P_n=\frac{\lambda_{n-1}\cdot\lambda_{n-2}\cdot\cdots\cdot\lambda_0}{\mu_n\cdot\mu_{n-1}\cdot\cdots\cdot\mu_1}P_0=\begin{cases}\dfrac{1}{n!}\left(\dfrac{\lambda}{\mu}\right)P_0, & n=0,1,2,\cdots,c-1 \\ \dfrac{1}{c^{n-c}c!}\left(\dfrac{\lambda}{\mu}\right)^n P_0, & n=c,c+1,\cdots\end{cases} \tag{6.17}$$

令 $\rho=\dfrac{\lambda}{\mu}$，$\rho_c=\dfrac{\lambda}{c\mu}$，设 $\rho_c<1$. 则

$$\begin{aligned}\sum_{n=0}^{\infty}P_n &= \sum_{n=0}^{c-1}P_n+\sum_{n=c}^{\infty}P_n \\ &= \left(\sum_{n=0}^{c-1}\frac{1}{n!}\rho^n+\sum_{n=c}^{\infty}\frac{1}{c!}\cdot\frac{1}{c^{n-c}}\rho^n\right)P_0 \\ &= \left(\sum_{n=0}^{c-1}\frac{1}{n!}\rho^n+\frac{1}{c!}\rho^c\sum_{n=c}^{\infty}\rho_c^{n-c}\right)P_0 \\ &= \left(\sum_{n=0}^{c-1}\frac{1}{n!}\rho^n+\frac{1}{c!}\rho^c\frac{1}{1-\rho_c}\right)P_0=1\end{aligned}$$

所以

$$P_0=\left[\sum_{n=0}^{c-1}\frac{\rho^n}{n!}+\frac{c\rho^c}{c!(c-\rho)}\right]^{-1} \tag{6.18}$$

先计算平均等待队长 L_q，只有系统的顾客数 $n\geqslant c$ 时，才有 $(n-c)$ 个顾客在排队等待服务，所以

$$\begin{aligned}L_q &= \sum_{n=c}^{\infty}(n-c)P_n=\frac{\rho^c}{c!}P_0\sum_{n=c}^{\infty}(n-c)\left(\frac{\lambda}{c\mu}\right)^{n-c} \\ &=\frac{\rho^c}{c!}P_0\rho_c\sum_{n=1}^{\infty}n\rho_c^{n-1}=\frac{\rho^c}{c!}P_0\rho_c\frac{\mathrm{d}}{\mathrm{d}\rho_c}\frac{1}{1-\rho_c} \\ &=\frac{\rho^c\cdot\rho_c}{c!}\cdot\frac{1}{(1-\rho_c)^2}P_0=\frac{\rho_c}{(1-\rho_c)^2}\cdot\frac{\rho^c}{c!}\cdot P_0 \\ &=\frac{\rho_c}{(1-\rho_c)^2}P_c\end{aligned} \tag{6.19}$$

平均逗留的顾客人数为

$$\begin{aligned}L_s &= \sum_{n=0}^{\infty}nP_n=\sum_{n=0}^{c-1}nP_n+c\cdot\sum_{n=c}^{\infty}P_n+\sum_{n=c}^{\infty}(n-c)P_n \\ &=\rho+\frac{\rho_c}{(1-\rho_c)^2}P_c\end{aligned} \tag{6.20}$$

平均等待时间为

$$W_q=\frac{L_q}{\lambda}=\frac{P_c}{c\mu(1-\rho_c)^2} \tag{6.21}$$

平均逗留时间为

$$W_s=\frac{L_s}{\lambda}=\frac{P_c}{c\mu\ (1-\rho_c)^2}+\frac{1}{\mu} \tag{6.22}$$

例 6.6　一个大型露天矿山，考虑建设矿石卸矿场，估计矿车按泊松流到达，平均每小时到达 15 辆，卸车时间也服从负指数分布，平均卸车时间 3 分钟，每辆卡车售价 8 万元，建设第二个卸矿场需要投资 14 万元. 问：是建一个好呢，还是建两个好？

解　平均到达率 $\lambda=15$ 辆/小时，平均服务率 $\mu=20$ 辆/小时.

只建一个卸矿场的情况：

$$\rho_1=\rho=\frac{15}{20}=0.75$$

在卸矿场停留的平均矿车数：

$$L_s=\frac{\lambda}{\mu-\lambda}=\frac{15}{20-15}=3(\text{辆})$$

建两个卸矿场的情况：

$$\rho=0.75,\rho_2=\frac{\lambda}{2\mu}=0.375$$

$$P_0=\left[1+0.75+\frac{1}{2!}(0.75)^2\ \frac{2\times20}{2\times20-15}\right]^{-1}\approx0.45$$

$$L_s=\frac{0.45\times15\times20\times(0.75)^2}{1!\ (2\times20-15)^2}+0.75\approx0.12+0.75=0.87$$

因此，建两个卸矿场可减少在卸矿场停留的矿车数为 3－0.87＝2.13(辆)，就是相当于平均增加 2.13 辆矿车运矿石. 而每辆卡车价格为 8 万元，所以相当于增加 2.13×8＝17.04(万元)的设备. 建第二个卸矿场的投资为 14 万元，所以建两个卸矿场是合适的.

例 6.7　某售票处有三个窗口，顾客的到达服从泊松流，平均到达率每分钟 $\lambda=0.9$ 人，服务(售票)时间服从负指数分布，平均服务率每分钟 $\mu=0.4$ 人. 现设顾客到达后排成一队，依次向空闲的窗口购票. 求

(1) 整个售票处空闲概率；

(2) 平均队长；

(3) 平均等待时间和逗留时间；

(4) 顾客到达后必须等待(即系统中顾客数已有 3 人)的概率.

(5) 如果除排队方式外其他条件不变，但顾客到达后在每个窗口中排一队，且进入队列后坚持不换，这就形成 3 个 $M/M/1$ 型的子系统. 试将此子系统与 $M/M/3$ 型进行比较.

解　$\rho=\frac{\lambda}{\mu}=\frac{0.9}{0.4}=2.25$

(1) $P_0=\dfrac{1}{\dfrac{(2.25)^0}{0!}+\dfrac{(2.25)^1}{1!}+\dfrac{(2.25)^2}{2!}+\dfrac{(2.25)^3}{3!}\cdot\dfrac{1}{1-2.25/3}}\approx0.0748$

(2) $L_q=\dfrac{(2.25)^3\cdot3/4}{3!\ (1/4)^2}\times0.0748\approx1.70$

$L_s=L_q+\lambda/\mu=3.95$

(3) $W_q=1.70/0.9\approx1.89$(分钟)

$W_s=1.89+1/0.4=4.39$(分钟)

(4) $P(n\geqslant 3)=\frac{(2.25)^3}{3!\ 1/4}\times 0.0748\approx 0.57$

(5) 3 个 $M/M/1$ 型的子系统中每个队的平均到达率为

$$\lambda_1=\lambda_2=\lambda_3=0.9/3=0.3$$

经计算，$M/M/3$ 型系统和 3 个 $M/M/1$ 型系统的比较如下表：

模型指标	$M/M/3$ 型	$M/M/1$ 型
服务台空闲的概率 P_0	0.0748	0.25(每个子系统)
顾客必须等待的概率 P_w	0.57	0.75
平均等待队长 L_q	1.70	2.25(每个子系统)
平均队长 L_s	3.95	9.00(整个系统)
平均等待时间 W_q	1.89 分钟	7.5 分钟
平均逗留时间 W_s	4.39 分钟	10 分钟

从表中各指标的对比可以看出，$M/M/3$ 型系统要比 3 个 $M/M/1$ 型系统有优越性，在安排排队方式时应该注意.

例 6.8 在 $M/M/c$ 模型中，设 c_s 为每服务台单位时间的成本，c_w 为每个顾客在系统停留单位时间损失的费用. 求最优服务台数使得单位时间服务成本与顾客在系统逗留损失费用之和的期望最小.

解 令单位时间服务成本与顾客在系统逗留损失费用之和的期望为 z，则

$$z=c_s c+c_w L$$

要求使 z 达到最小值的正整数解 c^*，通常用边际分析法：找出正整数 c^*，使其满足：

$$\begin{cases} z(c^*)\leqslant z(c^*-1) \\ z(c^*)\leqslant z(c^*+1) \end{cases}$$

将 $z=c_s c+c_w L$ 代入上式，有

$$\begin{cases} c_s c^*+c_w L(c^*)\leqslant c_s(c^*-1)+c_w L(c^*-1) \\ c_s c^*+c_w L(c^*)\leqslant c_s(c^*+1)+c_w L(c^*+1) \end{cases}$$

上式化简后，得

$$L(c^*)-L(c^*+1)\leqslant\frac{c_s}{c_w}\leqslant L(c^*-1)-L(c^*)$$

依次求 $c=1,2,3,\cdots$ 时 L 的值，并作两相邻的 L 值之差，因 $\frac{c_s}{c_w}$ 是已知数，根据这个数落在哪个不等式的区间里就可以定出 c^*.

§6.3 有限源排队系统

本节简要介绍顾客来源是一个有限集合的随机排队服务系统.

如果一个顾客加入排队系统，这个有限集合的元素就少一个. 当一个顾客接受服务结束，就立刻回到这个有限集合中去. 这类排队系统主要应用在机器维修问题上，有限集合是某单位

的机器总数,顾客是出故障的机器,服务台是维修工.

6.3.1 $M/M/1/m/m$ 系统

现以最常见的机器因故障停机待修的问题为例来说明.设共有 m 台机器(顾客总体),机器因故障停机表示"到达",待修的机器形成队列,修理工是服务员,设有一个修理工.类似的例子还有 m 个打字员共用一台打字机等.顾客总体虽然只有 m 个,但每个顾客到来并经过服务后仍回到原来总体,所以仍然可以再来.在机器故障问题中,同一台机器出了故障并经修好仍可再出故障,因此模型中的第 4 个符号可以写成∞,这表示对系统的容量没有限制,但实际上它永远不会超过 m,所以和写成 $M/M/1/\infty/m$ 意义相同.

设每台机器的连续运转时间服从同参数的负指数分布,每台机器平均运转时间为$\frac{1}{\lambda}$.这说明一台机器单位运转时间内出故障的平均次数为 λ.维修工的维修时间都服从同一负指数分布,平均修理时间为$\frac{1}{\mu}$.

用 $N(t)$表示时间 t 在系统内的机器数(正在接受维修和等待维修的机器总和),则不难验证 $N(t)$为一有限生灭过程,其状态空间为 $S=\{0,1,2,\cdots,m\}$.

类似于§6.2 中的方法,可计算得到该排队系统的几个重要的数量指标.

(1)
$$P_0=\frac{1}{\sum_{k=0}^{m}\frac{m!}{(m-k)!}\left(\frac{\lambda}{\mu}\right)^k} \tag{6.23}$$

(2)
$$P_n=\frac{m!}{(m-n)!\ n!}\left(\frac{\lambda}{\mu}\right)^n P_0,1\leqslant n\leqslant m \tag{6.24}$$

(3) 平均顾客数(平均发生故障的机器数)

$$L_s=m-\frac{\mu}{\lambda}(1-P_0) \tag{6.25}$$

(4) 平均等待维修的机器数

$$L_q=L_s-(1-P_0) \tag{6.26}$$

(5) 机器的平均停工时间

$$W_s=\frac{m}{\mu(1-P_0)}-\frac{1}{\lambda} \tag{6.27}$$

(6) 机器的平均等待维修时间

$$W_q=W_s-\frac{1}{\mu} \tag{6.28}$$

有效到达率应等于每个顾客的到达率乘以在系统外(即正常生产的)机器的期望数

$$\lambda_e=\lambda(m-L_s)$$

读者可证明:
$$L_s=m-\frac{\mu}{\lambda}(1-P_0) \tag{6.29}$$

例 6.9 某车间有 5 台机器,每台机器的连续运转时间服从负指数分布,平均运转时间 15 分钟,有一个修理工,每次修理时间服从负指数分布,平均每次 12 分钟.求

(1) 修理工空闲的概率;

(2) 5 台机器都出故障的概率;

(3) 出故障的平均台数;

(4) 等待修理的平均台数;

(5) 平均停工时间;

(6) 平均等待修理时间.

解 此为 $M/M/1/5/5$ 模型,即 $c=1,m=5.\lambda=\frac{1}{15},\mu=\frac{1}{12},\frac{\lambda}{\mu}=0.8$.

(1) $P_0=\frac{1}{5!}\left[\frac{1}{5!}(0.8)^0+\frac{1}{4!}(0.8)^1+\frac{1}{3!}(0.8)^2+\frac{1}{2!}(0.8)^3+\frac{1}{1!}(0.8)^4+\frac{1}{0!}(0.8)^5\right]^{-1}$

$=\frac{1}{136.8}\approx 0.0073$

(2) $P_5=\frac{5!}{0!}(0.8)^5P_0\approx 0.287$

(3) $L_s=5-\frac{1}{0.8}(1-0.0073)\approx 3.76$(台)

(4) $L_q=3.76-0.993\approx 2.77$(台)

(5) $W_s=\dfrac{5}{\frac{1}{12}(1-0.007)}-15\approx 45.5$(分钟)

(6) $W_q=45.5-12=33.5$(分钟)

6.3.2 $M/M/c/m/m$ 系统

在上面讨论的机器因故障停机待修的问题中,假设修理工人为 c 共同看管 $m(\geqslant c)$ 台机器,其余条件相同.

用 $N(t)$ 表示时间 t 在系统的机器数(正在接受维修和等待维修的机器总和),则不难验证 $N(t)$ 为一有限生灭过程,其状态空间为 $S=\{0,1,2,\cdots,m\}$. 类似于 §6.2 中的方法,可计算得到该排队系统的几个重要的数量指标.

(1)
$$P_0=\frac{1}{m!}\cdot\frac{1}{\sum\limits_{k=0}^{c}\frac{1}{k!(m-k)!}\left(\frac{c\rho}{m}\right)^k+\frac{c^c}{c!}\sum\limits_{k=c+1}^{m}\frac{1}{(m-k)!}\left(\frac{\rho}{m}\right)^k}\tag{6.30}$$

其中 $\rho=\frac{m\lambda}{c\mu}$.

(2)
$$P_n=\begin{cases}\dfrac{m!}{(m-n)!\ n!}\left(\dfrac{\lambda}{\mu}\right)^nP_0, & 0\leqslant n\leqslant c\\ \dfrac{m!}{(m-n)!\ c!\ c^{n-c}}\left(\dfrac{\lambda}{\mu}\right)^nP_0, & c+1\leqslant n\leqslant m\end{cases}\tag{6.31}$$

有效到达率应等于每个顾客的到达率乘以在系统外(即正常生产的)机器的期望数

$$\lambda_e=\lambda(m-L_s)$$

在机器故障问题中,它是每单位时间 m 台机器平均出现故障的次数.

(3) 平均等待维修的机器数

$$L_q=\sum_{n=c+1}^{m}(n-c)P_n\tag{6.32}$$

(4) 平均顾客数(平均发生故障的机器数)

$$L_s=\sum_{n=0}^{m}nP_n=L_q+\frac{\lambda}{\mu}(m-L_s) \tag{6.33}$$

(5) 机器的平均停工时间

$$W_s=\frac{L_s}{\lambda_e}$$

(6) 机器的平均等待维修时间

$$W_q=\frac{L_q}{\lambda_e}$$

读者可证明：
$$L_s=m-\frac{\mu}{\lambda}(1-P_0) \tag{6.34}$$

例 6.10　设有两个修理工人，负责 5 台机器的正常运行，每台机器平均损坏率为每运转小时 1 次，两个人以相同的平均修复率 4(次/小时)修好机器. 求：

(1) 等待修理的机器平均数；

(2) 需要修理的机器平均数；

(3) 有效到达率；

(4) 等待修理时间；

(5) 停工时间.

解　$m=5,\lambda=1,\mu=4,c=2.$

$$P_0=\frac{1}{5!}\left[\frac{1}{5!}\left(\frac{1}{4}\right)^0+\frac{1}{4!}\left(\frac{1}{4}\right)^1+\frac{1}{2!\ \cdot 2!}\left(\frac{1}{4}\right)^2+\frac{2^2}{2!\ \cdot 2!}\left(\frac{1}{4}\right)^3+\left(\frac{1}{4}\right)^4+\left(\frac{1}{4}\right)^5\right]^{-1}$$
$$\approx 0.314\,9$$

$P_1=0.394,P_2=0.197,P_3=0.074,P_4=0.018,P_5=0.002$

(1) $L_q=P_3+2P_4+3P_5=0.116$

(2) $L_s=\sum_{n=1}^{5}nP_n=L_q+c-2P_0-P_1=1.092\,2$

(3) $\lambda_e=1\times(5-1.092\,2)=3.907\,8$

(4) $W_q=\frac{L_q}{\lambda_e}=\frac{0.116}{3.907\,8}\approx 0.03$(小时)

(5) $W_s=\frac{L_s}{\lambda_e}=\frac{1.092\,2}{3.907\,8}\approx 0.28$(小时)

例 6.11　某厂有若干台机器，它们连续工作的时间服从同一参数 λ 的负指数分布，工人修理时间服从同一参数 μ 的负指数分布. 设$\frac{\lambda}{\mu}=0.1$，今有两个方案：方案Ⅰ为 3 个工人各自独立地看管机器，每人看管 6 台机器. 方案Ⅱ为 3 人共同看管 20 台机器. 试比较两个方案的优劣.

解　方案Ⅰ为 $M/M/1/6/6$ 模型，$\frac{\lambda}{\mu}=0.1$. 经计算可得

$P_0=0.48,P_1=0.29,P_2=0.15,P_3=0.058,P_4=0.018,P_5=0.003\,5,P_6=0.000\,3$

从而得到

$$L_s=0.855,L_q=0.335$$

方案Ⅱ为 $M/M/3/20/20$ 模型，$\frac{\lambda}{\mu}=0.1$. 可计算出

$P_0=0.14, P_1=0.27, \cdots, P_{12}=0.00007$,而 $P_{13}, P_{14}, \cdots, P_{20}$ 都近似于零,从而得到

$$L_s=2.13, L_q=0.337$$

但在 $M/M/1/6/6$ 模型中,有效到达率 $\lambda_1=\lambda(6-0.855)=5.145\lambda$;在 $M/M/3/20/20$ 模型中,有效到达率 $\lambda_2=\lambda(20-2.13)=17.87\lambda$. 故方案Ⅰ和Ⅱ中有机器需要等待修理的平均时间 W_{q1} 和 W_{q2} 之比为

$$\frac{W_{q1}}{W_{q2}}=\frac{0.335}{5.145\lambda} \div \frac{0.337}{17.87\lambda}=3.45$$

由此可知,方案Ⅱ要比方案Ⅰ好.

事实上,我们能证明如下一般的结论:系统 $M/M/c/cm/cm$ 的服务要比 c 个 $M/M/1/m/m$ 系统要好. 它的直观解释是:当 c 个工人各自独立看管 m 台机器时,工人甲单独看管的 m 台机器,某个时候可能有多于一台的机器发生故障,他只能在一台机器上排除故障,其他停止运行的机器只能停产等待修理;但可能另一个工人乙看管的 m 台机器这时全处于正常运行,若是共同看管,则这时工人乙就可去排除工人甲看管的等待修理的机器的故障.

习题

1. 某修理店只有一个修理工人,来修理的顾客到达次数为泊松流,平均每小时 4 人,修理时间服从负指数分布,平均需要 6 分钟. 求

(1) 修理店工人空闲的概率;

(2) 店里有 3 个顾客的概率;

(3) 店内至少有 1 个顾客的概率;

(4) 店内顾客平均数;

(5) 在店内平均逗留时间;

(6) 等待服务的平均顾客数;

(7) 平均等待修理时间.

2. 在某单人理发店顾客到达为泊松流,平均到达间隔为 20 分钟,理发时间服从负指数分布,平均时间为 15 分钟. 求

(1) 顾客来理发不必等待的概率.

(2) 理发店内顾客平均数.

(3) 顾客在理发店内逗留平均时间.

(4) 若顾客在店内平均逗留时间超过 1.25 小时,则店主将考虑增加设备及理发员. 问:平均到达率提高到多少时店主才这样考虑?

3. 称顾客为等待所费时间与服务时间之比为顾客损失率,用 R 表示. 试证:在 $M/M/1$ 模型中,$R=\frac{\lambda}{\mu-\lambda}$.

4. 某理发店只有一个理发师,且店内最多可容纳 4 名顾客,设顾客按泊松流到达,平均每小时 5 人,理发时间服从负指数分布,平均 15 分钟可为 1 名顾客理发. 求

(1) 店内没有顾客的概率;

(2) 顾客的损失率;

(3) 顾客的有效到达率；

(4) 店内的平均顾客数；

(5) 店内平均排队的顾客数；

(6) 顾客平均逗留时间；

(7) 顾客平均排队时间.

5. 对于 $M/M/1/k/\infty$ 模型，试证：$\lambda(1-P_k)=\mu(1-P_0)$，并对此式给予直观的解释.

6. 在第 2 题中，若顾客平均到达率增加到每小时 12 人，仍为泊松流，服务时间不变，这时增加一个工人.

(1) 根据说明增加工人的原因；

(2) 增加工人后求店内空闲的概率；

(3) 求 L_s, L_q, W_s, W_q.

7. 对于 $M/M/1/m/m$ 模型，试证：

$$L_s=m-\frac{\mu(1-P_0)}{\lambda}$$

并给予直观解释.

8. 4 名工人看管 10 台机器，每台机器平均运转 30 分钟就要修理一次，每次修理平均需要 10 分钟，设每台机器连续运转时间和修理时间均为负指数分布. 求：

(1) 需要修理的机器平均数；

(2) 一分钟内 10 台机器平均出现故障的次数；

(3) 机器的平均停工时间.

第七章

预测与决策

预测是根据过去和现在估计未来,可直接或间接地为宏观和微观的市场预测、管理决策、制定政策等提供信息.决策是人们在政治、经济及日常生活中为实现预定的目标而选择最佳方案的行为,管理国家、企业等时时刻刻都会遇到大大小小的决策问题,正如1978年诺贝尔经济学奖获得者西蒙所言:“管理就是决策.”

预测在决策中占有不可替代的重要位置,一个好的决策都基于一个前瞻性的预测.两者的关系在于:预测在决策之前,预测为决策提供依据,是决策科学化的前提;而正确的决策又给合理的预测提供实现机会.

本章先介绍两种常用的预测方法.按照预测方法的性质,预测方法可分为定性预测方法和定量预测方法两类,其中后者又大致分为回归预测法和时间序列预测法.然后介绍三类基本的决策问题及其决策方法.

§7.1 回归预测法

现实世界中,许多现象之间是相互联系、相互制约的.现象之间的关系可以概括为两种类型:函数关系和相关关系.函数关系是指现象之间客观存在的,在数量上按一定法则严格确定的相互依存关系.在此种关系中,当给定某一变量的数值时,都有另一个变量的确定值与之对应,例如圆面积与半径的关系:$S=\pi r^2$.而相关关系是指现象之间客观存在的,在数量上受随机因素影响、非确定性的相互依存关系.在这种关系中对应于一个变量的取值,另一个变量可能有多个数值与之对应.例如,人的身高和体重,一般的,身高者体重也大,但具有同一身高的人,体重却有差异.因此,身高与体重之间的关系就是相关关系.

对于具有相关关系的现象,我们无法从一个现象的数值直接求出另一个现象的对应值,只能通过大量的历史数据,运用数理统计方法排除其中的随机因素,找出现象之间的统计规律性,才能根据一个现象的数值预测另一个现象的近似值,这就形成了回归预测法.所谓回归预测法,就是根据大量的历史数据,运用数理统计方法,近似地用一个数学关系式来描述变量与变量之间相关关系,并由此从一个或几个变量的值去预测其他变量的一种方法.

在回归分析中,将要预测的变量称为因变量(或被解释变量),与因变量相关的变量称为自变量(或解释变量).只有一个自变量的回归分析称为一元回归,否则称为多元回归.另外,按照变量之间的具体变动形式又有线性回归和非线性回归之分.本节只介绍最基本的一元线性回归预测法.

一元线性回归预测法是指成对的两个变量数据分布上大致呈直线趋势变化时,采用适当的方法,找到两者之间特定的数学关系式,即一元线性回归模型,然后根据自变量的变化来预测因变量发展变化的方法.

7.1.1 散点图和相关系数

只有当两个变量具有线性相关关系时,才可以用一元线性回归进行预测.如何来判断两个变量是否具有线性相关关系呢?一般来说,首先根据经济理论、有关专业知识和工作经验进行定性分析初步判断,其次可绘制散点图和计算相关系数作定量分析加以判断.

1. 散点图

散点图是统计学中的一种统计图.将两个变量分别作为坐标轴建立平面直角坐标系,在坐标系中描出所有成对数据的坐标点即可绘制散点图.例如,已知有 8 个企业生产相同的某种产品,月产量和生产费用的资料如表 7-1 所示.由散点图 7-1 可知,月产量和生产费用之间存在近似的直线相关关系.

表 7-1 8 个企业月产量和生产费用资料

企业编号	1	2	3	4	5	6	7	8
月产量 x/千吨	1.2	2.0	3.1	3.8	5.0	6.1	7.2	8.0
生产费用 y/万元	62	86	80	110	115	132	135	160

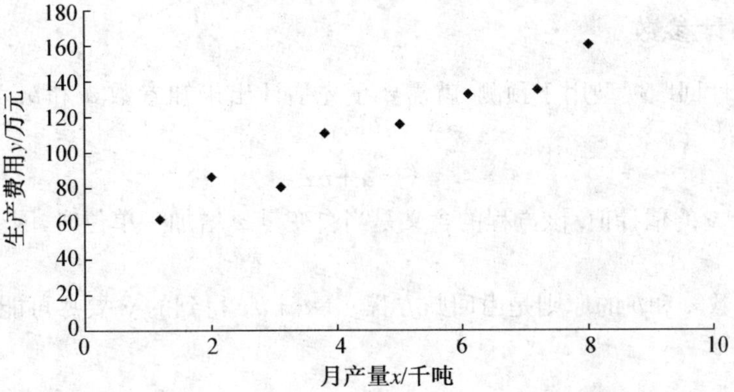

图 7-1 8 个企业月产量和生产费用的散点图

2. 相关系数

相关系数是说明变量之间相关关系的程度和方向的一种指标,其计算公式为

$$r=\frac{\sum_{i=1}^{n}(x_i-\overline{x})(y_i-\overline{y})}{\sqrt{\sum_{i=1}^{n}(x_i-\overline{x})^2}\sqrt{\sum_{i=1}^{n}(y_i-\overline{y})^2}}$$

其中:n 为成对数据的个数;$\overline{x}=\frac{1}{n}\sum_{i=1}^{n}x_i$ 和 $\overline{y}=\frac{1}{n}\sum_{i=1}^{n}y_i$ 分别为变量 x 和 y 的算术平均.通过代数推导,相关系数也可通过如下快捷公式计算:

$$r=\frac{n\sum_{i=1}^{n}x_iy_i-\sum_{i=1}^{n}x_i\sum_{i=1}^{n}y_i}{\sqrt{n\sum_{i=1}^{n}x_i^2-\left(\sum_{i=1}^{n}x_i\right)^2}\sqrt{n\sum_{i=1}^{n}y_i^2-\left(\sum_{i=1}^{n}y_i\right)^2}}$$

相关系数介于-1和1之间,即$|r|\leqslant 1$.具体来说,$|r|$越接近于1,表示变量之间的线性相关关系越强;越接近于0,表示相关关系越弱.正值相关系数表示变量之间存在正相关,负值相关系数表示变量之间存在负相关.

为了判断时有个标准,有人提出了相关关系密切程度的等级:$|r|<0.3$时变量无相关,$0.3\leqslant|r|<0.5$为低度相关,$0.5\leqslant|r|<0.8$为显著相关,$|r|\geqslant 0.8$为高度相关.

例如:由表7-1知,$\sum xy=4\,544.6$,$\sum x=36.4$,$\sum y=880$,$\sum x^2=207.54$,$\sum y^2=104\,214$,$n=8$,代入公式计算,可得$r=0.969\,7$.因此,可判断生产费用和月产量之间存在高度正相关.

7.1.2 建立模型

在判断两个变量确实存在相关关系后,就可以建立一元线性回归模型,它反映了一个自变量与一个因变量之间的线性相关关系.一元线性回归模型可表述为

$$y=a+bx+\varepsilon$$

其中:x是自变量;y是因变量;a,b是未知参数;ε是随机误差项①.

7.1.3 估计参数

要将一元线性回归模型用于预测,就需要事先估计出未知参数a和b.为此,先建立一元线性回归方程

$$\hat{y}=a+bx$$

其中$\hat{y}$为因变量y的估计值.该方程的含义是当自变量x增加一单位时,因变量y平均改变b个单位.

确定未知参数a和b的原则是由回归方程$\hat{y}=a+bx$得到的$\hat{y}$要尽可能接近于实际值y,即选择使

$$Q=\sum_{i=1}^{n}\varepsilon_i^2=\sum_{i=1}^{n}(y_i-\hat{y}_i)^2=\sum_{i=1}^{n}(y_i-a-bx_i)^2$$

达到最小的a和b,这就是最小二乘法.

根据高等数学求极值的原理,我们只需令$\frac{\partial Q}{\partial a}=0$,$\frac{\partial Q}{\partial b}=0$就可求出未知参数$a$和$b$,公式如下:

① 随机误差项的作用是用以表达自变量x对因变量y的影响之外的所有其他影响因素.理论上,ε还应满足一些假定条件才能进行一元线性回归分析.

$$b=\frac{n\sum_{i=1}^{n}x_iy_i-\sum_{i=1}^{n}x_i\sum_{i=1}^{n}y_i}{n\sum_{i=1}^{n}x_i^2-\left(\sum_{i=1}^{n}x_i\right)^2}$$

$$a=\frac{1}{n}\sum_{i=1}^{n}y_i-b\frac{1}{n}\sum_{i=1}^{n}x_i$$

参数 b 的符号一定与相关系数 r 的符号相同.

7.1.4　预测

利用原始数据资料估计出未知参数 a 和 b 后，我们就可以用回归模型来预测.

根据表 7.1 的数据，可求得

$$b=\frac{8\times 4\,544.6-36.4\times 880}{8\times 207.54-36.4^2}\approx 12.9$$

$$a=\frac{1}{8}\times 880-12.9\times\frac{1}{8}\times 36.4\approx 51.31$$

这样，回归方程为 $\hat{y}=51.31+12.9x$，这表明该种产品月产量 x 每增加 1 千吨，生产费用 y 平均增加 12.9 万元. 如果某投资商欲新建一个月产量达到 10 千吨的新企业，利用该回归方程，就可预测出新企业的生产费用将是

$$\hat{y}=51.31+12.9x=51.31+12.9\times 10=180.31(\text{万元})$$ ①

需要注意的是，利用回归方程 $\hat{y}=a+bx$ 我们只能依据自变量 x 的数值来预测因变量 y 的可能值 $\hat{y}$，而不能依据因变量 y 的数值来预测自变量 x 的值. 如果确实需要依据变量 y 来预测变量 x，则必须将变量 y 作为自变量重新建立回归模型 $x=c+yd+\varepsilon$.

§7.2　时间序列预测法

时间序列，亦称动态数列，是指把反映某种现象的指标数值按时间(例如按年、季、月、日等)先后顺序排列而成的一种数列. 例如把我国国内生产总值从 2000 年到 2010 年按照先后顺序列出来就构成了一个时间序列. 时间序列反映了社会经济现象发展变化的过程和特点，是研究现象发展变化的趋势和规律以及对未来状态进行科学预测的重要依据. 时间序列预测法是一种考虑现象随时间发展变化的规律，并用历史数据估计未来的预测方法.

时间序列的数据值是多种因素影响的结果，由于各种因素的作用方向和影响强弱不同，使具体的时间序列呈现出不同的变动形态. 一般来说，影响时间序列数据值的因素有长期趋势(T)因素、季节变动(S)因素、周期变动(C)因素和不规则变动(I)因素.

长期趋势是指现象在相当长的时期内表现出持续向上或向下或平稳的变动趋势. 季节变动是指现象受自然季节变换和社会习俗等因素影响所形成的长度和幅度基本固定的周期变动趋势. 周期变动也称为循环变动，是指社会经济发展中的一种近乎规律性的盛衰交替变动，其成因比较复杂，周期在一年以上，长短不一. 不规则变动又称随机变动、剩余变动，是指现象受

---

① 这种预测称为利用回归模型进行"点预测"，另一种是"区间预测"，见徐国祥编《统计预测和决策》，上海财经大学出版社，2008.

各种偶然或无法预测的因素影响所形成的变动.

根据时间序列所体现出的不同的变动趋势和特点,对时间序列进行预测就有各种各样的方法,常用的方法有平滑预测法、趋势外推法、平稳时间序列预测法、季节指数预测法、干预分析模型预测法及灰色预测法等.这些方法中又有各自不同的分类,而且大多数时间序列预测方法都需建立一定的数学模型,需借助计算机来确定模型中的参数,所以时间序列预测法是一种非常繁琐复杂但又应用十分广泛的预测方法.本节仅介绍趋势外推法.

7.2.1 趋势外推法概述

统计资料表明,大量社会、经济现象的发展主要是渐进型的,其发展过程相对于时间具有一定的规律性.当预测对象依时间变化呈现某种上升或下降的趋势,并且无明显的季节波动,又能找到一条合适的函数曲线反映这种变化趋势时,就可用时间 t 为自变量,时间序列的数据 y 为因变量,建立趋势模型 $y=f(t)$.如果有理由相信这种趋势能够延伸到未来时,赋予变量所需要的值,就可以得到相应时刻的时间序列的未来值,这就是趋势外推法.

需要注意的是,并不是所有的时间序列都可以用趋势外推法进行预测.为了更好地使用趋势外推法进行时间序列预测,我们给出趋势外推法的假定条件:

(1) 假设现象发展过程一般是渐进式变化而没有跳跃式变化;

(2) 假设过去决定现象发展的诸因素,在很大程度上(基本不变或变化不大)也将决定该现象未来的发展.

这些假定条件确保我们建立的趋势模型比较符合时间序列现阶段的实际情况,并可按照这一趋势对时间序列进行预测.但是从长期来看,由于各种因素的不断变化,现象根本不可能完全按照一个既定的规律和方向向前发展,现象的未来不可能只是历史的简单重复.因此,所有的时间序列预测法只适宜对时间序列进行近期和短期预测,对中长期的预测会有很大的局限性,有时甚至会因预测值偏离实际值较远而导致决策失误.

趋势外推法的关键是寻找一个合适的趋势预测模型来拟合时间序列,常用的趋势预测模型有多项式曲线预测模型、指数曲线预测模型、对数曲线预测模型及生长曲线预测模型等.实际中有两种方法用以判断究竟选择哪一种趋势曲线,第一种是通过散点图来判断.观察散点图的图形,并与各种趋势曲线相比较,以便选择较合适的趋势曲线.有时可能有几种趋势曲线都与散点图的图形相接近,这就需要同时对几种模型进行试算,最后将标准误差小的模型作为预测模型.或者利用第二种方法:差分法.差分法可将原始时间序列修匀成平稳时间序列,根据时间序列的 k 阶差分的特点就可以选择得到较合适的趋势曲线,随后我们将介绍这种方法.先定义 k 阶差分:

$$\Delta^k y_t=\Delta^{k-1} y_t-\Delta^{k-1} y_{t-1}$$

7.2.2 多项式曲线预测模型

1. 一次多项式曲线(直线)预测模型

直线趋势模型的表达式为

$$\hat{y}_t=a+bt$$

经计算可知,该模型的一阶差分都为 b,因此当时间序列的散点图近似于一条直线,或时间序列各期数据的一阶差分大致相等时,可用直线趋势预测模型对时间序列进行预测.

直线趋势模型相当于是以时间 t 作为解释变量的一元线性回归模型. 因此,估计模型中的系数 a 和 b 可用最小二乘法,这在第一节中已经讨论过了,公式如下:

$$b=\frac{n\sum_{i=1}^{n}t_iy_i-\sum_{i=1}^{n}t_i\sum_{i=1}^{n}y_i}{n\sum_{i=1}^{n}t_i^2-\left(\sum_{i=1}^{n}t_i\right)^2},a=\frac{1}{n}\sum_{i=1}^{n}y_i-b\frac{1}{n}\sum_{i=1}^{n}t_i$$

实际中,为了计算方便,通常把时间原点取在时间序列期数的正中间,即当时间序列有 $n=2m+1$ 个数据时,取 $t_m=0$,上述公式中 t_i 依次为 $-m,-(m-1),\cdots,-1,0,1,\cdots,m-1,m$;当有 $n=2m$ 个数据时,t_i 依次为 $-(2m-1),-(2m-3),\cdots,-1,1,\cdots,2m-1,2m-3$. 这样就有 $\sum_i t_i=0$,上述公式就简化为

$$b=\frac{\sum_{i=1}^{n}t_iy_i}{\sum_{i=1}^{n}t_i^2},a=\frac{1}{n}\sum_{i=1}^{n}y_i$$

例 7.1 已知某地区 1999—2007 年生产总值的资料如表 7-2 所示. 试预测该地区 2011 年的生产总值.

表 7-2 某地区 1999—2007 年生产总值统计表 亿元

年份	1999	2000	2001	2002	2003	2004	2005	2006	2007
生产总值	50	56	59	64	68	72	77	81	86

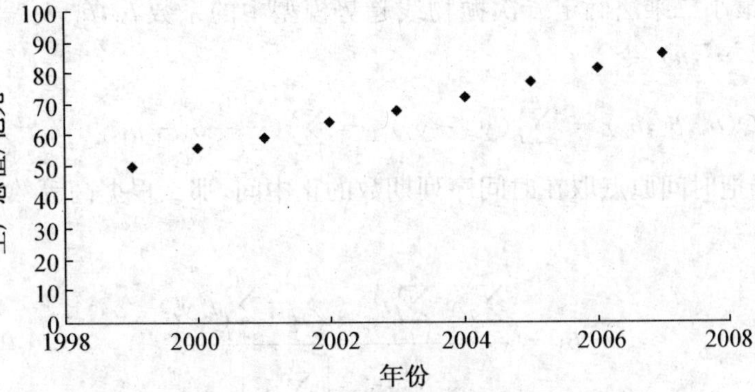

图 7-2 某地区生产总值的散点图(1999—2007)

解 该时间序列的散点图(图 7-2)近似呈一条直线,且各期数据的一阶差分大致相等(见表 7-3 第三列),故建立直线趋势模型:$\hat{y}_t=a+bt$. 由表 7-3,可知 $\sum y_i=613$,$\sum t_i^2=60$,$\sum y_it_i=263$,从而

$$b=\frac{\sum_{i=1}^{n}t_iy_i}{\sum_{i=1}^{n}t_i^2}=\frac{263}{60}\approx 4.38,a=\frac{1}{n}\sum_{i=1}^{n}y_i=\frac{613}{9}\approx 68.11$$

所以,$\hat{y}_t=68.11+4.38t$. 将 2011 年对应的时间 $t=8$ 代入趋势模型,即可得到该地区 2011 年

生产总值的预测值为 $\hat{y}_{2011}=68.11+4.38\times 8=103.15$(亿元).

表 7-3 直线趋势模型预测法计算表

年份	生产总值 y_i	一阶差分 Δy_i	时间 t_i	t_i^2	$y_i t_i$
1999	50	—	−4	16	−200
2000	56	6	−3	9	−168
2001	59	3	−2	4	−118
2002	64	5	−1	1	−64
2003	68	4	0	0	0
2004	72	4	1	1	72
2005	77	5	2	4	154
2006	81	4	3	9	243
2007	86	5	4	16	344
合计	613	—	0	60	263

2. 二次多项式曲线(抛物线)预测模型

二次抛物线趋势模型的表达式为

$$\hat{y}_t=b_0+b_1t+b_2t^2$$

经计算可知,该模型的二阶差分都为 $2b_2$. 因此,当时间序列各期数据的二阶差分大致相等,或时间序列的散点图近似于一条由高而低再高或由低而高再低的曲线时,可用二次抛物线趋势预测模型对时间序列进行预测.

我们仍然用最小二乘法确定二次抛物线趋势模型中的系数 b_0,b_1,b_2. 设时间序列的各期数据为 $y_i(i=1,2,\cdots,n)$,令

$$Q(b_0,b_1,b_2)=\sum_{t=1}^{n}(y_i-\hat{y}_i)^2=\sum_{i=1}^{n}(y_i-b_0-b_1t_i-b_2t_i^2)^2$$

达到最小. 如果仍把时间原点取在时间序列期数的正中间,那么根据高等数学多元函数的极值原理,可求得

$$b_0=\frac{\sum_{i=1}^{n}y_i\sum_{i=1}^{n}t_i^4-\sum_{i=1}^{n}t_i^2\sum_{i=1}^{n}t_i^2y_i}{n\sum_{i=1}^{n}t_i^4-\left(\sum_{i=1}^{n}t_i^2\right)^2}$$

$$b_1=\frac{\sum_{i=1}^{n}t_iy_i}{\sum_{i=1}^{n}t_i^2}$$

$$b_2=\frac{n\sum_{i=1}^{n}t_i^2y_i-\sum_{i=1}^{n}y_i\sum_{i=1}^{n}t_i^2}{n\sum_{i=1}^{n}t_i^4-\left(\sum_{i=1}^{n}t_i^2\right)^2}$$

例 7.2 某商店某种商品的销售量如表 7-4 所示. 试预测 2010 年的销售量.

表 7-4 某产品销售量统计表 万件

年份	1999	2000	2001	2002	2003	2004	2005	2006	2007
销售量	10	18	25	30.5	35	38	40	39.5	38

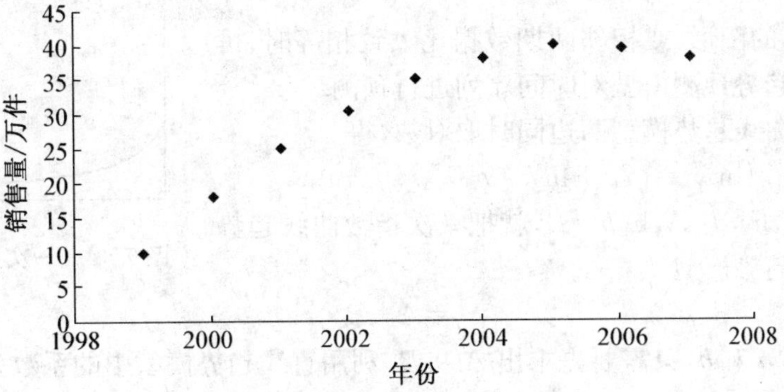

图 7-3 某产品销售量的散点图(1999—2007)

解 该时间序列的散点图(图 7-3)呈一条由低到高再低的曲线,且各期数据的二阶差分大致相等(见表 7-5 第四列),故建立二次抛物线趋势模型:$\hat{y}_t=b_0+b_1t+b_2t^2$. 根据表 7-5,将

$$\sum y_i = 274,\sum t_i^2 = 60,\sum t_i^4 = 708,\sum y_it_i = 214,\sum y_it_i^2 = 1\,613.5$$

代入公式,计算得 $b_0=35.05$,$b_1=3.57$,$b_2=-0.69$. 所以,二次抛物线趋势模型为

$$\hat{y}_t=35.05+3.57t-0.69t^2$$

将 2010 年对应的时间 $t=7$ 代入趋势模型,即可得到 2010 年商品销售量的预测值为

$$\hat{y}_{2010}=35.05+3.57\times7-0.69\times49=26.23(\text{万件})$$

表 7-5 二次抛物线趋势模型预测法计算表

年份	销售量 y_i	Δy_i	$\Delta^2 y_i$	时间 t_i	t_i^2	t_i^4	y_it_i	$y_it_i^2$
1999	10	—	—	−4	16	256	−40	160
2000	18	8	—	−3	9	81	−54	162
2001	25	7	−1	−2	4	16	−50	100
2002	30.5	5.5	−1.5	−1	1	1	−30.5	30.5
2003	35	4.5	−1	0	0	0	0	0
2004	38	3	−1.5	1	1	1	38	38
2005	40	2	−1	2	4	16	80	160
2006	39.5	−0.5	−2.5	3	9	81	118.5	355.5
合计	274	—	—	0	60	708	214	1 613.5

7.2.3 指数曲线预测模型

1. 一次指数曲线预测模型

大量研究表明,很多现象的发展相对于时间是按指数或接近指数规律增长的,例如文献的

数量、飞机的速度、计算机的存储量和处理速度等，特别是技术发展的初期阶段、经济现象的发展过程都呈现指数曲线的趋势.一次指数曲线趋势模型的表达式为

$$\hat{y}_t = a \cdot b^t$$

其图形如图 7-4 所示，且$\frac{y_t}{y_{t-1}}=b$.因此，当时间序列的散点图接近于图 7-4 的图形，或相邻两期数据比大致相等时，可用一次指数曲线趋势预测模型对时间序列进行预测.

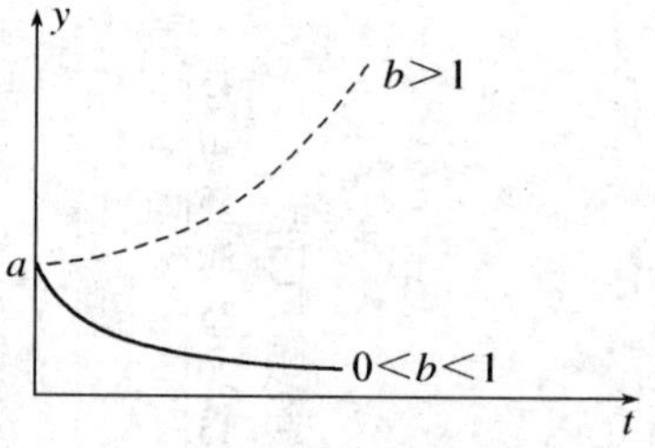

图 7-4　一次指数曲线的图形

对一次指数曲线趋势模型两边同时取对数，得

$$\ln \hat{y}_t = \ln a + \ln b \cdot t$$

令 $\ln \hat{y}_t = \hat{Y}_t, \ln a = A, \ln b = B$，就把一次指数曲线趋势模型转化为直线趋势模型

$$\hat{Y}_t = A + B \cdot t$$

这样，要确定系数 a 和 b，只需要先求出 A 和 B.利用直线趋势模型中的系数公式，得

$$B = \frac{\sum_{i=1}^{n} t_i \cdot \ln y_i}{\sum_{i=1}^{n} t_i^2}, A = \frac{1}{n}\sum_{i=1}^{n} \ln y_i$$

其中，时间原点仍取在时间序列期数的正中间，这样就可求出 $a=e^A$ 和 $b=e^B$.

2. 修正指数曲线预测模型

虽然技术、经济现象在初始发展阶段往往呈现指数曲线趋势，但是任何事物的发展都有一个限度，不可能按指数规律无限发展，这时用修正指数曲线模型更能符合时间序列的实际情况.修正指数曲线趋势模型的表达式为

$$y_t = L - a \cdot b^t$$

其图形如图 7-5 所示，且一阶差分之比为 b.因此，当时间序列的散点图接近于图 7-5 的图形，或各期数据的一阶差分之比大致相等时，可用修正指数曲线趋势预测模型对时间序列进行预测.

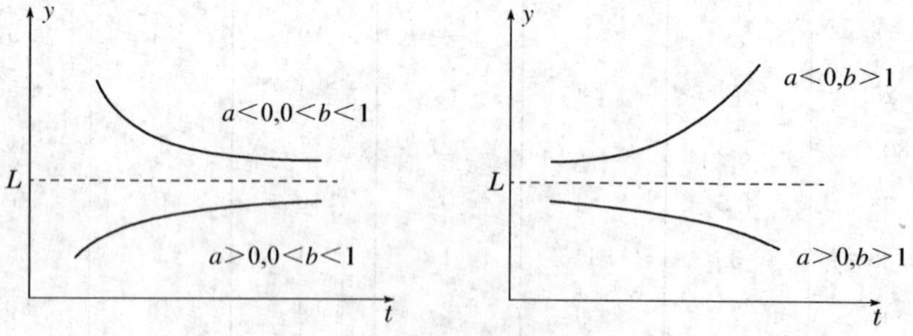

图 7-5　修正指数曲线的图形

为了计算修正指数曲线趋势模型中的系数 L,a,b，我们将时间序列的数据分成三等份（若不能完全三等份，由于近期数据对预测的影响大于早期数据，所以删除时间序列一项或两项早期数据），则有

$$\sum\nolimits_1 y = \sum_{t=1}^{\frac{n}{3}} y_t = \sum_{t=1}^{\frac{n}{3}} (L - a \cdot b^t) = \frac{n}{3}L - ab\,\frac{b^{\frac{n}{3}}-1}{b-1}$$

$$\sum\nolimits_2 y=\sum_{t=\frac{n}{3}+1}^{\frac{2n}{3}} y_t=\sum_{t=\frac{n}{3}+1}^{\frac{2n}{3}}(L-a\cdot b^t)=\frac{n}{3}L-ab^{\frac{n}{3}+1}\frac{b^{\frac{n}{3}}-1}{b-1}$$

$$\sum\nolimits_3 y=\sum_{t=\frac{2n}{3}+1}^{n} y_t=\sum_{t=\frac{2n}{3}+1}^{n}(L-a\cdot b^t)=\frac{n}{3}L-ab^{\frac{2n}{3}+1}\frac{b^{\frac{n}{3}}-1}{b-1}$$

解此方程组，得

$$b=\left(\frac{\sum_3 y-\sum_2 y}{\sum_2 y-\sum_1 y}\right)^{\frac{n}{3}}$$

$$a=\left(\sum\nolimits_1 y-\sum\nolimits_2 y\right)\frac{b-1}{b\,(b^{\frac{n}{3}}-1)^2}$$

$$L=\frac{3}{n}\left[\frac{\sum_1 y\cdot\sum_3 y-\left(\sum_2 y\right)^2}{\sum_1 y+\sum_3 y-2\sum_2 y}\right]$$

这种求系数的方法称为“三段和值法”.

例 7.3 某企业 2001—2009 年的利润资料如表 7-6 所示. 试预测该企业 2010 年的利润.

表 7-6 某企业利润统计表

万元

年份	2001	2002	2003	2004	2005	2006	2007	2008	2009
利润	50	60	68	69.6	71.1	71.7	72.3	72.8	73.2

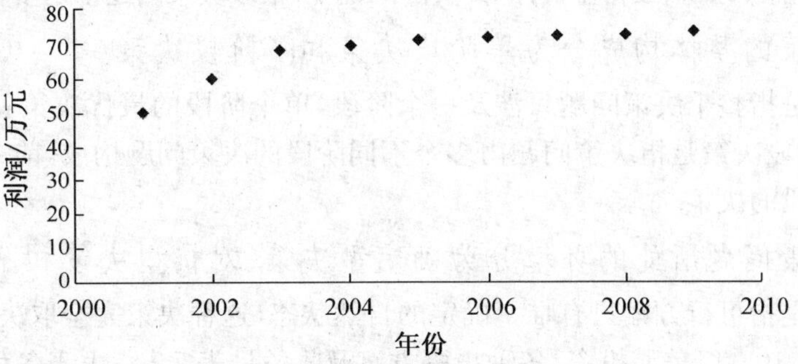

图 7-6 某企业利润的散点图

解 该时间序列的散点图如图 7-6 所示，各期数据的一阶差分的比率大致相等(见表 7-7 第四行)，故建立修正指数曲线趋势模型：$y_t=L-a\cdot b^t$.

根据表 7-7，将 $\sum_1 y=178$，$\sum_2 y=212.4$，$\sum_3 y=218.3$，$n=9$ 代入公式，计算得 $b=0.556$，$a=22.272$，$L=73.174$. 所以，修正指数趋势模型为

$$\hat{y}_t=73.174-22.722\times 0.556^t$$

将 2010 年对应的时间 $t=10$ 代入趋势模型，即可得到 2010 年企业利润的预测值为

$$\hat{y}_{2010}=73.174-22.722\times 0.556^{10}\approx 73.1(\text{万元})$$

表 7-7 修正指数曲线预测法计算表

年份	2001	2002	2003	2004	2005	2006	2007	2008	2009
y_t	50	60	68	69.6	71.1	71.7	72.3	72.8	73.2
Δy_t	—	10	8	1.6	1.5	0.6	0.6	0.5	0.4
$\Delta y_t/\Delta y_{t-1}$	—	—	0.8	0.2	0.94	0.4	1	0.83	0.8
	$\sum_1 y = 178$			$\sum_2 y = 212.4$			$\sum_3 y = 218.3$		

§7.3 不确定型决策

7.3.1 决策分类

决策所要解决的问题是多种多样的，决策过程、思维方式、运用技术也各不相同. 因此，可以从不同的角度进行决策分类.

1. 按照决策目标的多寡分为单目标决策和多目标决策

单目标决策是指决策要达到的目标只有一个的简单决策. 例如，个人的证券投资决策就是单目标决策，因为投资的目标只有一个，即追求投资收益的最大化. 多目标决策是指决策要达到的目标不止一个的复杂决策. 例如，企业目标决策就是多目标决策，因为企业的目标除了利润最大以外，还有股东收益目标、职工利益目标等. 实际问题中，很多决策问题都是多目标决策.

2. 按照决策的整体构成分为单阶段决策和多阶段决策

单阶段决策是指整个决策问题只涉及一个阶段，单个阶段的最优决策就是整个决策问题的最优决策. 多阶段决策是指决策问题由多个不同阶段的决策问题构成，前一阶段的决策结果直接影响下一阶段的决策.

3. 按照决策问题所处的环境分为确定型决策、对抗型决策和不确定型决策

确定型决策是指可行方案只有唯一确定的自然状态，这种决策完全取决于决策人的目的. 例如：某投资者用 10 000 美元投资，各种投资方案及收益见表 7-8. 由于各种方案的自然状态"年终收益"是确定的，投资者只需按照自己的投资目的"年终收益最大"便可作出"投资政府债券"的决策，这种就是确定型决策. 当然，这只是比较简单的确定型决策，一些比较复杂的确定型决策还需建立一定的模型，往往还需要借助于微分法求极值、线性规划、非线性规划、动态规划等数学方法来作出决策.

表 7-8 各种投资方案及收益 美元

可行方案	年终收益
银行储蓄	10 750
政府债券	10 900
公共事业	10 500
其他	10 440

对抗型决策的特点是包含了两个或多个人之间的竞争，并且不是所有的决策都在决策人直接控制之下，而要考虑对方的策略才作出最优决策. 田忌赛马就是这种对抗型决策.

不确定型决策是指可行方案有若干个不确定的自然状态，细分起来又有两种：一种是虽然自然状态不确定，但已知各种自然状态发生的概率，称为风险型决策；另一种是自然状态发生的概率未知，只能靠决策者的主观倾向进行决策，称为完全不确定型决策.

由于对抗型决策已形成运筹学的分支（即对策论），所以通常情况下，按照决策问题所处的环境，我们把决策分为确定型决策、完全不确定型决策和风险型决策. 本章剩余章节将主要讨论后两种决策问题的决策准则和方法.

7.3.2 不确定型决策

一个完全不确定型决策问题须满足以下条件：决策人须有一个明确的决策目标；有两个以上的可行方案；存在两种以上的自然状态，既不能确定未来会出现何种状态，又无法得到各自然状态发生的概率；每个可行方案在各种自然状态下的损益值可以计算得到.

由于只了解各可行方案在自然状态下的损益值，所以决策人只能根据自己的主观倾向来作出决策. 常用的决策准则有乐观准则、悲观准则、折中准则、等可能性准则和后悔值准则. 下面我们通过同一个例子来介绍这些决策准则的决策原理和方法.

例 7.4 某沿海城市的一位空调经销商欲在夏季来临之前进货，由于天气将影响空调的销售，他必须根据未来夏季的天气（很热、一般或不热）来作出决策：究竟是大批量进货还是中批量或小批量进货？根据以往的销售记录，各种天气下的销售收益见表 7－9. 试问：该销售商该如何进货？

表 7－9 决策问题的决策矩阵

收益/万元 \ 天气情况 \ 进货方案	θ_1：很热	θ_2：一般	θ_3：不热
d_1：大批量进货	10	4	−2
d_2：中批量进货	7	6	2
d_3：小批量进货	4	2	1

表中：d_i 称为决策问题的可行方案；θ_i 称为决策问题的自然状态.

1. 乐观准则

如果决策人对未来持乐观态度，即使面对未来自然状态不明确的情况，他也不愿意放弃任何一个获得最好结果的机会. 这种决策准则首先考虑各方案在自然状态下的最大收益，然后选取这些最大收益中的最大值所对应的方案作为最优决策. 所以，乐观准则又称为“好中求好”准则或 max-max 准则. 其一般步骤如下：

(1) 依次求出每一种可行方案在各自然状态下的最大损益值：

$$\max_{\theta_j}\{l_{i1}, l_{i2}, \cdots, l_{in}\} (i=1,2,\cdots,m)$$

(2) 取$\max\limits_{\theta_j}\{l_{m1}, l_{m2}, \cdots, l_{mn}\}$中的最大值$\max\limits_{d_i}\{\max\limits_{\theta_j}\{l_{m1}, l_{m2}, \cdots, l_{mn}\}\}$，所对应的方案 d_i 即为最优决策.

例如，用乐观准则对例 7.4 进行决策，各可行方案的最大损益值见表 7-10 最后一列. 因为 max{10,7,4}=10 对应的是 d_1，所以乐观准则下的最优方案是 d_1：大批量进货.

表 7-10

收益/万元 天气情况 进货方案	θ_1：很热	θ_2：一般	θ_3：不热	$\max\limits_{\theta_j}\{l_{i1},l_{i2},\cdots,l_{in}\}$
d_1：大批量进货	10	4	−2	10(max)
d_2：中批量进货	7	6	2	7
d_3：小批量进货	4	2	1	4

2. 悲观准则

与乐观准则相反，决策人对未来持悲观态度，他更多地考虑最差自然状态带来的损失.

事实上，由于决策人的经济实力比较薄弱，往往在处理问题时比较谨慎. 这种决策准则首先考虑各方案在自然状态下的最小收益，然后选取这些最小收益中的最大值所对应的方案作为最优决策. 所以，悲观准则又称为"坏中求好"准则或 max-min 准则. 其一般步骤如下：

(1) 依次求出每一种可行方案在各自然状态下的最小损益值：

$$\min_{\theta_j}\{l_{i1},l_{i2},\cdots,l_{in}\}(i=1,2,\cdots,m)$$

(2) 取$\min\limits_{\theta_j}\{l_{i1},l_{i2},\cdots,l_{in}\}$中的最大值$\max\limits_{d_i}\{\min\limits_{\theta_j}\{l_{m1},l_{m2},\cdots,l_{mn}\}\}$，所对应的方案 d_i 即为最优决策.

例如，用悲观准则对例 7.4 进行决策，各可行方案的最小损益值见表 7-11 最后一列.

表 7-11

收益/万元 天气情况 进货方案	θ_1：很热	θ_2：一般	θ_3：不热	$\min\limits_{\theta_j}\{l_{i1},l_{i2},\cdots,l_{in}\}$
d_1：大批量进货	10	4	−2	−2
d_2：中批量进货	7	6	2	2(max)
d_3：小批量进货	4	2	1	1

因为 max{−2,2,1}=2 对应的是 d_2，所以悲观准则下的最优方案是 d_2：中批量进货.

3. 折中准则

有的决策人认为，乐观准则和悲观准则对未来的判断都太极端，于是把这两种准则综合，引入一个乐观系数 $\alpha(0\leqslant\alpha\leqslant1)$，用于表达决策人对未来的乐观判断，相应地用于表达决策人对未来的悲观判断就是悲观系数 $1-\alpha$，这就形成了折中准则，又称为 α 系数决策准则. 其具体过程如下：

(1) 决策人选择一个合适的乐观系数 α，计算每种方案的折中收益值：

$$H_i=\alpha\max_{\theta_j}\{l_{i1},l_{i2},\cdots,l_{in}\}+(1-\alpha)\min_{\theta_j}\{l_{i1},l_{i2},\cdots,l_{in}\}$$

(2) 取 H_i 最大值$\max\limits_i\{H_i\}$，对应的方案 d_i 即为最优决策.

显然,$\alpha=1$ 时就是乐观准则,$\alpha=0$ 时就是悲观准则.

例如,对例 7.4 采用折中准则,取 $\alpha=0.7$,计算各可行方案的 H_i,见表 7-12 最后一列. 因为 $\max\{6.4,5.5,3.1\}=6.4$ 对应的是方案 d_1,所以折中准则下的最优方案是 d_1:大批量进货.

表 7-12

天气情况 / 收益/万元 / 进货方案	θ_1:很热	θ_2:一般	θ_3:不热	H_i
d_1:大批量进货	10	4	−2	$0.7\times10+0.3\times(-2)=6.4$
d_2:中批量进货	7	6	2	$0.7\times7+0.3\times2=5.5$
d_3:小批量进货	4	2	1	$0.7\times4+0.3\times1=3.1$

4. 等可能性准则

等可能性准则是由数学家 Laplace 提出的,也称为 Laplace 准则. 他认为:既然无法确定某自然状态比另一自然状态有更多发生的机会,只能认为各自然状态发生的概率是相等的,即都等于自然状态个数的倒数. 因此,首先计算各可行方案的期望收益,然后选择这些期望收益中的最大值所对应的方案就是最优决策.

例如,对例 7.4 采用等可能性准则,每个自然状态发生的概率都是$\frac{1}{3}$,计算各可行方案的期望收益,见表 7-13 最后一列. 因为 $\max\{4,5,\frac{7}{3}\}=5$ 对应的是 d_2,所以等可能性准则下的最优方案是 d_2:中批量进货.

表 7-13

天气情况 / 收益/万元 / 进货方案	θ_1:很热	θ_2:一般	θ_3:不热	$E(d_i)=\sum_i \frac{1}{3}l_{ij}$
d_1:大批量进货	10	4	−2	$\frac{1}{3}\times10+\frac{1}{3}\times4+\frac{1}{3}\times(-2)=4$
d_2:中批量进货	7	6	2	$\frac{1}{3}\times7+\frac{1}{3}\times6+\frac{1}{3}\times2=5$
d_3:小批量进货	4	2	1	$\frac{1}{3}\times4+\frac{1}{3}\times2+\frac{1}{3}\times1=\frac{7}{3}$

5. 后悔值准则

后悔值准则又称最小机会损失准则,是由经济学家 Savage 提出的. 由于自然状态的不确定性,决策人在制定决策之后,有可能会因为未达到该方案的最大收益而后悔. 所谓后悔值,就是可行方案在某种自然状态下的收益与该种自然状态下的最大收益之差. 后悔值准则的一般步骤如下:

(1) 找出各自然状态 $\theta_j(j=1,2,\cdots,n)$下的最大收益:

$$\max\{l_{1i},l_{2j},\cdots,l_{mj}\}$$

(2) 计算各自然状态下每个可行方案的后悔值 l'_{ij}：

$$l'_{i1}=\max\{l_{11},l_{21},l_{m1}\}-l_{i1},i=1,2,\cdots,m$$
$$l'_{i2}=\max\{l_{12},l_{22},l_{m2}\}-l_{i2},i=1,2,\cdots,m$$
$$\vdots$$
$$l'_{in}=\max\{l_{1n},l_{2n},l_{mn}\}-l_{in},i=1,2,\cdots,m$$

从而得到后悔值矩阵.

(3) 计算每个可行方案的最大后悔值：

$$\max\{l'_{i1},l'_{i2},\cdots,l'_{in}\},i=1,2,\cdots,m$$

则上述最大后悔值中的最小者所对应的方案为最优方案.

例如，对例 7.4 使用后悔值准则，三种自然状态下的最大收益依次为 10,6,2，计算得到后悔值矩阵，如表 7－14 所示.

表 7－14

天气情况 后悔值/万元 可行方案	θ_1：很热	θ_2：一般	θ_3：不热	$\max\{l'_{i1},l'_{i2},\cdots,l'_{in}\}$
d_1：大批量进货	10－10＝0	6－4＝2	2－(－2)＝4	4
d_2：中批量进货	10－7＝3	6－6＝0	2－2＝0	3(min)
d_3：小批量进货	10－4＝6	6－2＝4	2－1＝1	6

因为 $\min\{4,3,6\}=3$ 对应的是 d_2，所以后悔值准则下的最优方案是 d_2：中批量进货.

针对同一个决策问题采用不同的决策标准，得到的最优方案也是各不相同的. 出现这种情况的原因是每一种决策方法都是考虑了决策人的决策心理、感情和愿望而制定的. 一般来说，对有利情况的估计比较有信心的决策人会采用乐观准则，而追求稳妥并害怕承担较大风险的决策人会采用悲观准则，对未来形势既不乐观也不太悲观的决策人会采用折中准则，对决策失误的后果看得较重的决策人会采用后悔值准则.

§7.4 风险型决策

如果决策人不仅知道面临哪些自然状态，而且通过调查或预测等手段得到这些自然状态发生的概率，同时也明确各可行方案在自然状态的收益，这就是风险型决策问题. 由于自然状态发生的不确定性，无论决策人选择何种方案，他都需要承担一定的风险. 风险型决策问题的决策标准有最大期望收益准则决策、最小机会损失期望值准则和最大可能性准则.

7.4.1 最大可能性准则

由概率论知识可知，事件发生的概率越大，那么该事件在一次实验中发生的可能性就越大. 最大可能性准则就是选择概率最大的自然状态下最大收益对应的方案作为最优决策，而不考虑其他状态下收益.

例 7.5 某企业为生产新产品需要建立新工厂，现有两种建厂方案：一是建大厂，需要投资 300 万元；另一种是建小厂，需投资 160 万元. 已知两种方案在未来若干年内的可能利润见

表 7－15(自然状态下括号内为自然状态发生的概率). 问:该企业如何选择建厂方案?

表 7－15

利润/万元 自然状态 可行方案	销售好(0.4)	销售一般(0.6)
d_1:建大厂	900	－200
d_2:建小厂	400	100

解 因为自然状态"销售一般"发生的概率是 0.6,这种状态下的最大收益是 100,对应的方案是 d_2,所以最大可能性准则下的最优方案是 d_2:建小厂.

7.4.2 最大期望收益准则

如果把每个方案在各个自然状态下的收益看成离散型随机变量,我们就可以求出每个方案的收益的期望值,选择最大期望收益所对应的方案作为最优决策,这就是最大期望收益准则. 设状态 θ_j 的概率为 p_j,方案 d_i 在状态 θ_j 下的收益为 l_{ij},则方案 d_i 的期望收益为

$$E(d_i)=\sum_j l_{ij}p_j$$

例如,对例 7.5 使用最大期望收益准则. 各方案的期望收益见表 7－16 最后一列,由于方案 d_1 的期望收益(240 万元)最大,故最优方案是方案 d_1:建大厂.

表 7－16

利润/万元 自然状态 可行方案	销售好(0.4)	销售一般(0.6)	$E(d_i)$
d_1:建大厂	900	－200	$900\times0.4+(-200)\times0.6=240$
d_2:建小厂	400	100	$400\times0.4+100\times0.6=220$

7.4.3 最小机会损失期望值准则

如果决策人更看重决策失误而产生的后果,他可以计算各个方案的后悔值的期望值,并选择最小期望值对应的方案作为最优决策,这就是最小机会损失期望值准则. 设状态 θ_j 的概率为 p_j,方案 d_i 在状态 θ_j 下的后悔值为 l'_{ij},则方案 d_i 的后悔值的期望为

$$E(d_i^H)=\sum_j l'_{ij}p_j$$

对例 7.5 使用最小机会损失期望值期准则. 各自然状态下的最大收益分别是 900,100,故后悔值矩阵如表 7－17 所示,各方案的后悔值的期望值见表 7－17 最后一列. 由于方案 d_1 的后悔值的期望值(180 万元)最小,故最优方案是方案 d_1:建大厂.

表 7-17

后悔值/万元 自然状态 可行方案	销售好(0.4)	销售一般(0.6)	$E(d_i^H)$
d_1:建大厂	0	300	$0\times0.4+300\times0.6=180$
d_2:建小厂	500	0	$500\times0.4+0\times0.6=200$

一般来说,对同一问题使用最大期望收益准则和最小机会损失期望值准则,得到的最优决策通常是相同的.因为收益的期望值最大时,对应方案的损失期望值往往是最小的.

7.4.4 概率的灵敏度分析

风险型决策问题中,自然状态的概率往往是根据过去经验主观估计或统计预测得到的,不可能十分精确可靠,此外实际情况也在不断地变化,一旦自然状态的概率发生了改变,以原先的概率作为依据作出的最优决策是否仍然有效,就成为值得重视的问题.分析决策所用概率的变化对最优方案选择的影响,称为概率的灵敏度分析.

我们来分析本节的例 7.5.当自然状态"销售好"的概率为 0.4 而"销售一般"的概率为 0.6 时,利用最大期望收益准则得到的最优决策是方案 d_1:建大厂.如果将"销售好"的概率改为 0.3(从而"销售一般"的概率为 0.7),则

$$E(d_1)=900\times0.3+(-200)\times0.7=130$$
$$E(d_2)=400\times0.3+100\times0.7=190$$

根据最大期望收益准则,最优决策是方案 d_2:建小厂.最优决策发生了改变,这是由于自然状态概率的变化而造成的.那么自然状态概率在怎样的范围内变化,就不影响最优决策的选择呢?

在此例中,假设"销售好"的概率改为 p,从而"销售一般"的概率为 $1-p$,当两个方案的期望收益相等时,即

$$900\times p+(-200)\times(1-p)=400\times p+100\times(1-p)$$

有 $p=0.375$.只要 $p>0.375$,建大厂的期望收益大于建小厂的期望收益,最优决策总是建大厂,否则最优决策为建小厂.可见,$p=0.375$ 对此决策问题是非常重要的一个值,我们称它为转折概率.

此例虽然是一个两方案两状态的决策问题,但是对于其他风险型决策问题,我们也可以对概率作类似的分析,即考虑当各方案期望收益相等时,计算每个自然状态的转折概率.了解自然状态的转折概率,对作出正确的决策是非常重要的.当概率在某允许范围内变动,最优决策保持不变时,则这个可行方案是比较稳定的.反之,如果概率稍有变化,最优决策就随之变化,那么可行方案是不稳定的.另外,知道自然状态的转折概率也有助于简化决策分析.例如在例 7.5 中,只要决策人估计"销售好"的概率大于 0.375,就可以决策建大厂,而无需具体估计出概率究竟是多少,这就简化了决策过程.

§7.5 决策树

在上一节中,我们用一个很简单的例子介绍了风险型决策问题的三个决策准则,但在实际

中，风险型决策问题往往包含多个阶段或多个目标，逐个计算可行方案的期望收益就显得毫无头绪，计算过程也很复杂，这就需要使用决策树了. 决策树是对决策局面的一种图解，使用决策树可以使决策问题形象化，使决策过程条理清晰化.

决策树一般由四个部分组成，如图 7－7 所示.

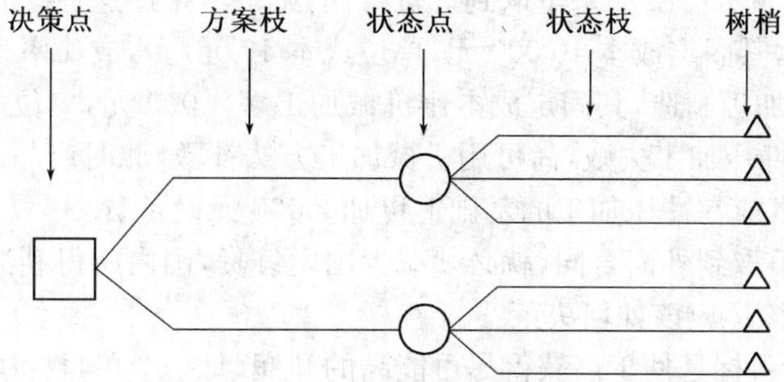

图 7－7　决策树的构成

(1) **决策点**　在决策树中以方框表示，决策人必须在决策点处进行最优方案的选择.

(2) **方案枝**　在决策点处引出方案枝，并在方案枝上方标明方案名称及期望收益.

(3) **状态点及状态枝**　在方案枝的末端以圆圈表示，在状态枝上方标明状态名称及发生的概率.

(4) **树梢**　在状态枝的末端以三角形表示，每个树梢旁边的数字表示方案在自然状态下的收益.

决策树把各种可行方案、自然状态及其概率、各种收益简明地绘制在一张图表上，便于管理人员审度决策局面，分析决策过程，尤其对于那些缺乏所需数学知识从而难以胜任运算的管理人员来说，会使他们感觉特别方便. 下面分别通过单阶段决策和多阶段决策来举例说明如何使用决策树进行决策.

例 7.6　用决策树法求解表 7－15 对应的决策问题.

解　(1) 绘制决策树，如图 7－8 所示.

(2) 自右向左逐个计算各状态点处的期望收益：

状态点 1　　$900\times0.4+(-200)\times0.6=240$

状态点 2　　$400\times0.4+100\times0.6=220$

将 240 和 220 分别写在各自方案枝的上方.

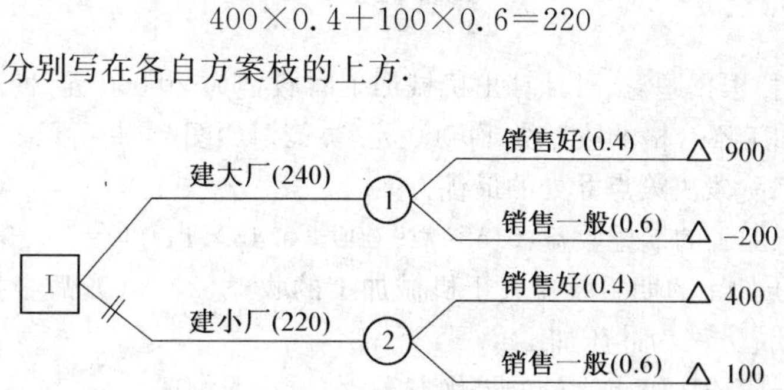

图 7－8　建厂决策的决策树

(3) 自右向左逐个比较各决策点处方案枝的期望收益，根据最大期望收益准则，选择期望收益最大的方案枝为最优方案，并在其余的方案枝上画两道短线，表示舍弃这些方案.

决策点Ⅰ　建大厂方案枝的期望收益大于建小厂方案枝的期望收益,因此建大厂为最优方案,并在建小厂方案枝上画两道短线.

例 7.7　据商情报告,工厂有可能和外商签订销售合同.为了争取这个合同,该厂应参加样品展览,并消耗成本 5 000 元.如果参展且样品质量优良,则有 90%的可能争取到外商的 5 000 台订货,每台出价 25 元.如果争取到订货合同,则该厂生产这种产品有两种工艺:

(1) 用机械加工,其固定成本 10 000 元,单位成本 19 元/台,成功率为 100%;

(2) 用冲压机床加工制造,其固定成本比机械加工多 4 000 元,单位成本则少 2.6 元/台,成功率 55%.若采用冲压加工失败,尚可用机械加工方法补救,此时产品的单位成本应按机械加工计算,而固定成本应在冲压加工的基础上再加 2 000 元设备费.

另外,如果该厂争取到外商合同,就必须减少国内订货,国内所得利润由原来的 10 000 元降为 5 000 元.试问:该厂应该如何决策?

解　本例的决策目标是使工厂获得尽可能高的利润,是一个单目标决策问题.但整个决策分两个阶段:第一阶段是是否参展.若参展样品质量优良,有 90%的可能获得合同;获得合同后,国内利润将减少 5 000 元.第二阶段是取得合同后,采用何种方案生产.

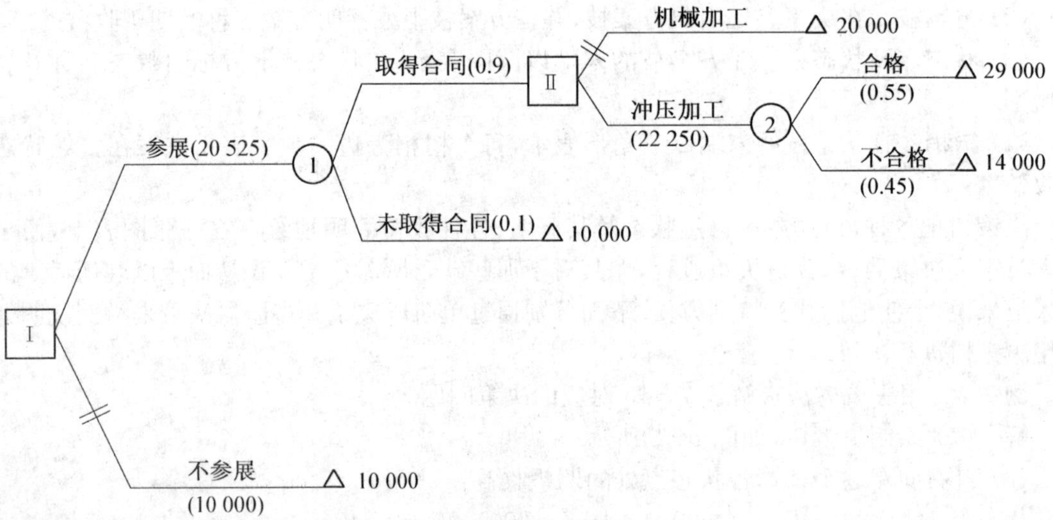

图 7-9

(1) 绘制决策树.根据题意,可计算出机械加工时收益为 20 000 元,冲压加工合格时收益为 29 000 元,冲压加工不合格的收益为 14 000 元.决策树如图 7-9 所示.

(2) 先考虑第二阶段决策点Ⅱ处的最优方案.

状态点 2　冲压加工的期望收益:$0.55\times 29\,000+0.45\times 14\,000=22\,250$(元).

决策点Ⅱ　冲压加工的期望收益大于机械加工的收益(20 000),故根据最大期望收益准则,决策点Ⅱ处的最优方案为冲压加工.

(3) 再考虑第一阶段决策点Ⅰ处的最优方案.

状态点 1　由第二阶段的决策知,取得合同并采用冲压加工的收益为 22 250 元,另外还有 5 000 元的国内利润.所以,参加展览的期望收益为

$$0.9\times(22\,250+5\,000)+0.1\times 10\,000=25\,525(\text{元})$$

决策点Ⅰ 由于参加展览(不管是否取得合同)需消耗成本 5 000 元,故参加展览最终的期望收益为 25 525－5 000＝20 525(元),大于不参展的收益(10 000 元),从而根据最大期望收益准则,决策点Ⅰ处的最优方案为参加展览.

综上,该厂可作出决策:参加样品展览并保证样品质量优良;取得合同后,采用冲压加工方案.

§7.6 完备信息的价值与贝叶斯决策

7.6.1 完备信息的价值

在风险型决策问题中,人们为了降低不确定性、减小风险,以提高决策的成功率,会想方设法搜集关于自然状态的更多信息.一旦获得的信息能绝对准确地预报未来发生的自然状态,决策人就可以选择在这种状态下收益最高的方案,这样的信息被称为完备信息.为了获得完备信息,决策人需要额外的资金投入,这就产生了完备信息的价值的概念.所谓完备信息的价值,就是根据完备信息作出的决策的收益与风险情况下作出的决策的收益之差.在实际中,完备信息的价值是如何计算的呢?决策人是否都应该购买完备信息呢?我们通过一个具体的例子来介绍.

例 7.8 某工厂要研制开发一种新型童车,首要的问题是要研究这种新产品的销路及竞争者的情况.他们估计:当新产品销路好时,采用新产品可盈利 80 万元,生产老产品则因其他竞争者会开发新产品,而使老产品滞销,工厂可能会亏损 40 万元,当新产品销路不好时,采用新产品就要亏损 30 万元,生产老产品,就有可能用更多的资金来发展老产品,获利 100 万元.根据过去的经验工厂估计销路好的概率为 0.6,销路差的概率为 0.4.问:该工厂应如何选择生产方案?现假设有一市场调查公司以 20 万元的价格提供未来准确的销售状况,问:该工厂是否值得购买?

分析 此决策问题的决策矩阵见表 7－18,根据最大期望收益准则,方案 d_1:生产新型童车为最优方案,该工厂可获得 36 万元的期望收益.

表 7－18

收益/万元 自然状态 可行方案	销路好(0.6)	销路差(0.4)	$E(d_i)$
d_1:生产新型童车	80	−30	$80\times0.6+(-30)\times0.4=36$
d_2:不生产新型童车	−40	100	$(-40)\times0.6+100\times0.4=16$

如果工厂购买了市场调查公司的完备信息即知道了销路的确切情况,工厂能获得多少收益呢?显然,若完备信息告诉决策人自然状态是“销路好”,则决策人一定会选择方案“生产新型童车”,可获得收益 80 万元;若完备信息告诉决策人自然状态是“销路差”,则决策人一定会选择方案“不生产新型童车”,可获得收益 100 万元.决策人可根据完备信息“随机应变”而获得两种方案的最大收益,但在购买完备信息之前决策人并不知道市场调查公司会提供哪种状态,因为“销路好”的概率为 0.6,“销路差”的概率为 0.4,所以决策人只能认为完备信息告知“销路

好”的概率也为 0.6，告知“销路差”的概率也为 0.4. 因此，若购买完备信息，决策人能获得的平均收益为

$$80\times0.6+100\times0.4=88(\text{万元})$$

我们称此值为完备信息的期望收益. 因此，完备信息的价值(EVPI)为

$$\text{EVPI}=88-36=52(\text{万元})$$

这就是说，若工厂购买了市场调查公司的完备信息，工厂能额外获得 52 万元的期望收益，而市场调查公司只报价 20 万元提供信息，因此该工厂应该购买完备信息.

一般的，若决策问题的自然状态为 θ_j，发生的概率为 $p_j(j=1,2,\cdots,n)$，方案 d_i 在 θ_j 下的收益为 $l_{ij}(i=1,2,\cdots,m)$，则完备信息的价值为

$$\text{EVPI}=\sum_j \max\{l_{1j},l_{2j},\cdots,l_{mj}\}\cdot p_j-\max\{E(d_i)\}$$

并且当完备信息的价值大于完备信息的成本时，决策人应该购买完备信息，否则放弃购买.

7.6.2 贝叶斯决策

风险型决策问题中，决策人必须事先知道自然状态的概率，才能根据最大期望收益等准则作出决策. 我们把由过去检验或专家估计所获得的概率称为先验概率，先验概率不一定完全符合实际情况，因此为了作出更好的决策，决策人有时还通过另外的信息来修正先验概率以得到对自然状态更好的概率估计，这就形成了贝叶斯决策.

在例 7.8 中，当市场调查公司提供完备信息即知道了销路的确切情况后，工厂知道市场调查的结果不可能完全准确，但工厂一般能估计出调查的准确程度. 事实上，市场调查公司对销路的调查结果也有几种情况：(1) z_1：销路好；(2) z_2：销路差；(3) z_3：不确定是好还是差. 根据该市场调查公司积累的资料统计得知(见表 7-19)：当市场销路好时，调查结果为销路好的概率为 0.8，调查结果为销路差的概率为 0.1，调查结果为不确定的概率为 0.1；当市场销路差时，调查结果为销路好的概率为 0.1，调查结果为销路差的概率为 0.75，调查结果为不确定的概率为 0.15，这种分析是在决定购买信息之前进行的.

表 7-19 调查结果的条件概率

调查结果 / 收益/万元 / 自然状态	z_1：销路好	z_2：销路差	z_3：不确定
θ_1：销路好	0.8	0.1	0.1
θ_2：销路差	0.1	0.75	0.15

表 7-19 中的概率实际上是条件概率 $P(z_j|\theta_i)(i=1,2;j=1,2,3)$. 现在的问题：当市场调查公司的调查结果已知时，决策人如何来决策？此决策的期望收益是多少？决策人是否值得购买此信息？我们先画出决策树，如图 7-10 所示，显然这是一个多目标、多阶段决策问题.

下面来说明贝叶斯决策的过程.

(1) 计算不购买信息时的期望收益

在例中，状态点 2,3

$$E(d_1)=80\times0.6+(-30)\times0.4=36,E(d_2)=(-40)\times0.6+100\times0.4=16$$

根据最大期望收益准则，在决策点Ⅱ处选择最优方案 d_1：生产新型童车，从而不购买信息时的

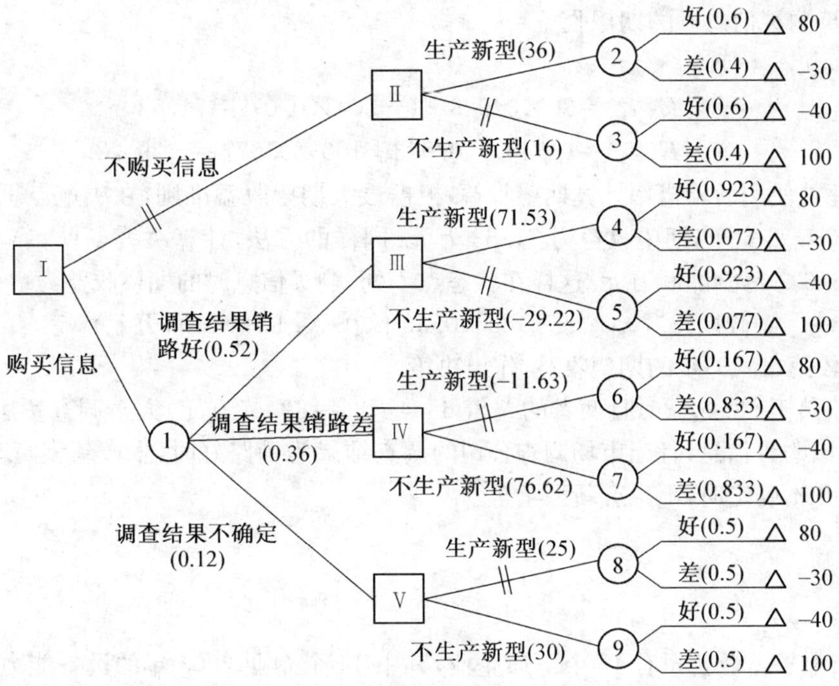

图 7－10

期望收益为 36 万元.

(2) 根据先验概率 $P(\theta_j)$ 和条件概率 $P(z_j|\theta_i)$ 计算 $P(\theta_j|z_i)$，计算公式为

$$P(z_j)=\sum_j P(\theta_j)P(z_i|\theta_j)$$

$$P(\theta_j|z_i)=\frac{P(\theta_j)P(z_i|\theta_j)}{P(z_j)}$$

前者称为全概率公式，后者称为贝叶斯公式，称条件概率 $P(\theta_j|z_i)$ 为后验概率.

在例中，$P(z_1)=\sum_j P(\theta_j)P(z_1\mid\theta_j)=0.6\times0.8+0.4\times0.1=0.52$. 类似的，可计算 $P(z_2)=0.36$，$P(z_3)=0.12$，从而 $P(\theta_1\mid z_1)=\frac{P(\theta_1)P(z_1\mid\theta_1)}{P(z_1)}=\frac{0.6\times0.8}{0.52}\approx0.923$. 此结果表示，当市场调查公司的调查结果为销路好时，自然状态也为销路好的概率为 0.923 而不是最大概率 1. 这一方面说明即使调查结果为销路好，实际中也不一定就是销路好，另一方面也说明了后验概率修正了先验概率，体现了决策人购买信息是必要的. 其他后验概率见表 7－20.

表 7－20　后验概率

$P(\theta_j\|z_i)$ 自然状态 / 调查结果	θ_1：销路好	θ_2：销路差
z_1：销路好	0.923	0.077
z_2：销路差	0.167	0.833
z_3：不确定	0.5	0.5

(3) 计算购买信息时的期望收益

在例中,状态点 4,5

$$E(d_1)=80\times 0.923+(-30)\times 0.077=71.53$$
$$E(d_2)=(-40)\times 0.923+100\times 0.077=-29.22$$

注意:此处使用后验概率计算期望收益,根据最大期望收益准则,在决策点Ⅲ处选择最优方案 d_1:生产新型童车,期望收益为 71.53 万元. 同样的方法,计算决策点Ⅳ和Ⅴ处的期望收益分别为 76.62 万元和 30 万元. 这样在状态点 1 处,购买信息时的期望收益为

$$71.53\times 0.52+76.62\times 0.36+30\times 0.12\approx 68.4(\text{万元})$$

(4) 比较第(1)(3)步的期望收益,作出决策

在例中,由于 68.4>36,且两者的差值 68.4−36=32.4(万元)大于调查费用(20 万元),故决策人应该购买信息,且当市场调查公司的调查结果为销路好时,生产新型童车,当调查结果为销路差和不确定时,不生产新型童车.

习题

1. 某市电子工业公司有 15 个下属企业,其中 14 个企业 2003 年的设备能力和劳动生产率统计数据如下表:

企业编号	1	2	3	4	5	6	7
设备能力/(千瓦/小时)	2.8	2.8	3	2.9	3.4	3.9	4
劳动生产率/(千元/人)	6.7	6.9	7.2	7.3	8.4	8.8	9.1
企业编号	8	9	10	11	12	13	14
设备能力/(千瓦/小时)	4.8	4.9	5.2	5.4	5.5	6.2	7
劳动生产率/(千元/人)	9.8	10.6	10.7	11.1	11.8	12.1	12.4

当某一企业的年设备能力达到 8 千瓦/小时时,试预测该企业的劳动生产率.

2. 某地区粮食产量资料如下(单位:吨):

年份	2001	2002	2003	2004	2005	2006	2007	2008	2009
产量	217	230	225	248	242	253	280	309	343

(1) 画出散点图;(2) 用直线趋势模型预测 2010 年的粮食产量.

3. 某部门各年基本建设投资额资料如下(单位:万元):

年份	2001	2002	2003	2004	2005	2006	2007	2008	2009
投资额	1 240	1 291	1 362	1 450	1 562	1 695	1 845	2 018	2 210

(1) 试判断该时间序列接近于哪一种趋势模型;(2) 用你所选择的趋势模型预测该部门 2011 年的基本建设投资额.

4. 某地区工业净产值统计资料如下(单位:千万元):

年份	1997	1998	1999	2000	2001	2002
净产值	5.3	7.2	9.6	12.9	17.1	23.2

试选用合适的趋势模型预测 2003 年该地区的工业净产值.

5. 下表为 1985—2002 年间全国公共图书馆数目的统计表.(1) 验证该时间序列的发展接近于修正指数曲线;(2) 试预测 2005 年全国公共图书馆的数目.

年份	1985	1986	1987	1988	1989	1990	1991	1992	1993
个数	2 344	2 406	2 440	2 485	2 512	2 527	2 535	2 558	2 572
年份	1994	1995	1996	1997	1998	1999	2000	2001	2002
个数	2 589	2 608	2 620	2 628	2 652	2 669	2 677	2 696	2 697

6. 某电器生产商欲对家用电器生产投资,各种方案的投资收益如下表:

收益/万元　市场需求 可行方案	高	一般	低
扩建原厂	150	120	−30
建设新厂	210	75	−60
转包外厂	90	45	15

试分别用乐观准则、悲观准则、等可能性准则、最小后悔值准则作出决策.

7. 在上题中,若增加条件"市场需求高的概率为 0.3,市场需求一般的概率为 0.5,市场需求低的概率为 0.2",试用决策树方法作出决策.

8. 某电脑制造商由于工艺水平限制,产品的质量和数量都未达到先进水平.现在该厂着手制定五年计划,要在改革工艺的两种途径中作出选择:一是向国外购买专利,估计谈判成功的可能性为 0.8;另一种途径是自行研制,成功的可能性是 0.6.但购买专利的费用较自行研究高出 100 万元.无论通过哪条途径,只要改革工艺成功都会有两种生产方案:增加一倍产量或增加两倍产量;倘若改革工艺失败,则只能维持原产量.根据市场预测,今后相当一段时间,对该厂电脑的需求量较高的可能性为 0.3,保持一般水平的可能性为 0.5,下降到低水平的可能性为 0.2,该制造商估计出上述各种情况下的利润值如下表所示:

收益/万元　可行方案 市场需求	改革工艺失败按原工艺生产	购买专利成功		自行研制成功	
		一倍产量	两倍产量	一倍产量	两倍产量
高	1 500	5 000	7 000	5 000	8 000
中等	100	2 500	4 000	1 000	3 000
低	−1 000	0	−2 000	0	−2 000

(1) 画出该决策问题的决策树;(2) 问:该制造商该如何决策?

9. 某公司拟投产一种新产品,对该产品投放市场后的结果有如下估计:

销售状况	先验概率 $P(B_i)$	盈利/万元
B_1:好	0.25	30
B_2:中等	0.3	2
B_3:差	0.45	−12

如进行一次市场调查,其费用约需 1.2 万元.根据过去的经验有如下几种情况:

$P(A_j\|B_i)$ 调查结论 \ 销售状况	B_1:好	B_2:中等	B_3:差
A_1:销售好	150	120	−30
A_2:销售中等	210	75	−60
A_3:销售差	90	45	15

要求:对进行市场调查和不调查两种情况下的期望盈利作出估计,以便决定是否值得进行一次调查;并根据市场需求出现好、中、差的后验概率对是否要投产该产品作出决策.

第八章

对策论

对策论也称博弈论，是运筹学的一个重要分支. 1928 年冯・诺依曼(J. von Neumann)等人由于经济问题的启发，研究了一类具有某种特性的博弈问题，这是对策论的最早期的工作. 在我国古代的战国时期，“齐王与田忌赛马”就是一个非常典型的对策论的例子. 对策论所研究的主要对象是带有斗争性质(或至少含有斗争成分)的现象. 由于对策论研究的对象与政治、军事、工业、农业、交通、运输等领域有密切关系，处理问题的方法又有着明显的特色，所以越来越受到人们的注意.

日常生活中，经常看到一些具有相互之间斗争或竞争性质的行为，例如下棋、打牌、体育比赛等，还有战争活动中的双方，都力图选取对自己最为有利的策略，千方百计去战胜对手. 在政治方面，国际间的谈判，各种政治力量之间的斗争，各国际集团之间的斗争等无一不具有斗争的性质. 经济生活中，各国之间、各公司之间的各种经济谈判，企业为争夺市场而进行的竞争等，举不胜举.

具有竞争或对抗性质的行为，称为对策行为. 在这类行为中，参加斗争或竞争的各方具有不同的目标和利益，为了达到各自的目标和利益各方必须考虑对手的各种可能的行动方案，并力图选取对自己最为有利或最为合理的方案. 对策论就是研究对策行为中斗争各方是否存在着最合理的行动方案，以及如何找到这个合理的行动方案的数学理论和方法.

在我国古代，“齐王赛马”就是一个典型的对策论研究的例子.

战国时期，齐王有一天提出要与大将田忌赛马. 双方约定：从各自的上中下三个等级的马中选一匹参赛. 每匹马均只能参赛一次；每次比赛双方各出一匹马，负者要付给胜者千金. 已经知道，在同等级的马中，田忌的马不如齐王的马，而如果田忌的马比齐王的马高一等级，则田忌的马可取胜. 当时，田忌手下的一个谋士给田忌出了个主意：每次比赛时先让齐王牵出他要参赛的马，然后用下马对齐王的上马，用中马对齐王的下马，用上马对齐王的中马. 比赛结果，田忌二胜一负，可得千金. 由此看来，两人各采取什么样的出马次序，对胜负是至关重要的.

还如日常生活中，儿童或喝酒中不会猜拳的用“石头—剪子—布”游戏也是带有竞争性质的现象. 大家都知道游戏的规定：第一，每人每局比赛中，只能在石头、剪子、布三种出法中选一种；第二，在一局比赛中，石头对剪子认为石头赢，剪子对布认为剪子赢，布对石头认为布赢，如果双方都是同一种，则认为没有输赢. 这样一局比赛中，各方是赢是输，不仅与自己所采取的出法(亦称策略)有关，而且与对方所采取的出法有关. 下面介绍对策论中的矩阵对策.

§8.1 对策论的基本概念

以下称具有对策行为的模型为对策模型或对策.对策模型的种类可以千差万别,但本质上都必须包括如下三个基本要素:

(1) 局中人

在一个对策行为(或一局对策)中,有权决定自己行动方案的对策参加者称为局中人,通常用 I 表示局中人的集合.如果有 n 个局中人,则 $I=\{1,2,\cdots,n\}$,一般要求一个对策中至少要有两个局中人,如在"齐王赛马"例子中,局中人是齐王与田忌.

当然,对策中关于局中人的概念是具有广义性的,局中人除了可以理解为个人外,还可以理解为某一集体.

需要补充的一点是,在对策中总是假定每一个局中人都是理智的、聪明的决策者或竞争者.即对任一局中人来讲,不存在利用其他局中人决策的失误来扩大自身利益的可能性或相反.

(2) 策略集

一局对策中,可供局中人选择的一个实际可行的完整的行动方案称为一个策略,参加对策的每一局中人 $i\in I$,都有自己的策略集 S_i.一般的,每一局中人的策略集中至少应包括两个策略.

在"齐王赛马"例子中,如用(上、中、下)表示以上马、中马、下马依次参赛次序,这是一个完整的行动方案,即为一个策略.可见,局中人齐王与田忌各自都有六个策略:(上、中、下)、(上、下、中)、(中、上、下)、(中、下、上)、(下、中、上)、(下、上、中).

(3) 赢得函数(支付函数)

在一局对策中,当局势给定以后,就用一个数来表示得失(或输赢).显然,这种"得失"或"输赢"是局势的函数,称为支付函数.

例如,s_i是第 i 个局中人的一个策略,则 n 个局中人的策略组 $s=(s_1,s_2,\cdots,s_n)$是一个局势,全体局势的集合 S 可用各局中人策略集的笛卡尔积表示,即

$$S=S_1\times S_2\times\cdots\times S_n$$

当局势出现后,对策结果也就确定了,即对任一局势 $s\in S$,局中人 i 可能得到一个赢得 $H_i(s)$.显然,$H_i(s)$是局势 s 的函数,称为第 i 个局中人的赢得函数(支付函数).

齐王赛马中,局中人集体 $I=\{1,2\}$;

齐王的策略集用 $S_1=\{\alpha_1,\alpha_2,\alpha_3,\alpha_4,\alpha_5,\alpha_6\}$;

田忌的策略集用 $S_2=\{\beta_1,\beta_2,\beta_3,\beta_4,\beta_5,\beta_6\}$表示.

这样,齐王的任一策略 α_i和田忌的任一策略β_j就决定了一个局势 S_{ij}.如果 $\alpha_1=$(上、中、下),$\beta_1=$(上、中、下),则在局势 S_{11}下齐王的赢得值为 $H_1(S_{11})=3$.田忌的赢得值为 $H_2(S_{11})=-3$,如此等等.

一般当这三个基本因素确定后,一个对策模型也就给定了.对策论的模型很多,如矩阵对策、连续对策、微分对策、阵地对策、随机对策等.

在众多对策模型中占有重要地位的是两人有限零和对策,又称矩阵对策.矩阵对策是到目前为止在理论研究和求解方法方面比较完善的一类对策,而且这类对策的研究思想和理论结果又是研究其他类型对策模型的基础.由于学时的限制,我们只能主要介绍矩阵对策的基本理论和方法.

§8.2 矩阵对策

我们来看几个矩阵对策的例子.

例 8.1 我们称"石头—剪子—布"游戏是一个对策问题. 设参加游戏的是甲、乙两人，他们的策略集合都是{石头、剪子、布}，也就是说他们在每一局比赛中都只能采取各自策略集合中的一个策略. 如果我们再规定，赢得的一方得一分，输的那方得 −1 分，显然，这个问题是两人有限零和对策，即矩阵对策.

我们可以列出甲、乙两人在一局比赛中的各种局势下的赢输分数. 因为这是零和对策，故只需知道甲、乙任何一方在各种局势下的分数，就能够知道对方的情况了.

甲、乙两人在各种局势下的得分情况如表 8－1 所示.

表 8－1

甲的得分 / 乙的策略 / 甲的策略	石头	剪子	布
石头	0	1	−1
剪子	−1	0	1
布	1	−1	0

如把表中数字用矩阵形式表示，则有

$$A=\begin{bmatrix}0 & 1 & -1\\ -1 & 0 & 1\\ 1 & -1 & 0\end{bmatrix}$$

我们称 **A** 为甲的赢得矩阵.

例 8.2（齐王赛马） 战国时期，齐王要与大将田忌赛马，双方约定：从自己的上、中、下三个等级的马中各选出一匹进行比赛，每次比赛输者要付给赢者千金. 就同等级的马而言，齐王的马都比田忌的强，他们两人的策略集合都是{（上、中、下）、（上、下、中）、（中、上、下）、（中、下、上）、（下、上、中）、（下、中、上）}，并且可以知道，在每一局比赛结束时，齐王和田忌任何一方赢得的千金数恰是对方输丢的千金数. 可见，这是两人有限零和对策，即矩阵对策.

表 8－2 列出齐王在各种局势下赢得千金的数值（表中−1 表齐王输 1 千金）.

表 8－2

齐王赢得千金数 / 田忌策略 / 齐王策略	β_1（上、中、下）	β_2（上、下、中）	β_3（中、上、下）	β_4（中、下、上）	β_5（下、中、上）	β_6（下、上、中）
α_1（上、中、下）	3	1	1	1	1	−1
α_2（上、下、中）	1	3	1	1	−1	1
α_3（中、上、下）	1	−1	3	1	1	1
α_4（中、下、上）	−1	1	1	3	1	1
α_5（下、中、上）	1	1	−1	1	3	1
α_6（下、上、中）	1	1	1	−1	1	3

用矩阵形式表示

$$A=\begin{bmatrix} 3 & 1 & 1 & 1 & 1 & -1 \\ 1 & 3 & 1 & 1 & -1 & 1 \\ 1 & -1 & 3 & 1 & 1 & 1 \\ -1 & 1 & 1 & 3 & 1 & 1 \\ 1 & 1 & -1 & 1 & 3 & 1 \\ 1 & 1 & 1 & -1 & 1 & 3 \end{bmatrix}$$

称作齐王的赢得矩阵.

一般情况,设两个局中人分别记为Ⅰ和Ⅱ.局中人Ⅰ有 m 个策略 $\alpha_1,\alpha_2,\cdots,\alpha_m$;局中人Ⅱ有 n 个策略 $\beta_1,\beta_2,\cdots,\beta_n$.用 S_1 表示局中人Ⅰ的策略集合,S_2 表示局中人Ⅱ的策略集合,即

$$S_1=\{\alpha_1,\alpha_2,\cdots,\alpha_m\}$$
$$S_2=\{\beta_1,\beta_2,\cdots,\beta_n\}$$

为了与后面的概念区分开来,称 α_i 为Ⅰ的纯策略,β_j 为Ⅱ的纯策略,对于纯策略构成局势 (α_i,β_j) 称为纯局势.

局中人Ⅰ的赢得矩阵记为

$$A=\begin{bmatrix} a_{11} & a_{12} & \cdots & a_{1n} \\ a_{21} & a_{22} & \cdots & a_{2n} \\ \vdots & \vdots & \ddots & \vdots \\ a_{m1} & a_{m2} & \cdots & a_{mn} \end{bmatrix}$$

A 中的元素 a_{ij} 表示在纯局势 (α_i,β_j) 下局中人Ⅰ得分,也表示在同一局势下,局中人Ⅱ得分为 $-a_{ij}$.

我们把矩阵对策记为

$$G=\{\text{Ⅰ},\text{Ⅱ};S_1,S_2;A\}\text{或}G=\{S_1,S_2;A\}$$

矩阵对策模型给定后,各局中人面临的问题:如何选择对自己最为有利的纯策略,以谋取最大的赢得(或最少损失),这就是所谓矩阵对策的最优纯策略.

§8.3 矩阵对策的解法

8.3.1 矩阵对策的最优纯策略

我们用一个例子来说明最优纯策略的概念.

例 8.3 设有一矩阵对策 $G=\{S_1,S_2;A\}$,其中 $S_1=\{\alpha_1,\alpha_2,\alpha_3,\alpha_4\}$,$S_2=\{\beta_1,\beta_2,\beta_3\}$,

$$A=\begin{bmatrix} -6 & 1 & 8 \\ 3 & 2 & 4 \\ 9 & -1 & -10 \\ -3 & 0 & 6 \end{bmatrix}$$

从中可看出,局中人Ⅰ的最大赢得是 9,要想得到这个赢得,他就得选择纯策略 α_3.假定局中人Ⅱ也是理智的,他考虑到了局中人Ⅰ打算出 α_3 的心理,于是准备以 β_3 对付之,使局中人不但得不到 9,反而失掉 10,局中人Ⅰ当然也会猜到局中人Ⅱ的这一心理,故想出 α_4 来对付,使局

中人Ⅱ得不到10而失掉6……所以，如果双方都不想冒险，都不存在侥幸心理，而是考虑到对方必然会设法使自己的所得最少这一点，就应该从各自可能出现的最不利的情形中选择一种最为有利的情形作为决策的依据，这就是所谓“理智行为”，也是对策双方实际上都能接受的一种稳妥方法.

例8.3中，局中人Ⅰ分析出纯策略 $\alpha_1,\alpha_2,\alpha_3,\alpha_4$ 可能带来的最少赢得（矩阵 **A** 中每行的最小元素）分别为

$$-6,②,-10,-3;\max\{-6,2,-10,-3\}=2$$

在这些最少赢得（最不利的情形）中最好的结果（最有利的情形）是赢得为2. 因此，局中人Ⅰ只要以 α_2 参加对策，无论局中人Ⅱ取什么样的纯策略，都能保证局中人Ⅰ的收入不会少于2，而出其他纯策略，其收入都有可能小于2，甚至输给对方. 因此，对局中人Ⅱ来说，各纯策略 β_1,β_2,β_3 可能带来的对其最不利的结果（矩阵 **A** 中每列中最大元素）分别为

$$9,②,6;\min\{9,2,6\}=2$$

在这些最不利的结果中，最好的结果（输得最少）也是2，即局中人Ⅱ只要选择纯策略 β_2，无论局中人Ⅰ采取什么纯策略，都能保持自己的支付不会多于2，而采取其他任何策略，都有可能使自己的所失多于2. 上面的分析表明，局中人Ⅰ和Ⅱ的“理智行为”分别是选择纯策略 α_2 和 β_2，这时局中人Ⅰ的赢得值和局中人Ⅱ的所失值的绝对值相等（都是2），局中人Ⅰ是按最大最小原则，局中人Ⅱ是按最小最大原则选择各自的纯策略，这对双方来说都是一种最为稳妥的行为. 因此，α_2 和 β_2 分别为局中人Ⅰ和Ⅱ的最优纯策略.

于是我们引出矩阵对策解的概念：

定义1 设 $G=\{S_1,S_2;\boldsymbol{A}\}$ 为矩阵对策，其中 $S_1=\{\alpha_1,\alpha_2,\cdots,\alpha_m\}$，$S_2=\{\beta_1,\beta_2,\cdots,\beta_n\}$，$\boldsymbol{A}=\{a_{ij}\}_{m\times n}$. 若等式 $\max\limits_i(\min\limits_j a_{ij})=\min\limits_j(\max\limits_i a_{ij})=a_{i^*j^*}$ 成立，记 $V_G=a_{i^*j^*}$，则称 V 为对策 G 的值，上式称为成立的纯局势，$(\alpha_{i^*},\beta_{j^*})$ 为 G 在纯策略下的解（或平衡局势），α_{i^*} 和 β_{j^*} 分别称为局中人Ⅰ和Ⅱ的最优纯策略.

由定义1可知，在矩阵对策中两个局中人都采取最优纯策略（如果最优纯策略存在）才是理智的行动.

例8.3中，对策解为 (α_2,β_2)，对策值为 $V_G=2$.

例8.4 求解矩阵对策 $G=\{S_1,S_2;\boldsymbol{A}\}$，其中

$$\boldsymbol{A}=\begin{bmatrix}-7&1&-8\\3&2&4\\16&-1&-3\\-3&0&5\end{bmatrix}$$

解 根据矩阵 **A**，有

	β_1	β_2	β_3	$\min a_{ij}$
α_1	-7	1	-8	-8
α_2	3	2	4	2
α_3	16	-1	-3	-3
α_4	-3	0	5	-3
$\max a_{ij}$	16	2	5	

于是
$$\max_i(\min_j a_{ij})=\min_j(\max_i a_{ij})=2.$$

由定义 1，$V_G=2$，G 的解为(α_2,β_2)，α_2 和 β_2 分别是局中人Ⅰ和Ⅱ的最优纯策略. 从例 8.4 可以看出，矩阵 $\boldsymbol{A}$ 的元素 a_{22} 既是所在行的最小元素，又是所在列的最大元素，即
$$a_{i2}\leqslant a_{22}\leqslant a_{2j}$$
将这一事实推广到一般矩阵对策，可得如下定理：

定理 1 矩阵对策 $G=\{S_1,S_2;\boldsymbol{A}\}$ 在纯策略意义下有解的充要条件是存在纯局势$(\alpha_{i^*},\beta_{j^*})$，使得对一切 $i=1,2,\cdots,m,j=1,2,\cdots,n$ 均有
$$a_{ij^*}\leqslant a_{i^*j^*}\leqslant a_{i^*j}$$

证 （略）

为了便于对更为广泛的对策情况进行分析，现引进关于二元函数鞍点的概念：

定义 2 设 $f(x,y)$ 为一个定义在 $x\in A$ 及 $y\in B$ 上的实值函数，如果存在 $x^*\in A,y^*\in B$，使得对一切 $x\in A$ 和 $y\in B$，有
$$f(x,y^*)\leqslant f(x^*,y^*)\leqslant f(x^*,y)$$
则称(x^*,y^*)为函数 S 的一个鞍点.

注 1 由定义 2 及定理 1 可知，矩阵对策 G 在纯策略意义下有解，且 $V_G=a_{i^*j^*}$ 的充要条件是 $a_{i^*j^*}$ 为矩阵 $\boldsymbol{A}$ 的一个鞍点. 在对策论中，矩阵 $\boldsymbol{A}$ 的鞍点也称为对策的鞍点.

定理 1 中或 $a_{ij^*}\leqslant a_{i^*j^*}\leqslant a_{i^*j}$ 的直观解释：

如果 a_{ij} 既是矩阵 $\boldsymbol{A}=(a_{ij})_{m\times n}$ 中的第 i^* 行的最小值，又是 $\boldsymbol{A}$ 中第 j^* 列的最大值，则它是对策的值，且$(\alpha_{i^*},\beta_{j^*})$就是对策的解. 其对策意义：一个平衡局势$(\alpha_{i^*},\beta_{j^*})$应具有这样的性质，当局中人Ⅰ选取了纯策略 α_{i^*} 后，局中人Ⅱ为了使其所失最小，只有选择纯策略 β_{j^*}，否则就可能丢得更多；反之，当局中人Ⅱ选取了纯策略 β_{j^*} 后，局中人Ⅰ为了得到最大的赢得，也只能选取纯策略 α_{i^*}，否则就会赢得更少. 双方的竞争在局势$(\alpha_{i^*},\beta_{j^*})$下达到了一个平衡状态.

例 8.5 设有矩阵对策 $G=\{S_1,S_2;\boldsymbol{A}\}$，其中 $S_1=\{\alpha_1,\alpha_2,\alpha_3,\alpha_4\}$，$S_2=\{\beta_1,\beta_2,\beta_3,\beta_4\}$，赢得矩阵为
$$\boldsymbol{A}=\begin{bmatrix}6&5&6&5\\1&4&2&-1\\8&5&7&5\\0&2&6&2\end{bmatrix}$$

解 直接在 $\boldsymbol{A}$ 提供的赢得表上计算，有
$$\boldsymbol{A}=\begin{bmatrix}6&5&6&5\\1&4&2&-1\\8&5&7&5\\0&2&6&2\end{bmatrix}$$
于是$\max\limits_i(\min\limits_j a_{ij})=\min\limits_j(\max\limits_i a_{ij})=5$.

其中 $i^*=1,3,j^*=2,4$，故(α_1,β_2)，(α_1,β_4)，(α_3,β_2)，(α_3,β_4)四个局势都是对策的解，且 $V_G=5$.

由此例可知，一般矩阵对策的解可以是不唯一的. 当解不唯一时，解之间的关系具有下面两条性质：

性质 1　无差别性，即若$(\alpha_{i_1},\beta_{j_1})$和$(\alpha_{i_2},\beta_{j_2})$是对策 G 的两个解，则

$$a_{i_1j_1}=a_{i_2j_2}$$

性质 2　可交换性，即若$(\alpha_{i_1},\beta_{j_1})$和$(\alpha_{i_2},\beta_{j_2})$是对策 G 的两个解，则$(\alpha_{i_1},\beta_{j_2})$和$(\alpha_{i_2},\beta_{j_1})$也是解.

证明留给读者. 这两条性质表明，矩阵对策的值是唯一的.

下面举一个实际应用的例子：

例 8.6　某单位采购员在秋天要决定冬季取暖用煤的储量问题. 已知在正常的冬季气温条件耗煤分别为 15 吨，在较暖与较冷的气温条件耗煤分别为 10 吨和 20 吨，假定冬季时的煤价随天气寒冷程度而有所变化，在较暖、正常、较冷的气候条件下每吨煤价分别为 10 元、15 元和 20 元，又设秋季时煤价为每吨 10 元. 在没有关于当年冬季准确的气象预报的条件下，秋季储煤多少吨，能使单位的支出最少？

解　这一储量问题可以看成是一个对策问题. 把采购员当作局中人，他有三个策略，在秋天时买 10 吨，15 吨与 20 吨，分别记为 α_1，α_2 和 α_3.

把大自然看作局中人Ⅱ(可以当作理智的局中人来处理)，大自然(冬季气温)有三种策略，出现较暖的、正常的与较冷的冬季，分别记为 β_1，β_2，β_3.

现在把该单位冬季取暖用煤实际费用(即秋季时的购煤费用与冬季不够时再补购的费用总和)作为局中人Ⅰ的赢得，赢得矩阵如下

	β_1(较暖)	β_2(正常)	β_3(较冷)	min
α_1(10 吨)	-100	-175	-300	-300
α_2(15 吨)	-150	-150	-250	-250
α_3(20 吨)	-200	-200	-200	-200
max	-100	-150	-200	

$$\max_i(\min_j a_{ij})=\min_j(\max_i a_{ij})=a_{33}=-200$$

故对策解为(α_3,β_3)，即秋季储煤 20 吨合理. 现在我们会问，是否对于每一个决策 G 在纯策略中都有解呢？上面所举的例 3，4，5 和 6 都是有解的，但也有在纯策略中没有解的对策. 如例 8.1 的“石头—剪子—布”对策，就没有解，因为从甲的赢得矩阵 $\boldsymbol{A}$ 中，我们可以算出

$$\begin{bmatrix} 0 & 1 & -1 \\ -1 & 0 & 1 \\ 1 & -1 & 0 \end{bmatrix}$$

$$\max_i(\min_j a_{ij})=-1\neq\min_j(\max_i a_{ij})=1$$

所以“石头—剪子—布”游戏的对策问题中，在纯策略中无解.

再如例 8.2 的，齐王赛马的对策，可以算出

$$\boldsymbol{A}=\begin{bmatrix} 3 & 1 & 1 & 1 & 1 & -1 \\ 1 & 3 & 1 & 1 & -1 & 1 \\ 1 & -1 & 3 & 1 & 1 & 1 \\ -1 & 1 & 1 & 3 & 1 & 1 \\ 1 & 1 & -1 & 1 & 3 & 1 \\ 1 & 1 & 1 & -1 & 1 & 3 \end{bmatrix}$$

$$\max_i(\min_j a_{ij})=-1\neq\min_j(\max_i a_{ij})=3$$

故在齐王赛马的对策中，双方都没有最优纯策略.

那么在纯策略意义下，没有解的对策问题，局中人又应如何选取策略参加对策呢？下面我们来解决这一问题.

8.3.2 矩阵对策的混合策略

由上节讨论可知，对矩阵对策 $G=\{S_1,S_2;\boldsymbol{A}\}$ 来说，局中人Ⅰ有把握的至少赢得是

$$V_1=\max_i(\min_j a_{ij})$$

局中人Ⅱ有把握的至多损失是

$$V_2=\min_j(\max_i a_{ij})$$

一般的，局中人Ⅰ赢得不会多于局中人Ⅱ的所失值，即总有 $V_1\leqslant V_2$. 当 $V_1=V_2$ 时，矩阵对策 G 存在纯策略意义下的解，且 $V_G=V_1=V_2$. 然而，一般情况不总是如此，实际中出现的复杂情况是 $V_1<V_2$，这样根据定义 1，对策不存在纯策略意义下的解. 例 8.1 和 8.2 都是 $V_1<V_2$，这又会出现什么情况呢？下面来看一个例子.

例 8.7 给定一个矩阵对策 $G=\{S_1,S_2;\boldsymbol{A}\}$，其中 $S_1=\{\alpha_1,\alpha_2\}$，$S_2=\{\beta_1,\beta_2\}$，

$$\boldsymbol{A}=\begin{bmatrix}3 & 6\\5 & 4\end{bmatrix}$$

$$V_1=\max_i(\min_j a_{ij})=4<V_2=\min_j(\max_i a_{ij})=5$$

于是，当双方各根据最不利情形中选最有利结果的原则，选择纯策略时，应分别选取 α_2 和 β_1，此时局中人Ⅰ将赢得 5，比预期赢得 $V_1=4$ 还多，原因就在于局中人Ⅱ选择了 β_1，使他的对手多得了原来不该得的赢得，故 β_1 对局中人Ⅱ来说并不是最优的，因而也会考虑 β_2，局中人Ⅰ亦会采取相应的办法，改出 α_1 以使赢得为 6，而局中人Ⅱ又可能仍取策略 β_1 来对付局中人Ⅰ的策略 α_1，这样，局中人Ⅰ出 α_1 或 α_2 的可能性及局中人Ⅱ出 β_1 或 β_2 的可能性都不能排除，对两个局中人来说，不存在一个双方均可接受的平衡局势，或者说当 $V_1<V_2$ 时，矩阵对策 G 不存在纯策略意义下的解，在这种情况下，一个比较自然且合乎实际的想法：既然各局中人没有最优纯策略可出，是否可以给出一个选取不同策略的概率分布. 如在例 8.7 中，局中人Ⅰ可以制定如下一种策略：分别以概率 1/4 和 3/4 选取纯策略 α_1 和 α_2，这种策略是局中人Ⅰ的策略集 $\{\alpha_1,\alpha_2\}$ 上的一个概率分布，称之为混合策略. 同样，局中人Ⅱ也可制定这样一种混合策略：分别以概率 1/2 和 1/2 选取纯策略 β_1 和 β_2. 下面给出矩阵对策混合策略的严格定义.

定义 3 设有矩阵对策 $G=\{S_1,S_2;\boldsymbol{A}\}$，其中 $S_1=\{\alpha_1,\alpha_2,\cdots,\alpha_m\}$，$S_2=\{\beta_1,\beta_2,\cdots,\beta_n\}$，$\boldsymbol{A}=(a_{ij})_{m\times n}$，则我们把纯策略集合对应的概率向量

$$\boldsymbol{X}=(x_1,x_2,\cdots,x_m)^{\mathrm{T}},x_i\geqslant 0,i=1,2,\cdots,m;\ \sum_{i=1}^{m}x_i=1$$

和

$$\boldsymbol{Y}=(y_1,y_2,\cdots,y_n)^{\mathrm{T}},y_j\geqslant 0,j=1,2,\cdots,n;\ \sum_{j=1}^{n}y_j=1$$

分别称作局中人Ⅰ和Ⅱ的混合策略. $(\boldsymbol{X},\boldsymbol{Y})$ 称为一个混合局势.

一个混合策略 $\boldsymbol{X}=(x_1,x_2,\cdots,x_m)^{\mathrm{T}}$ 可设想成两个当局人多次重复进行对策 G 时，局中人

Ⅰ分别采取纯策略 $\alpha_1,\alpha_2,\cdots,\alpha_m$ 的频率.

纯策略也可以看成是混合策略的特殊情况.例如,局中人取纯策略 α_i,则对应于局中人Ⅰ的混合策略为 $(0,\cdots,0,1,0,\cdots,0)^{\mathrm{T}}$,所以有时把混合策略简称为策略,只进行一次对策,混合对策 $\boldsymbol{X}=(x_1,x_2,\cdots,x_m)^{\mathrm{T}}$ 可设想成局中人Ⅰ对各纯策略的偏爱程度.

设局中人Ⅰ选取的策略为 $\boldsymbol{X}=(x_1,x_2,\cdots,x_m)^{\mathrm{T}}$,局中人Ⅱ选取的策略为 $\boldsymbol{Y}=(y_1,y_2,\cdots,y_n)^{\mathrm{T}}$.由于两个局中人分别选取纯策略 α_i,β_j 的事件可以看成是相互独立的随机事件,所以局势 (α_i,β_j) 出现的概率是 x_iy_j,从而局中人Ⅰ赢得 a_{ij} 的概率是 x_iy_j,于是数学期望 $E(\boldsymbol{X},\boldsymbol{Y})=\sum_{i=1}^{m}\sum_{j=1}^{n}a^{ij}x_iy_j$.

就是局中人Ⅰ的赢得值

记
$$S_1^*=\left\{\boldsymbol{X}=(x_1,x_2,\cdots,x_m)^{\mathrm{T}},x_i\geqslant 0,i=1,2,\cdots,m;\sum_{i=1}^{m}x_i=1\right\}$$
$$S_2^*=\left\{\boldsymbol{Y}=(y_1,y_2,\cdots,y_n)^{\mathrm{T}},y_j\geqslant 0,j=1,2,\cdots,n;\sum_{j=1}^{n}y_j=1\right\}$$
$$E=\{E(\boldsymbol{X},\boldsymbol{Y})\mid \boldsymbol{X}\in S_1^*,\boldsymbol{Y}\in S_2^*\}$$
则称 $G^*=\{S_1^*,S_2^*;E\}$ 为 G 的混合扩充.

设两个局中人仍像前面一样地进行有理智的对策,当局中人Ⅰ采取混合策略 $\boldsymbol{X}$ 时,他只能希望获得(最不利的情形) $\min E(\boldsymbol{X},\boldsymbol{Y})$.

因此,局中人应选取 $\boldsymbol{X}\in S_1^*$,使上式取极大值(最不利当中的最有利情形),即局中人Ⅰ可保证取赢利的期望值不少于
$$V_1=\max(\min_{\boldsymbol{X}\in S_2^*,\boldsymbol{Y}\in S_1^*}E(\boldsymbol{X},\boldsymbol{Y}))$$

同理,局中人Ⅱ可保证自己所期望值至多是
$$V_2=\min(\max_{\boldsymbol{Y}\in S_2^*,\boldsymbol{X}\in S_1^*}E(\boldsymbol{X},\boldsymbol{Y}))$$

注意,上两式 V_1 和 V_2 表达式是有意义的,且是 S_1^* 和 S_2^* 上的连续函数,仍然有 $V_1\leqslant V_2$.事实上
$$E(\boldsymbol{X},\boldsymbol{Y})\leqslant\max_{\boldsymbol{X}\in S_1^*}E(\boldsymbol{X},\boldsymbol{Y})$$
$$\min_{\boldsymbol{Y}\in S_2^*}E(\boldsymbol{X},\boldsymbol{Y})\leqslant\max_{\boldsymbol{X}\in S_1^*}E(\boldsymbol{X},\boldsymbol{Y})$$
$$\min_{\boldsymbol{Y}\in S_2^*}E(\boldsymbol{X},\boldsymbol{Y})\leqslant\min(\max_{\boldsymbol{Y}\in S_2^*,\boldsymbol{X}\in S_1^*}E(\boldsymbol{X},\boldsymbol{Y}))$$
$$\max(\min_{\boldsymbol{X}\in S_1^*,\boldsymbol{Y}\in S_2^*}E(\boldsymbol{X},\boldsymbol{Y}))\leqslant\min(\max_{\boldsymbol{Y}\in S_2^*,\boldsymbol{X}\in S_1^*}E(\boldsymbol{X},\boldsymbol{Y}))$$
于是 $\boldsymbol{Y}=E(\boldsymbol{X},\boldsymbol{Y}^*)\leqslant E(\boldsymbol{X}^*,\boldsymbol{Y}^*)\leqslant E(\boldsymbol{X}^*,\boldsymbol{Y})=V_2$.

定义 4 设 $G^*=\{S_1{}^*,S_2{}^*;E\}$ 是矩阵对策 $G=\{S_1,S_2;\boldsymbol{A}\}$ 的混合扩充.如果
$$\max(\min_{\boldsymbol{X}\in S_1^*,\boldsymbol{Y}\in S_2^*}E(\boldsymbol{X},\boldsymbol{Y}))=\min(\max_{\boldsymbol{Y}\in S_2^*,\boldsymbol{X}\in S_1^*}E(\boldsymbol{X},\boldsymbol{Y}))$$
记其值为 V_G,则称 V_G 为对策 G^* 的值,使上式成立的混合局势,$(\boldsymbol{X}^*,\boldsymbol{Y}^*)$ 为 G 在混合决策意义下的解,$\boldsymbol{X}^*$ 和 $\boldsymbol{Y}^*$ 分别称为局中人Ⅰ和Ⅱ的最优混合策略.

现约定:以下对 $G=\{S_1,S_2;\boldsymbol{A}\}$ 及其混合扩充 $G^*=\{S_1^*,S_2^*;E\}$ 一般不加区别.通常用

$G=\{S_1,S_2;\boldsymbol{A}\}$表示，当$G$在纯策略意义下，解不存在时，自动认为讨论的是在混合策略意义下的解. 相应的，局中人Ⅰ的赢得函数为$E(\boldsymbol{X},\boldsymbol{Y})$，和定理1类似，可以给出矩阵对策$G$在混合策略意义下解存在的鞍点型充要条件.

定理2 矩阵对策$G=\{S_1,S_2;\boldsymbol{A}\}$在混合策略意义下，有解的充要条件是存在$\boldsymbol{X}^*\in S_1^*$，$\boldsymbol{Y}^*\in S_2^*$使$(\boldsymbol{X}^*,\boldsymbol{Y}^*)$是函数$E(\boldsymbol{X},\boldsymbol{Y})$的一个鞍点，即对一切$\boldsymbol{X}\in S_1^*$，$\boldsymbol{Y}\in S_2^*$，有

$$E(\boldsymbol{X},\boldsymbol{Y}^*)\leqslant E(\boldsymbol{X}^*,\boldsymbol{Y}^*)\leqslant E(\boldsymbol{X}^*,\boldsymbol{Y})$$

定理2可表述为如下等价的形式，而这一形式在求解矩阵对策时有用. 证明留给读者.

定理3 矩阵对策$G=\{S_1,S_2;\boldsymbol{A}\}$，设$\boldsymbol{X}^*\in S_1^*$，$\boldsymbol{Y}^*\in S_2^*$为$G$的解的充分必要条件是存在数$v$，使得$\boldsymbol{X}^*$与$\boldsymbol{Y}^*$分别是

$$\begin{cases}\sum\limits_i a_{ij}x_i\geqslant v, j=1,\cdots,n\\ \sum\limits_i x_i=1\end{cases} \quad 与 \quad \begin{cases}\sum\limits_j a_{ij}y_j\leqslant v, i=1,\cdots,m\\ \sum\limits_j y_j=1\end{cases}$$

的解，且$v=V_G$.

例8.8 考虑矩阵对策$G=\{S_1,S_2;\boldsymbol{A}\}$，$\boldsymbol{A}=\begin{bmatrix}3&6\\5&4\end{bmatrix}$.

解 例8.8已讨论知G在纯策略意义下，解不存在.

于是设$\boldsymbol{X}=(x_1,x_2)^{\mathrm{T}}$为局中人Ⅰ的混合策略；$\boldsymbol{Y}=(y_1,y_2)^{\mathrm{T}}$为局中人Ⅱ的混合策略.

则
$$S_1^*=\{(x_1,x_2),x_1,x_2\geqslant 0,x_1+x_2=1\}$$
$$S_2^*=\{(y_1,y_2),y_1,y_2\geqslant 0,y_1+y_2=1\}$$

局中人Ⅰ的赢得期望是

$$\begin{aligned}E(\boldsymbol{X},\boldsymbol{Y})&=3x_1y_1+6x_1y_2+5x_2y_1+4x_2y_2\\&=3x_1y_1+6x_1(1-y_1)+5y_1(1-x_1)+4(1-x_1)(1-y_1)\\&=-4(x_1-1/4)(y_1-1/2)+9/2\end{aligned}$$

由此式可知，当$x_1=1/4$，$x_2=1-1/4=3/4$时，$E(\boldsymbol{X},\boldsymbol{Y})=9/2$，就是说，当局中人Ⅰ以概率1/4选取纯策略$\alpha_1$，以概率3/4选取纯策略$\alpha_2$时他的赢得至少是9/2. 同样，局中人Ⅱ只有取$y_1=1/2$，$y_2=1-1/2=1/2$时，才能保证他的输出不会多于9/2.

取
$$\boldsymbol{X}^*=(1/4,3/4)^{\mathrm{T}},\ \boldsymbol{Y}^*=(1/2,1/2)^{\mathrm{T}}$$

则
$$E(\boldsymbol{X}^*,\boldsymbol{Y}^*)=9/2, E(\boldsymbol{X}^*,\boldsymbol{Y})=E(\boldsymbol{X},\boldsymbol{Y}^*)=9/2$$

即有
$$E(\boldsymbol{X},\boldsymbol{Y}^*)\leqslant E(\boldsymbol{X}^*,\boldsymbol{Y}^*)\leqslant E(\boldsymbol{X},\boldsymbol{Y})$$

故$\boldsymbol{X}^*=(1/4,3/4)^{\mathrm{T}}$和$\boldsymbol{Y}^*=(1/2,1/2)^{\mathrm{T}}$分别为局中人Ⅰ和Ⅱ的最优策略，对策值（局中人Ⅰ的赢得期望值）$V_G=9/2$.

一般矩阵对策在纯策略意义下的解往往是不存在的，但是可以证明，矩阵在混合策略意义下的解却总是存在的. 这一系列定理我们略掉不讲了，但在一个构造性的证明中，引出了矩阵对策的基本方法——线性规划方法.

这时给出一个矩阵对策优超纯策略的定义：

定义5 设有矩阵对策$G=\{S_1,S_2;\boldsymbol{A}\}$，其中$S_1=\{\alpha_1,\alpha_2,\cdots,\alpha_m\}$，$S_2=\{\beta_1,\beta_2,\cdots,\beta_n\}$，$\boldsymbol{A}=(a^{ij})_{m\times n}$. 如果对一切$j=1,2,\cdots,n$，都有$a_{i^0j}\geqslant a_{k^0j}$，即矩阵$\boldsymbol{A}$第$i^0$行元均不少于第$k^0$行的对应元，则称局中人Ⅰ的纯策略$a_{i^0}$优超于$\alpha_{k^0}$.

同样,若对一切 $i=1,2,\cdots,m$,都有 $a_{ij^0}\leqslant a_{il^0}$,即矩阵 $\boldsymbol{A}$ 的第 l^0 列元均不少于第 j^0 列的对应元,则称局中人Ⅱ的纯策略 β_{j^0} 优超于 β_{l^0}.

定理 4 设 $G=\{S_1,S_2;\boldsymbol{A}\}$ 为矩阵对策,其中 $S_1=\{\alpha_1,\alpha_2,\cdots,\alpha_m\}$,$S_2=\{\beta_1,\beta_2,\cdots,\beta_n\}$,$\boldsymbol{A}=(a_{ij})_{m\times n}$. 如果纯策略 α_1 被其余纯策略 $\alpha_2,\alpha_3,\cdots,\alpha_m$ 中之一所优超,由 G 可得到一个新的矩阵对策 G',其中 $G'=\{S_1',S_2';\boldsymbol{A}'\}$,$S_1'=\{\alpha_2,\alpha_3,\cdots,\alpha_m\}$,$\boldsymbol{A}'=(\alpha_{ij})_{(m-1)\times n}$,$A_{ij}'=a_{ij}$,$i=2,\cdots,m$,$j=1,2,\cdots,n$.

于是,有

(1) $V_G'=V_G$;

(2) G' 中局中人Ⅱ的最优策略就是其在 G 中的最优策略;

(3) 若$(x_2^*,x_3^*,\cdots,x_m^*)^{\mathrm{T}}$ 是 G' 中局中人Ⅰ的最优策略,则 $\boldsymbol{X}^*=(0,x_1^*,x_2^*,\cdots,x_m^*)^{\mathrm{T}}$ 是其在 G 中的最优策略.

例 8.9 设赢得矩阵为

$$\boldsymbol{A}=\begin{bmatrix}3&2&0&3&0\\5&0&2&5&9\\7&3&9&5&9\\4&6&8&7&5.5\\6&0&8&8&3\end{bmatrix}$$

求解这个矩阵对策.

解 由于第 4 行优超于第 1 行、第 3 行优超于第 2 行,故可去掉第 1 行和第 2 行,得到新的赢得矩阵:

$$\boldsymbol{A}_1=\begin{bmatrix}7&3&9&5&9\\4&6&8&7&5.5\\6&0&8&8&3\end{bmatrix}$$

由于 $\boldsymbol{A}_1$ 第 1 列优超于第 3 列,第 2 列优超于第 4 列,1/3×(第 1 列)+2/3×(第 2 列)优超于第 5 列,因此去掉第 3,4,5 列,得到

$$\boldsymbol{A}_2=\begin{bmatrix}7&3\\4&6\\6&0\end{bmatrix}$$

这时第 1 行又优超于第 3 行,故从 $\boldsymbol{A}_2$ 中去掉第 3 行,得到

$$\boldsymbol{A}_3=\begin{bmatrix}7&3\\4&6\end{bmatrix}$$

对于 $\boldsymbol{A}_3$,易知无鞍点存在,应用定理 3,求解不等式组:

$$(\text{Ⅰ})\begin{cases}7x_3+4x_4\geqslant v\\3x_3+6x_4\geqslant v\\x_3+x_4=1\\x_3,x_4\geqslant 0\end{cases}\quad 和\quad(\text{Ⅱ})\begin{cases}7y_1+3y_2\leqslant v\\4y_1+6y_2\leqslant v\\y_1+y_2=1\\y_1,y_2\geqslant 0\end{cases}$$

首先考虑满足:

$$\begin{cases}7x_3+4x_4=v\\3x_3+6x_4=v\\x_3+x_4=1\end{cases}\quad 和\quad\begin{cases}7y_1+3y_2=v\\4y_1+6y_2=v\\y_1+y_2=1\end{cases}$$

的非负解，求得解为 $x_3^*=1/3, x_4^*=2/3, y_1^*=1/2, y_2^*=1/2$.

于是原矩阵对策的一个解就是

$$X^*=(0,0,1/3,2/3,0)$$
$$Y^*=(1/2,1/2,0,0,0)$$
$$V_G=5$$

8.3.3 矩阵对策的其他策略

1. 2×2 对策的公式法

所谓 2×2 对策，是指局中人Ⅰ的赢得矩阵为 2×2 阶的，即

$$A=\begin{bmatrix} a_{11} & a_{12} \\ a_{21} & a_{22} \end{bmatrix}$$

如果 A 有鞍点，则很快可求出各局中人的最优纯策略.

如果 A 没有鞍点，则可以证明各局中人最优混合策略中的 x_i^*, y_j^* 均大于零. 于是由前面定理可推知，为求最优混合策略，可求下列方程组：

$$(\text{Ⅰ})\begin{cases} a_{11}x_1+a_{21}x_2=v \\ a_{12}x_1+a_{22}x_2=v \\ x_1+x_2=1 \end{cases}$$

$$(\text{Ⅱ})\begin{cases} a_{11}y_1+a_{12}y_2=v \\ a_{21}y_1+a_{22}y_2=v \\ y_1+y_2=1 \end{cases}$$

当矩阵 A 不存在鞍点时，可以证明上面等式组(Ⅰ)(Ⅱ)一定有严格非负解 $X^*=(x_1^*, x_2^*)^{\mathrm{T}}, Y^*=(y_1^*, y_2^*)^{\mathrm{T}}$，其中

$$x_1^*=\frac{a_{22}-a_{21}}{(a_{11}+a_{22})-(a_{12}+a_{21})}$$

$$x_2^*=\frac{a_{11}-a_{12}}{(a_{11}+a_{22})-(a_{12}+a_{21})}$$

$$y_1^*=\frac{a_{22}-a_{12}}{(a_{11}+a_{22})-(a_{12}+a_{21})}$$

$$y_2^*=\frac{a_{11}-a_{21}}{(a_{11}+a_{22})-(a_{12}+a_{21})}$$

$$V_G=\frac{a_{11}a_{22}-a_{12}a_{21}}{(a_{11}+a_{22})-(a_{12}+a_{21})}$$

例 8.10 求解矩阵对策，$G=\{S_1, S_2; A\}$，其中

$$A=\begin{bmatrix} 1 & 3 \\ 4 & 2 \end{bmatrix}$$

解 易知 A 没有鞍点. 由上述通解公式，计算得到最优解为

$$X^*=(1/2,1/2)^{\mathrm{T}}, Y^*=(1/4,3/4)^{\mathrm{T}}$$

对策值为 2.5.

2. 2×n 或 m×2 对策的图解法

此法对 m,n 均大于 3 的矩阵对策不适用.

例 8.11 考虑矩阵对策 $G=\{S_1,S_2;\boldsymbol{A}\}$，其中

$$S_1=\{\alpha_1,\alpha_2\},S_2=\{\beta_1,\beta_2,\beta_3\}$$

$$\boldsymbol{A}=\begin{bmatrix}2 & 3 & 11\\ 7 & 5 & 2\end{bmatrix}$$

解 这是 $2\times n$ 对策. 设局中人Ⅰ的混合策略为

$$(x,1-x)^{\mathrm{T}},x\in[0,1]$$

过数轴上坐标为 0 和 1 两点作两条垂线Ⅰ-Ⅰ，Ⅱ-Ⅱ.

垂线上纵坐标值分别表示局中人Ⅰ采取纯策略 α_1 和 α_2 时局中人Ⅱ采取各种纯策略时的赢得值.

当局中人Ⅰ选择每一策略 $(x,1-x)$ 时他的最少可能收入为局中人Ⅱ选择 β_1,β_2,β_3 时所确定的 3 条直线

$$\beta_1: 2x+7(1-x)=V$$

$$\beta_2: 3x+5(1-x)=V$$

$$\beta_3: 11x+2(1-x)=V$$

在 x 处的坐标中之最小者，即如折线所示，所以对局中人Ⅰ来说，它的最优选择就是确定 x，使他的收入尽可能得多，按最小最大原则选择即为对策值. 为求出点 x 和对策值 V_G，可联立两条线段 β_2 和 β_3 所确定的方程：

$$3x+5(1-x)=V_G \text{ 与 } 11x+2(1-x)=V_G$$

解得

$$x=3/11,V_G=49/11$$

所以，局中人Ⅱ的最优策略为

$$\boldsymbol{X}^*=(3/11,8/11)^{\mathrm{T}}$$

此外，从中还可以看出，局中人Ⅱ的最优混合策略只由 β_2 和 β_3 组成（事实上，若记 $\boldsymbol{Y}^*=(y_1^*,y_2^*,y_3^*)^{\mathrm{T}}$ 为局中人Ⅱ的最优混合策略，则有 $E(x^*,1)=2\times3/11+7\times8/11=62/11>11/49=V_G$，$E(x^*,2)=E(x^*,3)=V_G$）.

据定理可知，必有 $y_1^*=0,y_2^*>0,y_3^*>0$. 可知

$$\begin{cases}3y_2+11y_3=49/11\\ 5y_2+2y_3=49/11\\ y_2+y_3=1\end{cases}\Rightarrow\begin{cases}y_2^*=9/11\\ y_3^*=2/11\end{cases}$$

所以，局中人Ⅱ的最优混合策略为

$$\boldsymbol{Y}^*=(0,9/11,2/11)^{\mathrm{T}}$$

3. 线性方程组法

据定理，求解矩阵对策解 (x^*,y^*) 的问题，等价于求解下面两个方程组的问题（假设最优策略中的 x_i^*,y_i^* 均不为零）：

$$\begin{cases} \sum_{i=1}^{m} a^{ij} x_i = v, j = 1,2,\cdots,n \\ \sum_{i=1}^{m} x_i = 1 \\ \sum_{j=1}^{n} a_{ij} y_j = v, i = 1,2,\cdots,m \\ \sum_{j=1}^{n} y_j = 1 \end{cases}$$

这种试算过程是无固定规则可循的，所以实际应用中具有一定的局限性.

例 8.12 求解矩阵对策——“齐王赛马”.

解 已知齐王赛马的赢得矩阵为

$$\boldsymbol{A}=\begin{bmatrix} 3 & 1 & 1 & 1 & 1 & -1 \\ 1 & 3 & 1 & 1 & -1 & 1 \\ 1 & -1 & 3 & 1 & 1 & 1 \\ -1 & 1 & 1 & 3 & 1 & 1 \\ 1 & 1 & -1 & 1 & 3 & 1 \\ 1 & 1 & 1 & -1 & 1 & 3 \end{bmatrix}$$

易知，$\boldsymbol{A}$ 没有鞍点，即对齐王和田忌来说都不存在最优纯策略.

设齐王和田忌的最优混合策略为

$$\boldsymbol{X}^* = (x_1^*, x_2^*, x_3^*, x_4^*, x_5^*, x_6^*)^{\mathrm{T}}$$

$$\boldsymbol{Y}^* = (y_1^*, y_2^*, y_3^*, y_4^*, y_5^*, y_6^*)^{\mathrm{T}}$$

从矩阵 $\boldsymbol{A}$ 的元素来看，每个局中各选取每个纯策略的可能性都是存在的，故可事先假定 $x_i^* \geqslant 0, y_j^* \geqslant 0, i=1,2,\cdots,6, j=1,2,\cdots,6$.

于是求解线性方程组：

$$\begin{cases} 3x_1+x_2+x_3-x_4+x_5+x_6=v \\ x_1+3x_2-x_3+x_4+x_5+x_6=v \\ x_1+x_2+3x_3+x_4-x_5+x_6=v \\ x_1+x_2+x_3+3x_4+x_5-x_6=v \\ x_1-x_2+x_3+x_4+3x_5+x_6=v \\ -x_1+x_2+x_3+x_4+x_5+3x_6=v \\ x_1+x_2+x_3+x_4+x_5+x_6=1 \end{cases}$$

和

$$\begin{cases} 3y_1+y_2+y_3+y_4+y_5-y_6=v \\ y_1+3y_2+y_3+y_4-y_5+y_6=v \\ y_1-y_2+3y_3+y_4+y_5+y_6=v \\ -y_1+y_2+y_3+3y_4+y_5+y_6=v \\ y_1+y_2-y_3+y_4+3y_5+y_6=v \\ y_1+y_2+y_3-y_4+y_5+3y_6=v \\ y_1+y_2+y_3+y_4+y_5+y_6=1 \end{cases}$$

得到

$$x_i=1/6, i=1,2,\cdots,6$$
$$y_j=1/6, j=1,2,\cdots,6$$
$$v=1$$

故齐王和田忌的最优混合策略为

$$\boldsymbol{X}^*=(1/6,1/6,1/6,1/6,1/6,1/6)^{\mathrm{T}}$$
$$\boldsymbol{Y}^*=(1/6,1/6,1/6,1/6,1/6,1/6)^{\mathrm{T}}$$

对策的值齐王的期望赢得为 $V_G=1$.

这与我们的设想相符,即双方都以 1/6 的概率选取每个纯策略或者说每个纯策略的被选取的机会应是均等的,则总的结局应该是齐王有 5/6 的机会赢田忌,赢得的期望值是 1 千金. 但是,齐王在每出一匹马前将自己的选择告诉了对方,这实际上等于公开了自己的策略,如齐王选出马次序号(上、中、下),则田忌根据谋士的建议便以(下、上、中)对立,结果田忌反而可得千金. 因此,在矩阵对策不存在鞍点时,竞争的双方在开马前,均应对自己的策略(实际上是纯策略)加以保密,否则不保密的一方是要吃亏的.

4. 线性规划解法

对于任意矩阵对策 $G=\{S_1,S_2;\boldsymbol{A}\}$,其中

$$S_1=\{\alpha_1,\alpha_2,\cdots,\alpha_m\}$$
$$S_2=\{\beta_1,\beta_2,\cdots,\beta_n\}$$
$$\boldsymbol{A}=(a_{ij})_{m\times n}$$

我们考虑线性规划问题(P)和(D):

$$\max W$$
$$(\mathrm{P})\begin{cases}\sum_{i=1}^{m} a_{ij}x_i \geqslant W, j=1,2,\cdots,n\\ \sum_{i=1}^{m} x_i=1\\ x_i\geqslant 0, i=1,2,\cdots,m\end{cases}$$

$$\min V$$
$$(\mathrm{D})\begin{cases}\sum_{j=1}^{n} a_{ij}y_j \leqslant V, i=1,2,\cdots,m\\ \sum_{j=1}^{n} y_j=1\\ y_i\geqslant 0, j=1,2,\cdots,n\end{cases}$$

此二线性规划问题有下述性质:

对任意矩阵对策 $G=\{S_1,S_2;\boldsymbol{A}\}$,我们规定(P)和(D)有解$(\boldsymbol{X}^*,W^*)$和$(\boldsymbol{Y}^*,V^*)$,并且 $\boldsymbol{X}^*=(x_1^*,x_2^*,\cdots,x_m^*)^{\mathrm{T}}$ 是局中人Ⅰ的最优策略,$\boldsymbol{Y}^*=(y_1^*,y_2^*,\cdots,y_n^*)^{\mathrm{T}}$ 是局中人Ⅱ的最优策略,$V_G^*=E(\boldsymbol{X}^*,\boldsymbol{Y}^*)=V^*=W^*$.

以例 8.1 的"石头—剪子—布"对策为例,在那里设 $S_1=\{\alpha_1,\alpha_2,\alpha_3\}=\{$石头,剪子,布$\}$,$S_2=\{\beta_1,\beta_2,\beta_3\}=\{$石头,剪子,布$\}$,

甲的赢得矩阵为

$$A=\begin{bmatrix}0 & 1 & -1\\ -1 & 0 & 1\\ 1 & -1 & 0\end{bmatrix}$$

我们已讲过，此问题在纯策略意义下无解，故我们在混合扩充意义下来求解它.

解 解线性规划问题(P)和(D)

$$\max W \qquad\qquad\qquad\qquad \min V$$

$$(\mathrm{P})\begin{cases}-x_2+x_3\geqslant w\\ x_1-x_3\geqslant w\\ -x_1+x_2\geqslant w\\ x_1+x_2+x_3=1\\ x_1,x_2,x_3\geqslant 0\end{cases}\qquad (\mathrm{D})\begin{cases}y_2-y_3\leqslant v\\ -y_1+y_3\leqslant v\\ y_1-y_2\leqslant v\\ y_1+y_2+y_3=1\\ y_1,y_2,y_3\geqslant 0\end{cases}$$

利用单纯形方法，求得对策问题的解为

$$\boldsymbol{X}^*=(1/3,1/3,1/3)^{\mathrm{T}},\boldsymbol{Y}^*=(1/3,1/3,1/3)^{\mathrm{T}}$$
$$V_G^*=0$$

即：如果在多局比赛中，甲、乙两人都以 1/3 的频率出石头，1/3 的频率出剪子，1/3 的频率出布，则比赛结果是甲、乙两人持平，无输赢.

至此，我们介绍了一些求解矩阵对策的方法，在求一个矩阵对策时，应首先判断其是否具有鞍点. 当鞍点不存在时利用优超原则和定理提供的方法将原对策的赢得矩阵尽量地化简，然后再利用本节介绍的方法去求解.

§8.4 其他类型的对策

在对策论中可以根据不同方式对对策问题进行分类，通常分类的方式有(1) 根据局中人的个数，分为二人对策和多人对策；(2) 根据各局中人的赢得函数的代数和是否为零，可分为零和对策和非零和对策；(3) 根据局中人是否合作，又可分为合作对策和非合作对策；(4) 根据局中人的策略集中个数，又分为有限对策和无限对策(或连续对策)；(5) 也可根据局中人掌握信息的情况及决策选择是否和时间有关可分为完全信息静态对策、完全信息动态对策、非完全信息静态对策及非完全信息动态对策；(6) 还可以根据对策模型的数字特征分为矩阵对策、连续对策、微分对策、阵地对策、凸对策、随机对策.

本节只对对策论中非合作对策的完全信息对策、多人非合作对策、非零和对策作一个简单的叙述性介绍.

1. 完全信息静态对策

该对策是指掌握了参与人的特征、战略空间、支付函数等知识和信息，并且参与人同时选择行动方案或虽非同时但后行动者并不知道前行动者采取了什么行动方案.

在这里，纳什均衡是一个重要概念. 在一个战略组合中，给定其他参与者战略的情况下，任何参与者都不愿意脱离这个组合，或者说打破这个僵局，这种均衡就称为纳什均衡. 完全信息静态对策中往往存在纳什均衡解.

2. 完全信息动态对策

在完全信息静态对策中，假设各方都同时选择行动. 现在情况稍复杂一些. 如果各方行动存在先后顺序，后行的一方会参考先行者的策略而采取行动，而先行者也会知道后行者会根据他的行动采取何种行动，因此先行者会考虑自己行动会对后行者的影响后选择行动. 这类问题称为完全信息动态对策问题.

以上所谈的对策都是假设所有参与者都知道其他参与者的行动集以及收益等，所有人都是“透明”的，这种对策称之为完全信息对策. 更复杂的对策是信息不完全时的对策，称之为不完全信息对策，这类对策本书就不再介绍了.

3. 多人非合作对策

有三个或三个以上对策方参加的对策就是“多人对策”. 多人对策同样也是对策方在意识到其他对策方的存在，意识到其他对策方对自己决策的反应和反作用存在的情况下寻求自身最大利益的决策活动. 因而，它们的基本性质和特征与两人对策是相似的，我们常常可以用研究两人对策同样的思路和方法来研究它们，或将两人对策的结论推广到多人对策. 不过，毕竟多人对策中出现了更多的追求各自利益的独立决策者，因此策略的相互依存关系也就更为复杂，对任一对策方的决策引起的反应也就要比两人对策复杂得多. 并且，在多人对策中还有一个与两人对策有本质区别的特点，即可能存在“破坏者”. 所谓破坏者，即一个对策中具有下列特征的对策方：其策略选择对自身的得益没有任何影响，但会影响其他对策方的得益，有时这种影响甚至有决定性的作用.

多人对策可以分为合作的和非合作的. 非合作对策，顾名思义，就是局中人之间不存在合作，即各局中人在采取行动之前，没有事前的交流和约定，在其行为发生相互作用时，也不会达成任何有约束力的协议. 每个局中人都选择于己最有利的策略以使效用水平最大化. 然而，在非合作对策中，双方的利益也并非是完全冲突的，即对一个局中人有利的局势并不一定对其他局中人一定不利，故多人非合作对策不一定是零和对策.

如同矩阵对策中纯策略意义下的解有时不存在一样，有些非合作对策也不存在纯策略纳什均衡. 在这种情况下，局中人就必须考虑混合策略.

4. 非零和对策

得益，即参加对策的各个对策方从对策中所获得的利益，它是各对策方追求的根本目标，也是他们行为和判断的主要依据.

在两人或多人对策中，每个对策方在每种结果(策略组合)下都有各自相应的得益，我们可将每个对策方在同一种结果中各自的得益加和，计算出各对策方得益的总和. 不同对策问题中，总得益的情况会有所不同. 根据总得益是否为零可以将对策分为“零和对策”和“非零和对策”.

所谓零和对策，就是一方的收益必定是另一方的损失. 这种对策的特点是不管各对策方如何决策，最后各对策方得益之和总是为零. 有某些对策中，每种结果之下各对策方的得益之和不等于 0，但总是等于一个非零常数，就称之为“常和对策”. 当然，可以将零和对策本身看作是常和对策的特例.

除“零和对策”和“常和对策”之外的所有对策都可被称为“非零和对策”. 非零和对策，即意味着在不同策略组合(结果)下各对策方的得益之和一般是不相同的. 应该说，非零和对策是最一般的对策类型，而常和对策和零和对策都是它的特例. 在非零和对策中，存在着总得益较大的策略组合和总得益较小的策略组合之间的区别，这也就意味着在对策方之间存在着互相配合、争取较大的总得益和个人得益的可能性.

两人零和对策是完全对抗性的,总得益为0,其解法可能性根据矩阵对策予以求解,但在非零和对策下,矩阵对策求解法已经不适用了.对于三个以上多人零和对策,互相利害关系更加复杂,局中人之间还有相互结盟的可能性,也有不结盟的对策,还有连续对策.要想研究这些对策,请阅读相关专门书籍.

习题

1. A,B两人各有1角、5分和1分的硬币各一枚,在双方互不知道情况下各出一枚,并规定和为奇数时,A赢得B所出硬币;当和为偶数时,B赢得A所出硬币.试据此列出二人零和对策的模型,并说明该项游戏对双方是否公平合理.

2. 已知A和B两人对策时,A赢得的矩阵如下.求双方各自的最优策略及对策值.

(1) $\begin{bmatrix} 2 & 1 & 4 \\ 2 & 0 & 3 \\ -1 & -2 & 0 \end{bmatrix}$

(2) $\begin{bmatrix} 9 & -6 & 3 \\ 5 & 6 & 4 \\ 7 & 4 & 3 \end{bmatrix}$

(3) $\begin{bmatrix} 2 & -1 & 0 & 3 \\ 1 & 0 & 3 & 2 \\ -3 & -2 & -1 & 4 \end{bmatrix}$

3. 下列矩阵中确定p,q,使得该矩阵在a_{22}交叉处存在鞍点.

$$\begin{bmatrix} 1 & q & 6 \\ p & 5 & 10 \\ 0 & 2 & 3 \end{bmatrix}$$

4. 利用优超原则解下列混合策略的对策.

矩阵$\begin{bmatrix} 2 & 4 & 0 & 2 \\ 4 & 8 & 2 & 6 \\ -2 & 0 & 4 & 2 \\ -4 & -2 & -2 & 0 \end{bmatrix}$为$A$,$B$对策时,$A$赢得的矩阵.(尽可能按优超原则简化)

5. 试用图解法求解下述对策问题.

A \ B	b_1	b_2	b_3
a_1	1	−1	3
a_2	3	5	−3

6. 已知 A,B 的各自纯策略及赢得(支付)矩阵如下表：

A \ B	b_1	b_2	b_3
a_1	8	4	12
a_2	12	6	2
a_3	4	16	8

试求局中人 B 的最优混合策略及对策值.

第九章

存储论

存储论也称存贮论(Inventory Theory),是研究物资最优存储策略及存储控制的理论.

生产实践中由于种种原因,需求与供应、消费与存储之间存在着不协调性,其结果将会产生两种情况:一种情况是供过于求,由于原料、产品或者商品的积压,造成资金周转的缓慢和成本的提高而带来经济损失;另一种情况是供不应求,由于原料或者商品短缺,引起生产停工或者无货销售,使经营单位因利润降低而带来经济损失.为了使经营活动的经济损失达到最小或者收益实现最大,于是人们在供应和需求之间对于存储这个环节,开始研究如何寻求原料、产品或者商品合理的存储量以及它们合适的存储时间,来协调供应和需求的关系.

存储论研究的基本问题是,对于特定的需求类型,讨论用怎样的方式进行原料的供应、商品的订货或者产品的生产,以求最好地实现存储的经济管理目标.因此,存储论是研究如何根据生产或者销售活动的实际存储问题建立起数学模型,然后通过费用分析求出产品、商品的最佳供应量和供应周期这些数量指标.

存储论的早期研究可追溯到20世纪20年代,最优批量公式的提出标志着存储论的发展进入一个新阶段.随着存储问题的日趋复杂,所运用的数学方法日趋多样.其不仅包含了常见的数学方法,如概率统计、数值计算方法,而且也包括运筹学的其他分支,如排队论、动态规划、马尔科夫决策规划等.随着企业管理水平的提高,存储论将得到更广泛的应用.

本章先介绍存储论的基本概念,然后分别介绍确定性的存储模型和随机性存储模型,供需完全可以预测的模型称为确定型模型,否则就是随机型模型.模型虽然各异,但基本思路都是从目标函数达到最优来确定最优的库存策略.还介绍确定性的库存模型的参数分析,目的是让学生通过学习了解存储论的方法与原理,用来解决实际中的问题.

§9.1 存储论的基本概念

存储论也称库存论,是研究物资最优存储策略及存储控制的理论.物资的存储是经济生活中的常见现象.例如,为了保证正常生产,工厂不可避免地要存储一些原材料和半成品.当销售不畅时,工厂也会形成一定的产成品存储(积压);商品流通企业为了其经营活动,必须购进商品存储起来;但对企业来说,如果物资存储过多,不但占用流动资金,而且还占用仓储空间,增加保管成本,甚至还会因库存时间延长而使存货出现变质和失效带来损失.反之,若物资存储过少,企业就会由于缺少原材料而被迫停产,或失去销售机会而减少利润,或由于缺货需要临时增加人力和成本.因此,寻求合理的存储量、订货量和订货时间是存储论研究的重要内容.

存储问题通常包括以下几个要素：

（1）需求

存储的目的是为了满足需求．因为未来的需求，必须有一定的存储．从存储中取出一定数量，这将使存储数量减少，这就是存储的输出．有的需求是间断的，例如铸造车间每隔一段时间提供一定数量的铸件给加工车间；有的需求是均匀连续的，例如在自动装配线上每分钟装配若干件产品或部件；有的需求是确定的，如公交公司每天开出数量确定的公交车；有的需求是随机的，如商场每天卖出商品的品种和数量；有的需求是常量，有的需求是非平稳的．总之，存储量因需求的满足而减少．

（2）补充

存储因需求而减少，必须进行补充，否则终会因存储不足无法满足需求．补充可选择外部订货的方式，这里订货一词具有广义的含义，不仅从外单位组织货源，有时由本单位组织生产或是车间之间、班组之间甚至前后工序之间的产品交接，都可称为订货．

订货时要考虑从订货起到货物运到之间的滞后时间．滞后时间分为两部分，从开始订货到货物达到为止的时间称为拖后时间，另一部分时间为开始补充到补充完毕为止的时间．滞后的出现使库存问题变得复杂，但存储量总会因补充而增加．

（3）缺货的处理

由于需求或供货滞后可能具有随机性，因此缺货可能发生．对缺货的处理：在订货达到后不足部分立即补上或订货到达后其不足部分不再补充．

（4）存储策略

存储论要研究的基本问题是货物何时补充及补充多少数量，任何一个满足上述要求的方案都称为一个存储策略．显然，存储策略依赖于当时的库存量．下面是一些比较常见的存储策略．常见的策略有下面三种：

① T 循环策略：补充过程是每隔时段 T 补充一次，每次补充一个批量 Q，且每次补充可以瞬时完成，或补充过程极短，补充时间可不考虑．

② (T,S) 策略：每隔一个时间 T 盘点一次，并及时补充，每次补充到库存水平 S．因此，每次补充量 Q_i 为一变量，即 $Q_i=S-Y_i$，式中 Y_i 为库存量．

③ (T,s,S) 策略：每隔一个时间 T 盘点一次，当发现库存量小于保险库存量 s 时，就补充到库存水平 S，即当 $Y_i<s$ 时，补充 $S-Y_i$，当 $Y_i\geqslant s$ 时，不予补充．

除此之外，还有 (s,Q) 策略：连续盘点，一旦库存水平小于 s，立即发出订单，其定货量为常数 Q；若库存水平大于等于 s，则不订货．其中 s 称为订货点库存水平．(s,S) 策略：连续盘点，一旦库存水平小于 s，立即发出一个订单，其订货量为 $S-s$，即使得订货时刻的库存水平达到 S，否则就不予订货．

（5）费用

存储策略的衡量标准是考虑费用的问题，所以必须对有关的费用进行详细分析，存储论中的费用通常包括买价（生产费）、订货费、存储费、缺货费及另外相关的费用．

① 买价（生产费）：如果库存不足需要补充，可选外购或自行生产．外购时需支付买价（当有折扣时更要考虑买价）；自行生产时，这里的生产费用专指与生产产品的数量有关的费用，如直接材料、直接人工、变动的制造费用．

② 订货费（生产准备费）：当补充库存外购时，订货费是订购一次货物所需的订购费（如手

续费、差旅费、最低起运费等)，它是仅与订货次数有关的一种固定费用；当由本厂自行生产时，这时需要支出的是装配费用(属固定费用)，如更换模、夹具需要工时，添置某些专用设备等.

③ 存储费：包括仓库保管费(如用仓库的租金或仓库设施的运行费、维修费、管理人员工资等)、货物维修费、保险费、积压资金所造成的损失(利息、资金占用费等)、存储物资变坏、陈旧、变质、损耗及降价等造成的损失费.

④ 缺货费：指当存储不能满足需求而造成的损失费，如停工待料造成的生产损失、因货物脱销而造成的机会损失(少得的收益)、延期付货所支付的罚金以及因商誉降低所造成的无形损失等. 在有些情况下是不允许缺货的，如战争中缺少军械、弹药等将造成人员重大伤亡乃至战败，血库缺血将造成生命危害等，这时的缺货费可视为无穷大.

当商品的价格及需求量完全由市场决定，在确定最优策略时可以忽略不计销售收入. 但当商品的库存量不能满足需求时，由此导致的损失(或延付)的销售收入应考虑包含在缺货费中；当商品的库存量超过需求量时，剩余商品通过降价出售(或退货)的方式得到的收入其损失应考虑包含在存储费中，此时应考虑货币的时间价值等费用.

确定存储策略时，首先是把实际问题抽象为数学模型. 在形成模型过程中，对一些复杂的条件尽量加以简化，只要模型能反映问题的本质就可以了. 然后用数学的方法对模型进行求解，得出数量的结论. 这结论是否正确，还要到实践中加以检验. 若结论不符合实际，则要对模型加以修改，重新建立、求解、检验，直到满意为止.

在存储模型中，目标函数是选择最优策略的准则. 常见的目标函数是关于总费用或平均费用或折扣费用(或利润)的. 最优策略的选择应使费用最小或利润最大.

综上所述，一个存储系统的完整描述需要知道需求、供货滞后时间、缺货处理方式、费用结构、目标函数以及所采用的存储策略. 决策者通过何时订货、订多少货来对系统实施控制.

§9.2 确定性库存模型

本节假定在单位时间内(或称计划期)的需求量为已知常数，货物供应速率、订货费、缺货费已知，其订货策略是将单位时间分成 n 等分的时间区间 T，在每个区间开始订购或生产货物量，形成循环存储策略. 存储问题是确定何时需要补充和确定应当补充多少量，因为需求率是常数，可采用当库存水平下降到某一订购点时订购固定批量的策略. 为此先要建立一个数学模型，将目标函数通过决策变量表示出来，然后确定订购量和订购间隔时间，使费用最小.

9.2.1 瞬时供货，不允许缺货的经济批量模型

为进行存储状态分析，特作如下假定：

① 需求是连续均匀的，设需求速率为 D；

② 当存储量降至零时，可立即补充，不会造成缺货(即认为供应速率为无穷)；

③ 每次订货费为 a，单位货物的存储费为 b，都为常数；

④ 每次订货量都相同，均为 Q.

存储状态的变化图如图 9-1 所示.

设 $I(t)$表示一个运行周期开始后经时间 t 后的库存量，T 为一个运行周期，则

$$I(t)=Q-D(t-nT),\ t\in[nT,(n+1)T),\ n=0,1,\cdots$$

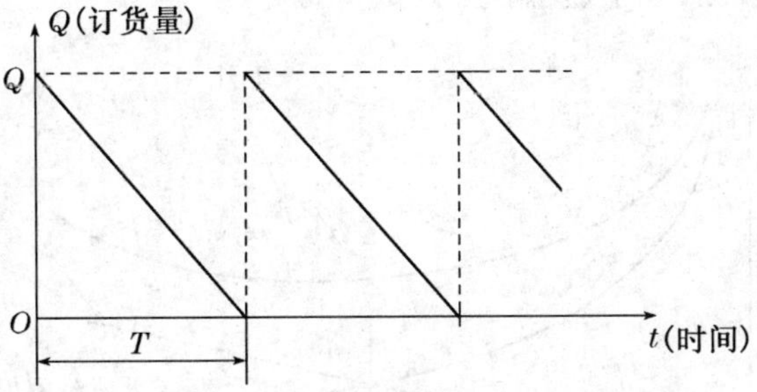

图 9-1

在一个周期 T 内的平均库存量为(此时可假设 $n=0$)

$$\frac{1}{T}\int_0^T I(t)\,\mathrm{d}t = \frac{1}{T}\left[Qt-\frac{1}{2}Dt^2\right]_0^T = \frac{1}{2}Q$$

上述公式也可由求三角形面积得到. 由于 $Q=DT$,所以一个周期长度为 $T=\dfrac{Q}{D}$.

设货物的单价或生产成本为 p,所以一个运行周期内(订货一次)货物存储费用为 a,货物的买价为 Qp,储存费用为$\frac{1}{2}Qb'$(b'为一个周期内单位货物的储存费). 由于不存在缺货,所以一个运行周期的总成本为存储费用、买价、储存费用之和.

设在计划期内共订货 n 次. 由 $n=1/T$ 知,计划期内总费用最小的储存模型为

$$\min f(Q)=\frac{1}{2}Qb+a\frac{D}{Q}+pD \quad (Q>0) \tag{9.1}$$

由微分学知识,$f(Q)$在 Q^* 处有极值的必要条件为$\dfrac{\mathrm{d}f}{\mathrm{d}Q^*}=0$. 因此,有$\dfrac{\mathrm{d}f}{\mathrm{d}Q}=\dfrac{1}{2}b-\dfrac{aD}{Q^2}=0$.

解之并舍去负根,得

$$Q^*=\sqrt{\frac{2aD}{b}} \tag{9.2}$$

易于验证在此点$\dfrac{\mathrm{d}^2 f}{\mathrm{d}Q^2}>0$,故 $Q^*=\sqrt{2aD/b}$为模型(9.1)的最优解.

模型(9.1)求的是总费用最小的订货批量,通常称为经济订货批量(Economic Ordering Quantity),缩写其为 EOQ 模型.

此模型还可由初等数学求解,利用$\frac{1}{2}Qb+a\dfrac{D}{Q}\geqslant 2\sqrt{baD/2}$,等式仅当$\frac{1}{2}Qb=aD/Q$时成立,也得式(9.2).

当采用最佳批量时,计划期应采购的次数为

$$n=\sqrt{Db/2a}$$

$$f^*=\sqrt{2aDb}+pD \tag{9.3}$$

当式(9.3)非整时,采购次数可选用$[\sqrt{Db/2a}]$或$[\sqrt{Db/2a}]+1$两个整数中使采购费用较少者作为最优选择,其理论基础来自于下面的几何解释:

在式(9.1)中略去常数项 pD 后,记 $f_1=\frac{1}{2}Qb+a\dfrac{D}{Q}$.

从图 9-2 看出:在 Q^* 处,$\frac{1}{2}Qb=a\dfrac{D}{Q}$. 当 $Q<Q^*$,$\dfrac{\mathrm{d}f_1}{\mathrm{d}Q}<0$;当 $Q>Q^*$,$\dfrac{\mathrm{d}f_1}{\mathrm{d}Q}>0$. 这说明 Q^*

左侧,成本递减,在 Q^* 右侧,成本递增,Q^* 处成本最小.

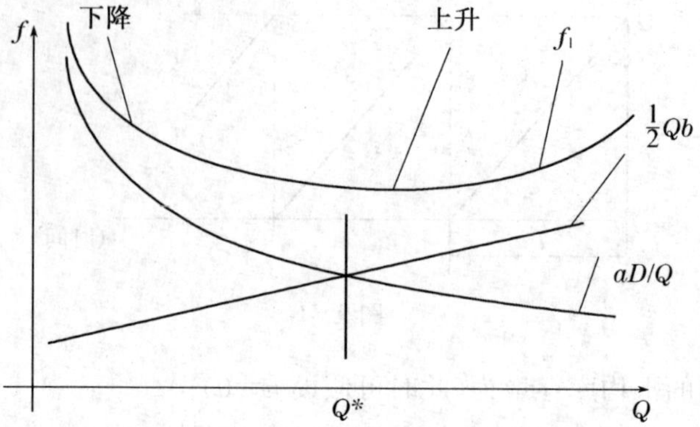

图 9-2

例 9.1 设大华工厂全年需甲料 1 200 吨,每次订货的成本为 100 元,每吨材料年平均储存成本为 150 元,每吨材料买价为 800 元. 要求计算经济批量及全年最小总成本.

解 已知 $D=1\ 200, P=800, a=100, b=150$.

经济批量 $Q^*=\sqrt{2\times 1\ 200\times 100/150}=40$(吨).

全年共采购 30 次,总成本为 $1\ 200\times 800+20\times 150+30\times 100=966\ 000$(元).

9.2.2 瞬时供货,允许缺货的经济批量模型

本模型允许缺货,但缺货损失可以定量计算,其余条件和模型(9.1)相同. 缺货时存储量为零,由于允许缺货,所以可以减少订货和存储费用;但缺货会影响生产与销售,造成直接与间接损失. 因此,当本模型确定最优存储策略时,应综合这两方面的损失,使总费用达到最小. 此时的存储状态如图 9-3 所示.

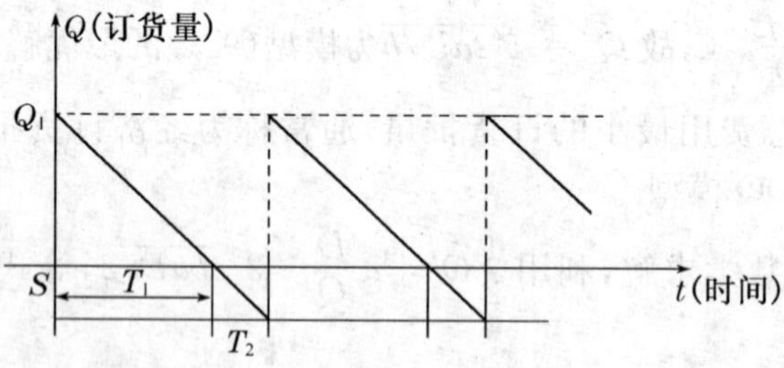

图 9-3

假设周期 $T=T_1+T_2$,Q_1 为周期 T 内的最大存储量,S 为周期 T 内的最大缺货量,并设单位时间缺货费用为 R,则 T_1 为存储量为正的时间周期,T_2 为存储量为负的时间周期(缺货周期). 采用缺货预约存储策略,所以在一个周期内的订货量仍为 $Q=DT$,在 T_1 内有存量,需求为 $Q_1=DT_1$,在 T_2 内缺货量为 $S=DT_2$. 不难看出

$$Q=Q_1+S=D(T_1+T_2) \tag{9.4}$$

与模型(9.1)的推导类似,在一个周期内的平均存量为 $Q_1T_1/2T$,平均缺货量为 $ST_2/2T$,或者表示为 $S(T-T_1)/2T$. 在一个周期内的费用为存储费 $Q_1T_1b'/2T$,缺货费 $SR'(T-T_1)/$

$2T=\frac{1}{2}R'(Q-Q_1)(T-T_1)/T$，订货费 a，买价 QP. 得计划期内总费用最小的存储模型为

$$\min f=\frac{1}{2}T_1 bQ_1/T+\frac{1}{2}RD(Q-Q_1)(T-T_1)/Q+aD/Q+PD \tag{9.5}$$

其中

$$Q=DT, Q_1=DT_1, Q, Q_1, T, T_1\geqslant 0$$

将其视为 Q_1 和 T 的函数，式(9.5)变为

$$\min f=\frac{1}{2}bQ_1^2/DT+\frac{1}{2}R(DT-Q_1)^2/DT+a/T+PD \tag{9.6}$$

由极值必要条件

$$\frac{\partial f}{\partial Q_1}=\frac{(R+b)Q_1}{DT}-R=0$$

$$\frac{\partial f}{\partial T}=\frac{RD}{2}-\frac{(b+R)Q_1}{2DT^2}-\frac{a}{T^2}=0 \tag{9.7}$$

解之，得

$$T^*=\sqrt{2a(b+R)/RDb}$$

$$Q^*=\sqrt{2aD(b+R)/Rb}$$

$$Q_1^*=\sqrt{2aDR/b(b+R)}$$

$$S^*=\sqrt{2abD/R(R+b)}$$

$$T_1^*=\sqrt{2aR/b(b+R)D} \tag{9.8}$$

可验证此为最优解. 与不允许缺货的模型(9.1)相比，可以看出此模型有如下特点：

① 订货周期延长，订货次数在减少.

$$T^*=\sqrt{2a(b+R)/RDb}>\sqrt{2a/Db}$$

② 订货量在增加.

$$Q^*=\sqrt{2aD(b+R)/Rb}>\sqrt{2aD/b}$$

③ 总费用在减少. 此时

$$f^*=\sqrt{2abDR/(b+R)}+PD$$

④ 如让 $R\to+\infty$，此相当于不允许缺货，$\frac{R}{R+b}\to 1$，则两模型最优解一致.

$$T^*\to\sqrt{2a/Db}$$

$$T_1^*\to\sqrt{2a/bD}$$

$$Q^*\to\sqrt{2aD/b}$$

$$Q_1^*\to\sqrt{2aD/b}$$

$$S^*\to 0$$

$$f^*\to\sqrt{2abD}+PD$$

例 9.2 设某工厂全年按合同向外单位供货 10 000 件，每次生产的准备结束费用为 1 000 元，每件产品年存储费用为 4 元，每件产品的生产成本 40 元，如不按期交货，每件产品每月罚款 0.5 元. 试求总费用最小的生产方案.

解 以一年为计划期，$D=10\ 000$，$P=40$，$a=1\ 000$，$b=4$，$R=12\times 0.5=6$. 由公式(9.8)，得

$$T^{*}=\sqrt{\frac{2\times 1\ 000\times(4+6)}{6\times 4\times 10\ 000}}\approx 0.288\ 6(\text{年})\approx 103.92(\text{天})$$

$$Q^{*}=\sqrt{\frac{2\times 1\ 000\times 10\ 000\times(4+6)}{4\times 6}}\approx 2\ 886.75(\text{件})$$

$$Q_{1}^{*}=\sqrt{\frac{2\times 1\ 000\times 10\ 000\times 6}{4\times(4+6)}}\approx 1\ 732.05(\text{件})$$

$$S^{*}=\sqrt{\frac{2\times 1\ 000\times 4\times 10\ 000}{6\times(4+6)}}\approx 1\ 154.70(\text{件})$$

$$T_{1}^{*}=\sqrt{\frac{2\times 1\ 000\times 6}{4\times(4+6)\times 10\ 000}}\approx 0.173\ 2(\text{年})\approx 62.35(\text{天})$$

$$f^{*}=\sqrt{\frac{2\times 1\ 000\times 4\times 10\ 000\times 6}{(4+6)}}+10\ 000\times 40=406\ 928.20(\text{元})$$

即工厂每隔 105 天组织一次生产，产量为 2 887 件，最大存储量为 1 732 件，最大缺货量为 1 155 件. 如果不允许缺货，总费用为

$$f^{*}=\sqrt{2\times 1\ 000\times 4\times 10\ 000}+10\ 000\times 40=408\ 944.27(\text{元})$$

比允许缺货多了 2 016.07(元).

9.2.3 供应速度有限的不缺货库存问题

这种模型的特征是物货的供应不是瞬时完成的，也不是成批的，而是以速率 $V(V>D)$ 均匀连续地逐渐补充，不允许缺货. 在生产过程中的在制品流动就属于这种存储模型，这类模型也称为生产批量模型. 存储量变化情况可用图 9-4 描述.

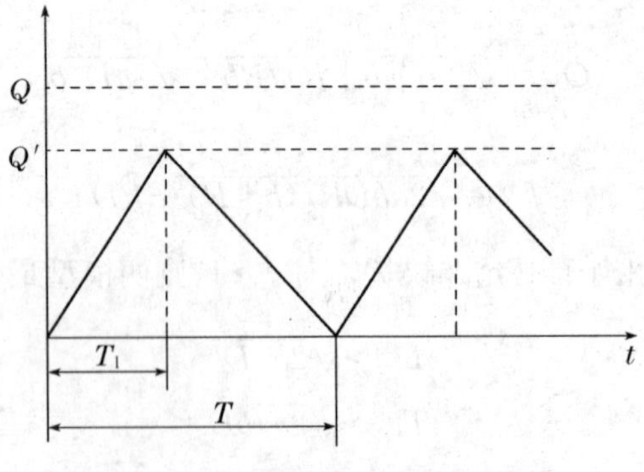

图 9-4

设 T 为一个供货周期，T_1 为其内生产时间，设货物供应速度为 V，消耗速度为 D，在 T 内货物消耗(需要量)为 DT. 显然，$DT=VT_1$，即生产量与需求量相等. 当存量为零时开始生产，库存量以速率 $V-D$ 增加，库存量达到最大时停止生产，然后库存量以速率 D 减少，直到库存量为零时又开始下个周期生产内的生产.

在一个周期内最高存储量为 $Q'=(V-D)T_1$，平均存储量为 $\frac{1}{2}(V-D)T_1$，订货量为 $Q=$

$DT=VT_1$，存储费为$\frac{1}{2}(V-D)T_1b'$（b'为一个周期单位存货存储费），订货手续费为 a，货物的生产成本（购置费）为 QP，则在计划期内的总费用最小的存储模型为

$$\min f=\frac{1}{2}\left(1-\frac{D}{V}\right)bQ+a\frac{D}{Q}+DP \tag{9.9}$$

由极值的必要条件

$$\frac{\mathrm{d}f}{\mathrm{d}Q}=\frac{1}{2}b\left(1-\frac{D}{V}\right)-aD/Q^2=0$$

解之，得

$$Q^*=\sqrt{\frac{2aDV}{b(V-D)}}$$

$$T_1^*=Q^*/V=\sqrt{\frac{2aD}{bV(V-D)}}$$

$$f^*=\sqrt{2abD(V-D)/V}+DP \tag{9.10}$$

由于 $V/(V-D)>1$，所以

$$Q^*>\sqrt{\frac{2aD}{b}}$$

$$T^*>\sqrt{\frac{2a}{bD}}$$

$$f^*<\sqrt{2abD}+DP$$

而当 $V\to+\infty$ 时，$V/(V-D)\to 1$，此最优解与瞬时供货无缺货模型的最优解相同.

例 9.3 某机加工车间计划加工一种零件，这种零件需先在车床上加工，然后在铣床上加工. 每月车床上可加工 500 件，每件生产成本 10 元. 铣床上每月要耗用 100 件，组织一次车加工的准备费用为 5 元，车加工后的在制品保管费为 0.5 元/月一件，要求铣加工连续生产. 试求车加工的最优生产计划.

解 此为连续加工不允许缺货的模型，以一个月为计划期.

已知 $V=500, D=100, P=10, a=5, b=0.5$

$$Q^*=\sqrt{\frac{2\times5\times100\times500}{0.5\times(500-100)}}=50(\text{件})$$

$$T^*=\sqrt{\frac{2\times5\times500}{0.5\times100\times(500-100)}}=0.5(\text{月})$$

$$T_1^*=\sqrt{\frac{2\times5\times100}{0.5\times500\times(500-100)}}=0.1(\text{月})$$

$$f^*=\sqrt{\frac{2\times5\times0.5\times100\times(500-100)}{500}}+100\times10=1\,020(\text{元})$$

车床上加工 15 天组织一次（一个周期），每次生产 3 天，生产 50 件，够铣床上 15 天加工.

9.2.4 供应速度有限允许缺货的库存问题

此模型与模型(9.5)的区别是供应速度有限，而模型(9.5)的供应速度可认为为无限；与模型(9.9)的区别在于允许缺货，其他的假设同模型(9.1).

存储量变化如图 9-5 所示.

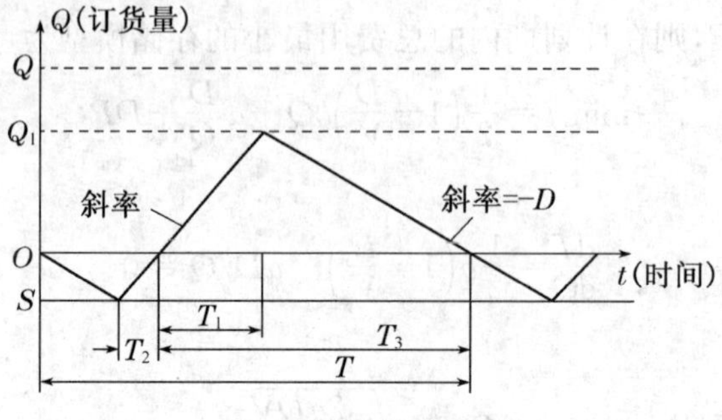

图 9-5

周期 T 内,长度为 T_1+T_2 的时期是生产期. 在 T_2 的生产时期内,储存量的增量为 $T_2(V-D)$,刚好弥补最大缺货量,最大缺货量为$(T-T_3-T_2)D$;在 T_1 的生产时期内的生产量 T_1V 为 T_3 内的消耗量 T_3D. 故最高存储量为 $T_1(V-D)$.

由此得

$$
\begin{aligned}
&S=(T-T_3-T_2)D=T_2(V-D)\\
&Q_1=T_1(V-D)\\
&T_1V=T_3D\\
&Q=DT
\end{aligned}
\tag{9.11}
$$

在一个周期 T 内,平均储存量:$\frac{Q_1T_3}{2T}$;平均缺货量:$\frac{S(T-T_3)}{2T}$. 计划期内有关的总费用有储存费、缺货费、订货费(生产准备费)、货物的买价(生产成本).

仍采用以前的符号,得模型

$$\min f=\frac{Q_1T_3b}{2T}+\frac{S(T-T_3)R}{2T}+\frac{a}{T}+DP$$

将式(9.11)代入,得

$$\min f=\frac{bD(V-D)T_3^2}{2VT}+\frac{RD(V-D)(T-T_3)^2}{2TV}+\frac{a}{T}+DP \tag{9.12}$$

利用极值的必要条件:$\frac{\partial f}{\partial t}=0$,$\frac{\partial f}{\partial t^3}=0$,解之,并得最优解

$$
\begin{aligned}
&T^*=\sqrt{\frac{2Va(b+R)}{bRD(V-D)}}\\
&T_3^*=\sqrt{\frac{2VRa}{bD(b+R)(V-D)}}\\
&Q^*=DT^*=\sqrt{\frac{2aVD(b+R)}{bR(V-D)}}\\
&f^*=\sqrt{\frac{2abRD(V-D)}{V(b+R)}}+DP
\end{aligned}
\tag{9.13}
$$

此最大存储量及最大缺货量的计算:

$$Q_1=T_3D(V-D)/V=\sqrt{\frac{2aRD(V-D)}{bV(b+R)}}$$

$$S=(V-D)(T-T_3)D/V=\sqrt{\frac{2abD(V-D)}{RV(b+R)}}$$

若令 $V\to+\infty$，退化为模型(9.5)（瞬时供货，允许缺货）；若 $R\to+\infty$，退化为模型(9.9)（供应速度有限，不允许缺货）；若令 $V\to+\infty$，同时 $R\to+\infty$，退化为模型(9.1). 所以，前面模型为模型(9.12)的特例.

例 9.4 在前面加工中，允许选铣加工中断，但造成每件每月 1.5 元损失费. 求其最优方案.

$$Q^*=\sqrt{\frac{2\times5\times500\times100\times(1.5+0.5)}{0.5\times1.5\times(500-100)}}\approx57.73(\text{件})$$

$$T^*=\sqrt{\frac{2\times500\times5\times(0.5+1.5)}{0.5\times1.5\times100\times(500-100)}}\approx0.577\,3(\text{月})\approx17.32(\text{天})$$

$$T_3^*=\sqrt{\frac{2\times500\times1.5\times5}{0.5\times100\times(1.5+0.5)\times(500-100)}}\approx0.433\,0(\text{月})\approx12.99(\text{天})$$

$$f^*=\sqrt{\frac{2\times5\times0.5\times1.5\times100\times400}{500\times2}}+1\,000\approx1\,017.32(\text{元})$$

$$Q_1=34.641(\text{件}),S=11.547(\text{件})$$

即 17 天组织一次生产，批量为 58 件，有库存为 13 天，最大库存为 35 件，最大缺货为 12 件，费用较前减少.

§9.3 随机型存储模型

前面讨论的存储问题属确定型存储问题中，其中涉及的一些因素如货物的需求是确定的，订货费用和计划期的存储费用都是已知的，甚至缺货的成本都作为常数来考虑. 但现实情况常常较为复杂，前面涉及的许多参数都将成为随机变量，这就产生了随机型存储模型.

一般来说，随机型存储问题最重要的特点是需求(速度)量是随机的，这是由于社会现象是复杂的，而引起需求的原因很多，有些可以量化，有些难以量化，这使得货物的需求难以确定. 所以，需求是一个随机变量. 但可假设需求量的分布规律可以通过历史的统计资料来获得. 除此之外到货时间也是随机的，因为从订单发出，到货物送达，必定有一段时间延迟. 这段延迟时间由于受生产、运输过程中许多偶然因素的影响，经常表现为一个随机变量. 因此，到货时间经常也是个随机变量. 还有库存量也是随机的，在某些存储问题中，实际库存量确是随机的；而在另一些存储问题中，实际库存量则要通过对库存的定期盘点才能知道. 一般企业中，也仅对重要物资才要求随时掌握库存量.

随机存储问题中的订货策略较复杂，实际的库存管理中，订货策略多种多样，但分类的依据有两类：一类是按订单发出的条件来分，可分为警戒点订货法和定期订货法. 前者是当库存量低于某个警戒水平时就发出订单，后者是每隔一个确定的时间周期发出订单，例如每月 25 日发出下个月的订单. 另一种分类依据是按照订货量来分，可分为定量订货法与补充订货法. 前者每次订货的数量是一常数，后者每次订货量是将实际库存补充到某一预定水平.

9.3.1 单时期的随机模型

单时期随机需求问题中最典型的是所谓报童问题，此类问题是将单位时间看作一个时期，在这个时期内只订货一次以满足整个时期的需求量，这种模型我们称之为单时期随机需求模型. 这种模型常用来研究易变质产品需求问题，在模型中如果本期的产品没有用完，到下一期该产品就要贬值，价格降低，利润减少，甚至比获得该产品的成本还要低. 如果本期产品不能满足需求，则因缺货或失去销售机会而带来损失，无论是供大于求还是供不应求都有损失，模型要求该时期订货量多少可使预期的总损失最少或总盈利最大. 这类产品订货问题在现实中大量存在，如商场中秋要订购月饼等食品，书店要订购书刊，商店要购进服装、食品，甚至要经销计算机硬件等产品都可以看成模型的例子.

模型假设如下：

① 在周期开始时做一次订货决策，设订货量为 Q；

② 瞬时供货；

③ 一个周期内需求量 x 是非负随机变量，其分布函数及密度函数都已知；

④ 初始库存量为零，且固定订购费也为零；

⑤ 决策准则是使期望总费用达到最小或期望总收益最大.

下面分别就离散型与连续型两种情况进行讨论.

1. 离散型随机模型

设在一个时期 T 内，需求量 x 是一个非负的随机变量，假设 x 的取值为 $x_1, x_2, \cdots, x_n$，相应的概率 $P(x_i)$ 已知，最优存储策略是使在 T 内总费用的期望值最小或收益最大. 设 b 为供过于求时单位产品总成本(存储成本及买价)、R 为供不应求时单位产品总成本(缺货成本).

(1) 总费用的期望值最小的订货量

一个时期内的订货费为零(即使不为零，只要是常数也可)，单位产品的获得成本已包括在 b 中. 当需求为 x 时，市场上实际卖出产品数量将为 $\min\{Q,x\}$，本期的缺货量为 $\max\{0,x-Q\}$，库存量 $\max\{0,Q-x\}$. 因此，总费用最小的订货模型只包括上述两项费用，模型为

$$f(Q) = b\sum_{x_i \leqslant Q}(Q-x_i)P(x_i) + R\sum_{Q<x_i}(x_i-Q)P(x_i) \tag{9.14}$$

由于 x_i 取离散值，所以不能用求导的办法而采用边际分析法求极值. 为此最佳订货量 Q^* 应满足：

① $f(Q^*) \leqslant f(Q), Q^* \leqslant Q$；

② $f(Q^*) \leqslant f(Q), Q^* \geqslant Q$.

可设 $x_1 < x_2 < \cdots < x_n$，并且 Q^* 只在 x_i 中选取，且 $x_{r-1} < x_r = Q^* < x_{r+1}$

$$f(x_{r+1}) = b\sum_{i=1}^{r+1}(x_{r+1}-x_i)P(x_i) + R\sum_{i=r+2}^{n}(x_i - x_{r+1})P(x_i)$$

$$f(Q^*) = f(x_r) = b\sum_{i=1}^{r}(x_r - x_i)P(x_i) + R\sum_{i=r+1}^{n}(x_i - x_r)P(x_i)$$

$$f(x_{r-1}) = b\sum_{i=1}^{r-1}(x_{r-1}-x_i)P(x_i) + R\sum_{i=r}^{n}(x_i - x_{r-1})P(x_i)$$

由 $f(x_{r+1}) \geqslant f(Q^*)$ 及 $f(x_{r-1}) \geqslant f(Q^*)$，得

$$\sum_{i=1}^{r-1}P(x_i) < \frac{R}{b+R} \leqslant \sum_{i=1}^{r}P(x_i) \tag{9.15}$$

(2) 总收益期望值最大的订货量

现在考虑总收益最大的模型. 仍设需求量 x 是一个非负的随机变量,假设 x 的取值仍为 $x_1, x_2, \cdots, x_n$,相应的概率 $P(x_i)$已知.

当订货量 $Q \geqslant x$ 时,收益为 $Px - p_0Q + p_1(Q-x) - b_1(Q-x)$. 式中:$P$ 为货物的卖出价,p_0 为货物购买价,p_1 为积压品的处理价($p_1 < p_0$),b_1 为积压品仓储成本.

此时,收益的期望值为

$$\sum_{x_i \leqslant Q}((P + b_1 - p_1)x_i - (p_0 - p_1 + b_1)Q)P(x_i)$$

当订货量 $Q < x$ 时,收益为 $Px - p_0Q - R(x-Q)$. 式中:R 为缺货成本. 收益的期望值为

$$\sum_{Q < x_i}((P - R)x_i - (p_0 - R)Q)P(x_i)$$

总收益期望值为

$$f(Q) = \sum_{x_i \leqslant Q}((P + b_1 - p_1)x_i - (p_0 - p_1 + b_1)Q)P(x_i) + \sum_{Q < x_i}((P - R)x_i - (p_0 - R)Q)P(x_i) \tag{9.16}$$

仿照总费用的期望值最小模型的解法,求其最优解,与式(9.15)相同.

对总收益期望值最大模型的叙述予以简化.

为叙述方便,设当货物售出时,单位货物收益为 k 元;货物未能售出,单位货物损失 h 元.

决策时选择每期货物的订货量 Q,使赚钱的期望值最大. 让货物因不能及时售出而出现的损失及因缺货失去销售机会而出现的损失两者期望值之和最小.

当供过于求时,这时货物因不能及时售出而出现损失,其期望值为

$$\sum_{x_i \leqslant Q} h(Q - x_i)P(x_i)$$

当供不应求时,这时因缺货而少赚钱而产生的损失,其期望值为

$$\sum_{x_i > Q} k(x_i - Q)P(x_i)$$

所以,当订货量为 Q 时,损失的期望值为

$$f(Q) = \sum_{x_i \leqslant Q} h(Q - x_i)P(x_i) + \sum_{x_i > Q} k(x_i - Q)P(x_i) \tag{9.17}$$

现决定 Q^* 之值,当 $Q^* \leqslant Q$ 时,$f(Q^*) \leqslant f(Q)$;当 $Q^* \geqslant Q$ 时,$f(Q^*) \leqslant f(Q)$.

作为特例,这就是所谓的报童问题,报童每天售报数量是一个随机变量. 报童每售出一份报纸赚 k 元,如报纸未能售出,每份赔 h 元. 报童每日售出报纸份数 x_i 的概率 P 根据以往的经验是已知的. 问:报童每日最好准备多少份报纸?

由于报童订购报纸的份数只能取整数,所以

$$f(Q^*) \leqslant f(Q^* + 1) \text{与} f(Q^*) \leqslant f(Q^* - 1)$$

同时成立.

经化简后,分别得

$$(k + h)\sum_{i}^{Q^*} P(i) - k \geqslant 0$$

$$(k + h)\sum_{i}^{Q^* - 1} P(i) - k \leqslant 0$$

解之，最优 Q^* 应满足：

$$\sum_{i}^{Q^*-1} P(i) < \frac{k}{k+h} \leqslant \sum_{i}^{Q^*} P(i) \tag{9.18}$$

例 9.5 某货物的需求量在 14 至 21 件之间，每卖出一件可赢利 6 元，每积压一件，损失 2 元. 问：一次性进货多少件，才使赢利期望最大？

表 9-1

需求量/件	14	15	16	17	18	19	20	21
概率	0.10	0.15	0.12	0.12	0.16	0.18	0.10	0.07
累积概率	0.10	0.25	0.37	0.49	0.65	0.83	0.93	1.00

解

$$\frac{k}{k+h} = \frac{6}{6+2} = 0.75$$

可以看出，$\sum_{i=0}^{18} P(i) = 0.65$，$\sum_{i=0}^{19} P(i) = 0.83$. 所以，$Q$ 取 19 最佳.

例 9.6 某设备上有一关键零件常需更换，更换需要量 x 服从泊松分布. 根据以往的经验，平均需要量为 5 件，此零件的价格为 100 元/件，若零件用不完，到期末就完全报废，若备件不足，待零件损坏了再去订购就会造成停工损失 180 元. 问：应备多少零件最好？

解 由于零件是企业内部使用，并不对外售出，零件被耗用时不构成浪费，故认为这时被"售出"，其收益为未造成的停工损失，少损失 180 元，可认为收益 180 元；零件未被耗用，认为出现"积压"造成浪费，损失的是成本 100 元.

泊松分布函数为

$$P(x) = \frac{\lambda^x}{x!} e^{-\lambda}, x = 0, 1, 2, \cdots$$

$$\frac{k}{k+h} = \frac{180}{180+100} \approx 0.6428$$

查泊松分布表，$\sum_{x=0}^{5} \frac{5^x}{x!} e^{-5} = 0.6159$，$\sum_{x=0}^{6} \frac{5^x}{x!} e^{-5} = 0.7621$，即最好准备 6 件零件.

2. 连续型存储模型

离散型存储策略的分析方法同样适合连续型. 设需求量 x 为连续的随机变量，其概率密度为 $\varphi(x)$，此处 $x \geqslant 0$. 单位货物的购买（生产）成本为 p_0，单位货物售价为 P，计划期单位存储费为 b 元，为方便起见，先假设无缺货成本.

设订货数量为 Q，货物需求量为 x，此时货物的销量应为 $\min\{x, Q\}$. 需支付存储费 $\max\{b(Q-x), 0\}$，即只有有库存时，才支付存储费.

本阶段的盈利 $w(Q) = P \times \min\{x, Q\} - Qp_0 - \max\{b(Q-x), 0\}$，盈利的期望为

$$\begin{aligned} E(w(Q)) &= \int_0^Q Px\varphi(x)dx + \int_Q^\infty PQ\varphi(x)dx - Qp_0 - \int_0^Q b(Q-x)\varphi(x)dx \\ &= \int_0^\infty Px\varphi(x)dx - \int_Q^\infty Px\varphi(x)dx + \int_Q^\infty PQ\varphi(x)dx - Qp_0 - \\ &\quad \int_0^Q b(Q-x)\varphi(x)dx \end{aligned}$$

$$= PE(x) - \left\{ P\int_Q^{\infty}(x-Q)\varphi(x)\mathrm{d}x + \int_0^Q b(Q-x)\varphi(x)\mathrm{d}x + Qp_0 \right\} \quad (9.19)$$

上式后部分的期望，分别是因缺货失去销售机会出现损失、因滞销出现仓储费及购买价.

又记 $E(C(Q)) = \int_Q^{\infty} P(x-Q)\varphi(x)\mathrm{d}x + b\int_0^Q (Q-x)\varphi(x)\mathrm{d}x + Qp_0$

由于 $E(w(Q)) - E(C(Q)) = \int_0^{\infty} Px\varphi(x)\mathrm{d}x = PE(x)$

$$\max E(w(Q)) = PE(x) - \min E(C(Q))$$

可以看出，求盈利最大与求损失期望最小是等价的.

利用 $E(w(Q))$ 是 Q 的连续、可微函数，要求 $\frac{\mathrm{d}E(w(Q))}{\mathrm{d}Q}=0$，即可得出 Q 应满足下面方程：

$$\int_0^Q \varphi(x)\mathrm{d}x = \frac{P-p_0}{b+P} \quad (9.20)$$

并且可验证此为模型最优解.

前面讨论模型中期末的存货还可以在下期销售，如果必须处理呢？

当 $x \leqslant Q$ 时，此时供过于求，货物因不能及时售出而出现损失，其期望值为

$$h\int_0^Q (Q-x)\varphi(x)\mathrm{d}x$$

当 $x > Q$ 时，供不应求，这时因缺货而少赚钱而产生的损失，其期望值为

$$k\int_Q^{\infty} (x-Q)\varphi(x)\mathrm{d}x$$

总费用期望为

$$f(Q) = h\int_0^Q (Q-x)\varphi(x)\mathrm{d}x + k\int_Q^{\infty} (x-Q)\varphi(x)\mathrm{d}x \quad (9.21)$$

由导数为零，得 Q^* 满足：

$$\int_0^Q \varphi(x)\mathrm{d}x = \frac{k}{k+h} \quad (9.22)$$

前面讨论中缺货时只考虑了失去销售机会，如果缺货时还要付出费用 $R>P$，则 Q 的选取应满足：

$$\int_0^Q \varphi(x)\mathrm{d}x = \frac{R-p_0}{b+R} \quad (9.23)$$

例 9.7　某时装商店计划冬季到来之前订购一批款式新颖的皮制服装. 每套皮装进价是 1 000元，估计可以获得 80%的利润，冬季一过则只能按进价的 50%处理. 根据市场需求预测，该皮装的销售量服从参数为 1/60 的指数分布. 求最佳订货量.

解　已知 $p_0=1\,000$，$P=1\,800$，$p_1=500$，$k=800$，$h=500$.

$$\varphi(x)=\begin{cases}\frac{1}{60}\mathrm{e}^{-\frac{1}{60}x}, & x>0\\ 0, & \text{其他}\end{cases}$$

临界值为 $\frac{800}{800+500} \approx 0.615\,4$

$$\int_0^Q \frac{1}{60}\mathrm{e}^{-\frac{1}{60}x}\mathrm{d}x = 1-\mathrm{e}^{-\frac{Q}{60}} = 0.615\,4$$

$$Q^{*}=-60\times\ln 0.3846\approx 57(\text{件})$$

9.3.2 多时期库存模型

多时期库存模型是考虑了时间因素的一种随机动态库存模型,它与单时期库存模型的不同之处在于:每个周期的期末库存货物对于下周期仍然可用.由于多时期随机库存问题更为复杂和广泛,在实际应用中,库存系统的管理人员往往要根据不同物资的需求特点及资源情况,本着经济的原则采用不同的库存策略,最常用的是(s,S)策略.

1. 需求是随机离散的多时期(s,S)库存模型

该模型的特点在于订货的机会是周期出现的.假设在一个阶段的开始时原有库存量为Q_0,若供不应求,则需承担缺货损失费;若供大于求,则多余部分仍需库存起来,供下阶段使用.当本阶段开始时,按订货量Q,使库存水平达到$S=Q_0+Q$,则本阶段的总费用应是订货费、库存费和缺货费之和.

设货物的单位成本为p_0,单位库存费为b,缺货损失为R,每次订货费为a,需求为x_i,概率分布为$P(x_i)$,为方便可设$x_i<x_{i+1}$.

此时需支付订货及购货费、库存费或缺货损失费.

订购费为$a+Qp_0$;设市场的需求量为x,市场上实际卖出产品数量将为$\min\{x,Q_0+Q\}$,缺货量为$\max\{0,x-Q_0-Q\}$,本期的库存量$\max\{0,Q+Q_0-x\}$.

利用$S=Q_0+Q$,总费用函数可表示为

$$f(x,S)=a+p_0(S-Q_0)+R\max\{0,x-S\}+b\max\{0,S-x\}$$

期望总费用函数为

$$f(S)=E[f(x,S)]=a+p_0(S-Q_0)+R\sum_{x_i>S}(x_i-S)P(x_i)+b\sum_{x_i\leqslant S}(S-x_i)P(x_i) \tag{9.24}$$

使式(9.24)达到最小的S即为最优库存水平.

因为$f(S)$是离散的,设$x_{r-2}<S^{*}=x_{r-1}<x_r$,采用边际分析法.

由$f(x_{r-1})\leqslant f(x_r)$及$f(x_{r-1})\leqslant f(x_{r-2})$,得出

$$\sum_{i=1}^{r-2}P(x_i)<\frac{R-p_0}{R+b}\leqslant\sum_{i=1}^{r-1}P(x_i) \tag{9.25}$$

称$\dfrac{R-p_0}{R+b}$为临界值.据式(9.25)可求出$S^{*}=x_{r-1}$,最佳订货量为$x_{r-1}-Q_0$,实际订货量选择$\max\{0,x_{r-1}-Q_0\}$.

例 9.8 设某企业对于某种材料每月需求量的资料如下:

表 9-2

需求量 x_i/吨	55	64	75	82	88	90	100	110
概率 $P(x_i)$	0.05	0.10	0.15	0.15	0.20	0.10	0.15	0.10
累积概率	0.05	0.15	0.30	0.45	0.65	0.75	0.90	1.00

每次订货费为400元,每月每吨保管费为40元,每月每吨缺货费为1 400元,每吨材料的购置费为752元,该企业欲采用(s,S)库存策略来控制库存量.试求出S值.

解　由题知 $p_0=752$ 元，$b=40$ 元，$R=1\,400$ 元.

临界值$\dfrac{R-p_0}{R+b}=0.45$. 由 $\sum\limits_{i=1}^{3}P(x_i)<0.45\leqslant\sum\limits_{i=1}^{4}P(x_i)$，$S=x_4=82$ 吨. 如 $Q_0=40$ 吨，则需补充 42 吨货物. 此时，期望费用为

$400+42\times752+40\times[(82-55)\times0.05+(82-64)\times0.10+(82-75)\times0.15]+1\,400\times[(88-82)\times0.2+(90-82)\times0.1+(100-82)\times0.15+(110-82)\times0.1]=42\,652$(元)

2. 需求是随机连续的多时期(s,S)模型

设货物的单位成本为 p_0，单位库存费为 b，单位缺货损失费为 R，每次订货费为 a，假定滞后时间为零，需求 x 是连续的随机变量，概率密度为 $\varphi(x)$，期初库存量为 Q_0，订货量为 Q. 确定订货量 Q，使总费用的期望值最小.

现要考虑的费用有订购费、库存费、缺货损失费.

订货费为 $a+Qp_0$：

当需求 $x\leqslant S$ 时有剩余货物(S 为最大库存量，$S=Q_0+Q$)，库存费的期望值为

$$\int_0^S(S-x)b\varphi(x)\mathrm{d}x$$

当需求 $x>S$ 时无库存，需付缺货费，缺货费的期望值为

$$\int_S^\infty R\times(x-S)\varphi(x)\mathrm{d}x$$

总费用的期望值为

$$f(S)=a+p_0(S-Q_0)+\int_0^S(S-x)b\varphi(x)\mathrm{d}x+\int_S^\infty R\times(x-S)\varphi(x)\mathrm{d}x \tag{9.26}$$

利用含参变量的求导，得

$$\frac{\mathrm{d}f(S)}{\mathrm{d}S}=p_0+b\int_0^S\varphi(x)\mathrm{d}x-R\int_S^\infty\varphi(x)\mathrm{d}x=p_0+(R+b)\int_0^S\varphi(x)\mathrm{d}x-R$$

令其为零，得

$$\int_0^S\varphi(x)\mathrm{d}x=\frac{R-p_0}{R+b} \tag{9.27}$$

称$\dfrac{R-p_0}{R+b}$为临界值. 由式(9.27)可定出 S，再由 $Q=S-Q_0$ 可确定最佳订货量.

例 9.9　某商场经销一种电子产品，根据历史资料，该产品的销售量服从在区间[50,100]的均匀分布，每台产品进货价为 3 000 元，单位库存费为 40 元，若缺货，商店为了维护自己的信誉，将以每台 3 400 元向其他商店进货后再卖给顾客，每次订购费为 400 元，设期初无库存. 试确定最佳订货量及 S 值.

解　由题知 $p_0=3\,000$，$b=40$，$R=3\,400$，$a=400$.

临界值：

$$\frac{3\,400-3\,000}{40+3\,400}\approx0.116\,3$$

$$\varphi(x)=\begin{cases}\dfrac{1}{50}, & 50\leqslant x\leqslant100\\ 0, & \text{其他}\end{cases}$$

由

$$\int_0^S\varphi(x)\mathrm{d}x=0.116\,3$$

得

$$S\approx56(\text{台}),\ Q=S-Q_0\approx56(\text{台})$$

此时，费用期望值为

$$f(S)=400+3\,000\times 56+40\int_0^{56}(56-x)\times\frac{1}{50}\mathrm{d}x+3\,400\times\int_{56}^{100}(x-56)\times\frac{1}{50}\mathrm{d}x$$
$$=235\,792(\text{元})$$

习题

1. 若某商品单位成本是5元，每天保管费是成本的1%，每次订购费是1 000元，已知对该商品的需求是100件/天，不允许缺货，假设该商品的进货可以随时实现. 问：应怎样组织进货，才能最经济？

2. 一家电脑制造公司自行生产扬声器用于自己的产品. 电脑以每月6 000台的生产率在流水线上装配，扬声器则成批生产，每次成批生产时需准备费1 200元，每个扬声器的成本为20元，存储费为每月0.10元. 若不允许缺货，每批应生产扬声器多少只？多长时间生产一次？

3. 一家电脑制造公司自行生产扬声器用于自己的产品. 电脑以每月6 000台的生产率在流水线上装配，扬声器则成批生产，每次成批生产时需准备费1 200元，每个扬声器的成本为20元，存储费为每月0.10元. 若允许缺货，缺货费为1元/只，每批应生产扬声器多少只？多长时间生产一次？

4. 某商店准备在新年前订购一批挂历批发出售，已知每售出一批(100本)可获利70元. 如果挂历在新年前售不出去，则每100本损失40元. 根据以往销售经验，该商店售出挂历的数量如下表所示：

销售量/百本	0	1	2	3	4	5
概率	0.05	0.10	0.25	0.35	0.15	0.10

如果该商店对挂历只能提出一次订货，问：应定几百本，使期望的获利数为最大？

5. 某超市准备在年底出售一批笔记本电脑刻录盘，已知每售出1 000张可获利7元. 如果售不出去，则削价每1 000张损失4元. 根据以往销售经验，该超市售出的数量如下表所示：

销售量/1 000张	0	1	2	3	4	5
概率	0.05	0.10	0.25	0.35	0.15	0.10

如果该超市只能提出一次订货，问：应定几千张，使期望的获利数为最大？

附录一

习题答案

第二章　线性规划

1.（1）**解：**

第一，求可行解集合.令两个约束条件为等式，得到两条直线，在第一象限画出满足两个不等式的区域，其交集就是可行集或称为可行域，如图 2.1－1 所示，交集为(1/2,0).

第二，绘制目标函数图形.将目标函数的系数组成一个坐标点(6,4)，过原点 O 作一条矢量指向点(6,4)，矢量的长度不限，矢量的斜率保持 4 比 6；再作一条与矢量垂直的直线，这条直线就是目标函数图形，目标函数图形的位置任意，如果通过原点则目标函数值 $z=0$，如图 2.1－2 所示.

第三，求最优解.图 2.1－2 的矢量方向是目标函数增加的方向或称梯度方向，在求最小值时将目标函数图形沿梯度方向的反方向平行移动（在求最大值时将目标函数图形沿梯度方向平行移动），直到可行域的边界，停止移动，其交点对应的坐标就是最优解，如图 2.1－3 所示.最优解 $x=(1/2,0)$，目标函数的最小值 $z=3$.

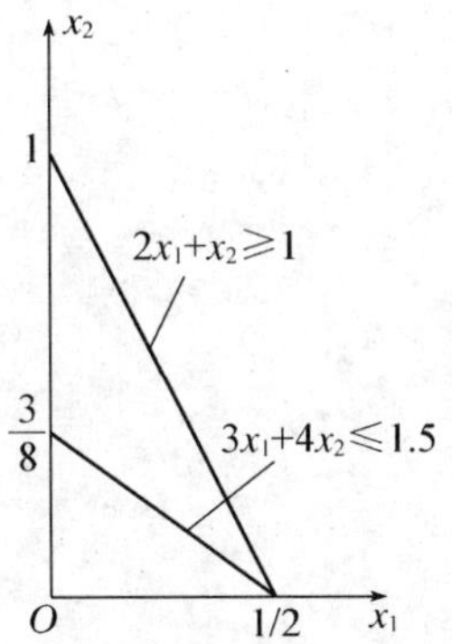

图 2.1－1

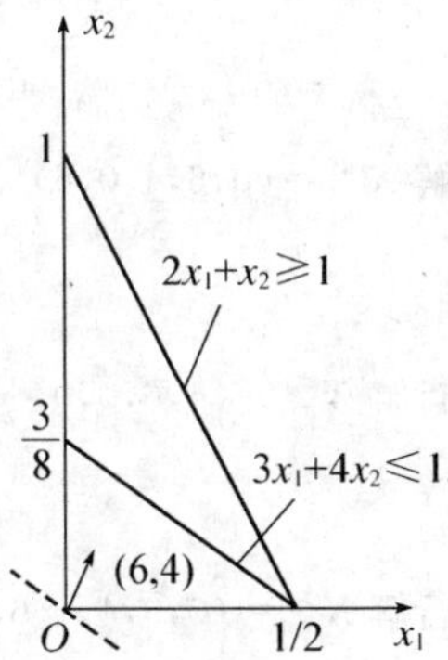

图 2.1－2

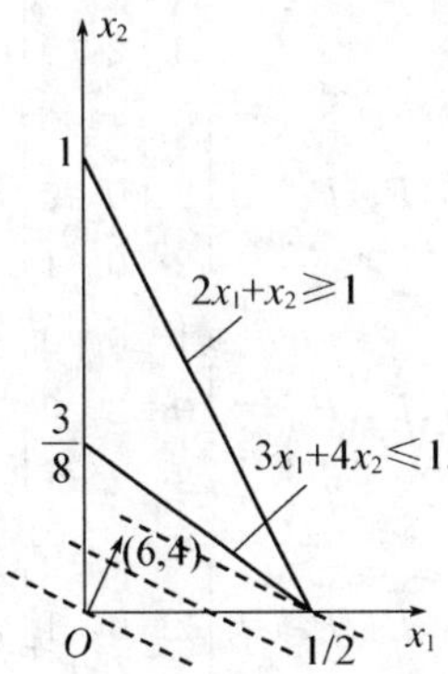

图 2.1－3

（2）无可行解[求解方法与(1)类似].

（3）无界解.

（4）无可行解.

（5）无穷多最优解 $z^*=66$.

（6）唯一最优解 $z^*=92/3, x_1=20/3, x_2=3/8$.

2.（1）**解：**由题目可知，其系数矩阵为

$$(P_1,P_2,P_3,P_4,P_5)，即\begin{bmatrix}1&0&1&0&0\\0&2&0&1&0\\3&2&0&0&1\end{bmatrix}$$

因$(P_1,P_2,P_3)=\begin{bmatrix}1&0&1\\0&2&0\\3&2&0\end{bmatrix}$线性独立，故有$\begin{cases}x_1+x_3=4,\\2x_2=12-x_4,\\3x_1+2x_2=18-x_5.\end{cases}$

令非基变量 $x_4,x_5=0$，得$\begin{cases}x_1+x_3=4,\\2x_2=12,\\3x_1+2x_2=18,\end{cases}\Rightarrow\begin{cases}x_1=2,\\x_2=6,\\x_3=2.\end{cases}$

得到一个基可行解 $\boldsymbol{X}^{(1)}=(2,6,2,0,0)^{\mathrm{T}}$，$z_1=36$.

$(P_1,P_3,P_4)=\begin{bmatrix}1&1&0\\0&0&1\\3&0&0\end{bmatrix}$线性独立，故有$\begin{cases}x_1+x_3=4,\\x_4=12-2x_2,\\3x_1=18-2x_2-x_5.\end{cases}$

令非基变量 $x_2,x_5=0$，得$\begin{cases}x_1+x_3=4,\\x_4=12,\\3x_1=18,\end{cases}\Rightarrow\begin{cases}x_1=6,\\x_4=12,\\x_3=-2.\end{cases}$

得到一个基本解，但非可行解 $\boldsymbol{X}^{(2)}=(6,0,-2,12,0)^{\mathrm{T}}$，$z_2=18$.

同理，可以求出

$(P_3,P_4,P_5)=\begin{bmatrix}1&0&0\\0&1&0\\0&0&1\end{bmatrix}$，得基本可行解 $\boldsymbol{X}^{(3)}=(0,0,4,12,18)^{\mathrm{T}}$.

$(P_1,P_4,P_5)=\begin{bmatrix}1&0&0\\0&1&0\\3&0&1\end{bmatrix}$，得基本可行解 $\boldsymbol{X}^{(4)}=(4,0,0,12,6)^{\mathrm{T}}$.

$(P_1,P_2,P_4)=\begin{bmatrix}1&0&0\\0&2&1\\3&2&0\end{bmatrix}$，得基本可行解 $\boldsymbol{X}^{(5)}=(4,3,0,6,0)^{\mathrm{T}}$.

$(P_2,P_3,P_5)=\begin{bmatrix}0&1&0\\2&0&0\\2&0&1\end{bmatrix}$，得基本可行解 $\boldsymbol{X}^{(6)}=(0,6,4,0,6)^{\mathrm{T}}$.

$(P_1,P_2,P_5)=\begin{bmatrix}1&0&0\\0&2&0\\3&2&1\end{bmatrix}$，得基本非可行解 $\boldsymbol{X}^{(7)}=(4,6,0,0,-6)^{\mathrm{T}}$.

$(P_2,P_3,P_4)=\begin{bmatrix}0&1&0\\2&0&1\\2&0&0\end{bmatrix}$，得基本非可行解 $\boldsymbol{X}^{(8)}=(0,9,4,-6,0)^{\mathrm{T}}$.

(1)(2)答案如下表所示，其中打三角符号的是基本可行解，打星号的为最优解.

	x_1	x_2	x_3	x_4	x_5	z	x_1	x_2	x_3	x_4	x_5	
△	0	0	4	12	18	0	0	0	0	−3	−5	
△	4	0	0	12	6	12	3	0	0	0	−5	
	6	0	−2	12	0	18	0	0	1	0	−3	
△	4	3	0	6	0	27	−9/2	0	5/2	0	0	
△	0	6	4	0	6	30	0	5/2	0	−3	0	
*△	2	6	2	0	0	36	0	3/2	1	0	0	△*
	4	6	0	0	−6	42	3	5/2	0	0	0	△
	0	9	4	−6	0	45	0	0	5/2	9/2	0	△

3.（1）**解**:单纯形法.

首先,将问题化为标准型.加松弛变量 x_3, x_4,得

$$\max z=10x_1+5x_2$$
$$\text{s.t.}\begin{cases}3x_1+4x_2+x_3=9\\5x_1+2x_2+x_4=8\\x_j\geqslant 0\end{cases}$$

其次,列出初始单纯形表,计算最优值.

C_B	X_B	10	5	0	0	b
		x_1	x_2	x_3	x_4	
0	x_3	3	4	1	0	9
0	x_4	5	2	0	1	8
σ_j		10	5	0	0	
0	x_3	0	14/5	1	−3/5	21/5
10	x_1	1	2/5	0	1/5	8/5
σ_j		0	1	0	−2	
5	x_2	1	1	5/14	−3/14	3/2
10	x_1	0	0	−1/7	2/7	1
σ_j		0	0	−5/14	−25/14	

由单纯形表一得最优解为 $X=(1,3/2)^{\mathrm{T}}, z^*=35/2$.

图解法:

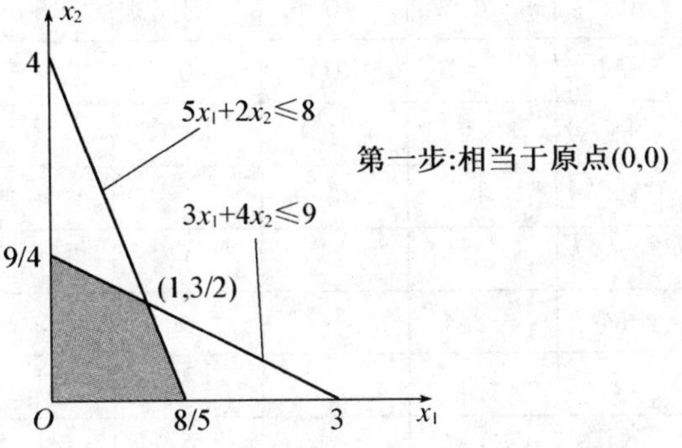

图 2.3-1

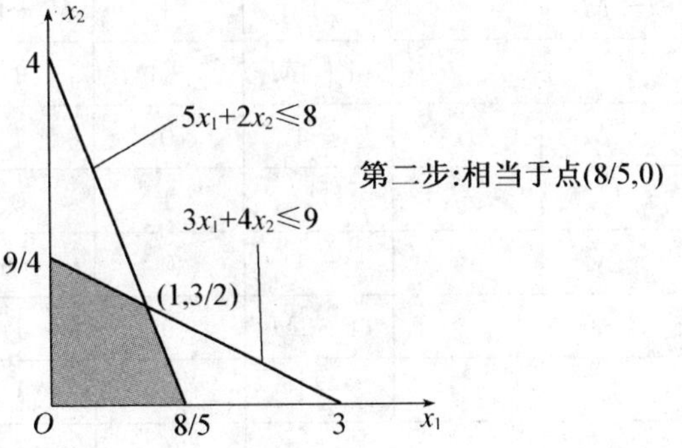

图 2.3-2

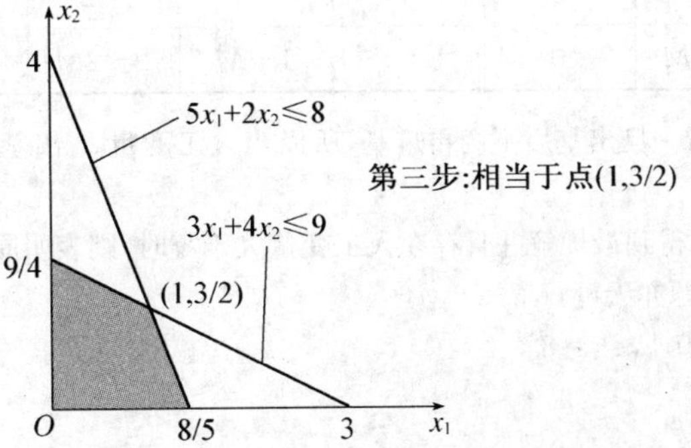

图 2.3-3

(2) 最优解为 $\boldsymbol{X}=(200,133.33)^{\mathrm{T}}$, $z^*=46\,666.6$.

4. (1) **解**:大 M 法.

首先将数学模型化为标准形式:

$$\max z=4x_1+5x_2+x_3$$

$$\text{s.t.}\begin{cases}3x_1+2x_2+x_3-x_4=18\\2x_1+x_2+x_5=4\\x_1+x_2-x_3=5\\x_j\geqslant 0(j=1,\cdots,5)\end{cases}$$

式中 x_4, x_5 为松弛变量, x_5 可作为一个基变量,第一、三约束分别加入人工变量 x_6, x_7,目标函数中加入 $-Mx_6-Mx_7$ 一项,得到大 M 单纯形法数学模型:

$$\max z=4x_1+5x_2+x_3$$

$$\text{s.t.}\begin{cases}3x_1+2x_2+x_3-x_4+x_6=18\\2x_1+x_2+x_5=4\\x_1+x_2-x_3+x_7=5\\x_j\geqslant 0(j=1,\cdots,7)\end{cases}$$

由单纯形表计算:

$\boldsymbol{C}_B$	$\boldsymbol{X}_B$	4	5	1	0	0	$-M$	$-M$	b
		x_1	x_2	x_3	x_4	x_5	x_6	x_7	
$-M$	x_6	3	2	1	-1	0	1	0	18
0	x_5	2	1	0	0	1	0	0	4
$-M$	x_7	1	1	-1	0	0	0	1	5
σ_j		$4+4M$	$5+3M$	1	$-M$	0	0	0	
$-M$	x_6	-1	0	1	-1	-2	1	0	10
5	x_2	2	1	0	0	1	0	0	4
$-M$	x_7	-1	0	-1	0	0	0	1	1
σ_j		$4-2M$	0	1	$-M$	$-2M$	0	0	
1	x_3	-1	0	1	-1	-2		0	10
0	x_2	2	1	0	0	1		0	4
$-M$	x_7	-2	0	0	-1	-2		1	11
σ_j		$5-2M$	0	0	$1-M$	$2-2M$		0	

在迭代过程中,人工变量一旦出基后不会再进基,所以当人工变量 x_6 出基后,对应第六列的系数可以不再计算,以减少计算量.

当用大 M 单纯形法计算得到最优解并且存在人工变量大于零时,则表明原线性规划无可行解.

两阶段单纯形法求此问题亦无可行解.

(2) 最优解为 $\boldsymbol{X}=(4,3,0)^{\mathrm{T}}$, $z^*=8$.

(3) 最优解为无界解.

(4) 最优解为 $\boldsymbol{X}=(2.5,2.5,2.5,0)^{\mathrm{T}}$, $z^*=15$.

(5) 最优解为 $\boldsymbol{X}=(24,33)^{\mathrm{T}}$, $z^*=294$.

(6) 最优解为 $\boldsymbol{X}=(14,0,-4)^{\mathrm{T}}, z^*=46$.

5～7. 略

8. 提示:设每个管道上的实际流量,则发点发出的流量等于收点收到的流量,中间点则流入等于流出,再考虑容量限制条件即可.目标函数为发出流量最大.

解:设 x_{ij}=从点 i 到点 j 的流量:

$$\max z=x_{12}+x_{13}$$

$$\text{s. t.}\begin{cases}x_{12}=x_{23}+x_{24}+x_{25}\\x_{13}+x_{23}=x_{34}+x_{35}\\x_{24}+x_{34}+x_{54}=x_{46}\\x_{25}+x_{35}=x_{54}+x_{56}\\x_{12}+x_{13}=x_{46}+x_{56}\end{cases}$$

以上为流量平衡条件.始点=收点:

$x_{12}\leqslant 10, x_{13}\leqslant 6, x_{23}\leqslant 4, x_{24}\leqslant 5, x_{25}\leqslant 3, x_{34}\leqslant 5, x_{35}\leqslant 8, x_{46}\leqslant 11, x_{54}\leqslant 3, x_{56}\leqslant 7, x_{ij}\geqslant 0$(对所有 i,j)

9. 提示:设每个区段上班的人数分别为 $x_1, x_2, \cdots, x_6$ 即可.

10. **解**:设男生中挖坑、栽树、浇水的人数分别为 x_{11}, x_{12}, x_{13},女生中挖坑、栽树、浇水的人数分别为 x_{21}, x_{22}, x_{23},S 为植树棵树.由题意,模型为

$$\max S=20x_{11}+10x_{21}$$

$$\text{s. t.}\begin{cases}x_{11}+x_{12}+x_{13}=30\\x_{21}+x_{22}+x_{23}=20\\20x_{11}+10x_{21}=30x_{12}+20x_{22}=25x_{13}+15x_{23}\\x_{ij}\geqslant 0(i=1,2;j=1,2,3)\end{cases}$$

11. **解**:设各生产 x_1, x_2, x_3.

$$\max z=1.2x_1+1.175x_2+0.7x_3$$

$$\text{s. t.}\begin{cases}0.6x_1+0.15x_2\leqslant 2\,000\\0.2x_1+0.25x_2+0.5x_3\leqslant 2\,500\\0.2x_1+0.6x_2+0.5x_3\leqslant 1\,200\\x_1, x_2, x_3\geqslant 0\end{cases}$$

12. **解**:设7～12月各月初进货数量为 x_i 件,而各月售货数量为 y_i 件,$i=1,2,\cdots,6$,S 为总收入,则问题的模型为

$$\max S=29y_1+24y_2+26y_3+28y_4+22y_5+25y_6-(28x_1+24x_2+25x_3+27x_4+23x_5+23x_6)$$

$$\text{s. t.}\begin{cases}y_1\leqslant 200+x_1\leqslant 500\\y_2\leqslant 200+x_1-y_1+x_2\leqslant 500\\y_3\leqslant 200+x_1-y_1+x_2-y_2+x_3\leqslant 500\\y_4\leqslant 200+x_1-y_1+x_2-y_2+x_3-y_3+x_4\leqslant 500\\y_5\leqslant 200+x_1-y_1+x_2-y_2+x_3-y_3+x_4-y_4+x_5\leqslant 500\\y_6\leqslant 200+x_1-y_1+x_2-y_2+x_3-y_3+x_4-y_4+x_5-y_5+x_6\leqslant 500\\x_i\geqslant 0, y_i\geqslant 0, i=1,2,\cdots,6\end{cases}$$

13. **解**:用 x_1, x_2, x_3 分别代表大豆、玉米、麦子的种植面积(hm^2,公顷);x_4, x_5 分别代表奶牛和鸡的饲养数;x_6, x_7 分别代表秋冬和春夏季多余的劳动力(人日).则有

$$\max z=175x_1+300x_2+120x_3+400x_4+2x_5+1.8x_6+2.1x_7$$

$$\text{s. t.}\begin{cases} x_1+x_2+x_3+1.5x_4\leqslant 100(\text{土地限制}) \\ 400x_4+3x_5\leqslant 15\,000(\text{资金限制}) \\ \left.\begin{array}{l} 20x_1+35x_2+10x_3+100x_4+0.6x_5+x_6=3\,500 \\ 50x_1+175x_2+40x_3+50x_4+0.3x_5+x_7=4\,000 \end{array}\right\}(\text{劳动力限制}) \\ x_4\leqslant 32(\text{牛栏限制}) \\ x_5\leqslant 3\,000(\text{鸡舍限制}) \\ x_j\geqslant 0(j=1,\cdots,7) \end{cases}$$

第三章 对 偶

1. 对偶问题为

(1) $\min w=10y_1+20y_2$

$$\text{s. t.}\begin{cases} y_1+4y_2\geqslant 10 \\ y_1+y_2\geqslant 1 \\ 2y_1+y_2\geqslant 2 \\ y_1,y_2\geqslant 0 \end{cases}$$

(2) $\min w=5y_1-4y_2+y_3$

$$\text{s. t.}\begin{cases} y_1+2y_2+y_3\geqslant 2 \\ y_1-y_2=1 \\ y_1+3y_2-y_3\geqslant 3 \\ y_1+y_3=1 \\ y_1\geqslant 0,y_2\leqslant 0,y_3\ \text{无约束} \end{cases}$$

(3) $\min w=3y_1-5y_2+2y_3$

$$\text{s. t.}\begin{cases} y_1+2y_3\leqslant 3 \\ -2y_1+y_2-3y_3=2 \\ 3y_1+3y_2-7y_3=-3 \\ y_1+y_2-y_3\geqslant 1 \\ y_1\leqslant 0,y_2\geqslant 0,y_3\ \text{无约束} \end{cases}$$

(4) $\max w=15y_1+20y_2-5y_3$

$$\text{s. t.}\begin{cases} -y_1-5y_2+y_3\geqslant -5 \\ 5y_1-6y_2-y_3\leqslant -6 \\ 3y_1+10y_2-y_3=-7 \\ y_1\geqslant 0,y_2\leqslant 0,y_3\ \text{无约束} \end{cases}$$

2. (1) 因为对偶变量$\boldsymbol{Y}=\boldsymbol{C}_B\boldsymbol{B}^{-1}$，第 k 个约束条件乘$\lambda(\lambda\neq 0)$，即$\boldsymbol{B}^{-1}$的 k 列将为变化前的 $1/\lambda$. 由此对偶问题变化后的解为$(y_1',y_2',\cdots,y_k',\cdots,y_m')=(y_1,y_2,\cdots,(1/\lambda)y_k,\cdots,y_m)$.

(2) 与前类似，$y_r'=\dfrac{b_r}{b_r+\lambda b_k}y_r$，$y_i'=y_i(i\neq r)$.

(3) $y_i'=\lambda y_i(i=1,2,\cdots,m)$.

(4) $y_i(i=1,2,\cdots,m)$不变.

3. (1) 对偶问题为

$$\max w=3y_1+6y_2+2y_3+2y_4$$

$$\text{s. t.}\begin{cases} y_1+3y_2+y_4\leqslant 8 \\ 2y_1+y_2\leqslant 6 \\ y_2+y_3+y_4\leqslant 3 \\ y_1+y_2+y_3\leqslant 6 \\ y_1,y_2,y_4\geqslant 0,y_3\ \text{无约束} \end{cases}$$

(2) 由互补松弛性——$y_s\boldsymbol{x}^*=0$(y_s，$\boldsymbol{x}^*$分别为松弛变量和最优解)，可得 $y_5=y_6=y_7=0$. 从而可知

$$y_1+3y_2+y_4=8$$
$$2y_1+y_2=6$$
$$y_2+y_3+y_4=3$$

又由对偶性质的最优性——$\boldsymbol{CX}^*=\boldsymbol{Y}^*\boldsymbol{b}$，可得

$$3y_1+6y_2+2y_3+2y_4=20$$

联立四方程，即可求得对偶问题的最优解为$\boldsymbol{Y}^*=(2,2,1,0)$.

4. 其对偶问题为

$$\min w=8y_1+12y_2$$

$$\text{s.t.}\begin{cases}2y_1+2y_2\geqslant 2 & (1)\\ 2y_2\geqslant 1 & (2)\\ y_1+y_2\geqslant 5 & (3)\\ y_1+2y_2\geqslant 6 & (4)\\ y_1,y_2\geqslant 0\end{cases}$$

将 y_1^*，y_2^* 代入约束条件，得(1)与(2)为严格不等式；由互补松弛性 $\boldsymbol{Y}_S\boldsymbol{X}^*=\boldsymbol{0}$，得 $x_1^*=x_2^*=0$. 又因为 y_1，$y_2\geqslant 0$，由互补松弛性 $\boldsymbol{Y}^*\boldsymbol{X}_S=0$，得 $\boldsymbol{X}_{S_1}=\boldsymbol{X}_{S_2}=0$，即原问题约束条件应取等号，故

$$\begin{cases}x_3+x_4=8\\ x_3+2x_4=12\end{cases}$$

解之，得

$$\begin{cases}x_3=4\\ x_4=4\end{cases}$$

所以，原问题最优解为 $\boldsymbol{X}^*=(0,0,4,4)^{\mathrm{T}}$，目标函数最优值为 $z^*=44$.

5.（1）略

(2) 原问题的解：	互补的对偶问题的解：
第一步(0,0,0,60,40,80)；	(0,0,0,−2,−4,−3)；
第二步(0,15,0,0,25,35)；	(1,0,0,1,0,−1)；
第三步(0,20/3,50/3,0,0,80/3).	(5/6,2/3,0,11/6,0,0).

(3) 对偶问题的解：	对偶问题互补的对偶问题的解：
第一步(0,0,0,−2,−4,−3)；	(0,0,0,60,40,80)；
第二步(1,0,0,1,0,−1)；	(0,15,0,0,25,35)；
第三步(5/6,2/3,0,11/6,0,0).	(0,20/3,50/3,0,0,80/3).

（4）比较(2)和(3)计算结果发现，对偶单纯形法实质上是将单纯形法应用于对偶问题的求解，又对偶问题的对偶即原问题，因此两者计算结果完全相同.

6.（1）$15/4\leqslant c_1\leqslant 50$，$4/5\leqslant c_2\leqslant 40/3$

（2）$24/5\leqslant b_1\leqslant 16$，$9/2\leqslant b_2\leqslant 15$

（3）$\boldsymbol{X}^*=(8/5,0,21/5,0)$

（4）$\boldsymbol{X}^*=(11/3,0,0,2/3)$

7. 略

8.（1）$a=40$，$b=50$，$c=x_2$，$d=x_1$，$e=-22.5$，$f=-80$，$g=s-440$

（2）最大值.

（3）$2\Delta a+\Delta b\geqslant -90$，$\Delta a+2\Delta b\geqslant -80$

9.（1）x_1，x_2，x_3 代表原稿纸、日记本和练习本月产量，$x_1=1\,000$，$x_2=2\,000$，$x_3=0$.

（2）临时工影子价格高于市场价格，故应招收. 招 200 人最合适.

10.（1）设生产甲、乙两种产品量是 x_1 与 x_2，最大利润 $z=13x_1-(2x_1\times1.0+3x_1\times2.0)+16x_2-(4x_2\times1.0+2x_2\times2.0)=5x_1+8x_2$.

$$\max z=5x_1+8x_2$$

$$\text{s.t.}\begin{cases}2x_1+4x_2\leqslant 160\\ 3x_1+2x_2\leqslant 180\\ x_1,x_2\geqslant 0\end{cases}$$

$$\boldsymbol{X}^*=(50,15)\quad \max z=370(\text{元})$$

（2）影子价格：A 为 7/4；B 为 1/2.

(3) $C_B B^{-1} p-(-c_3+11)\geqslant 0, C_B=73/4=18.25$

(4) $b'=(160+a,180), B^{-1}b=((3/8)a+15,50-a/4)\geqslant 0$

得到$-40\leqslant a\leqslant 200, a=200$，增加利润 350 元.

		x_1	x_2	x_3	x_4
x_2	$15+(3/8)a$	0	1	3/8	$-1/4$
x_1	$50-a/4$	1	0	$-1/4$	1/2
s	$-370-7a/4$	0	0	$-7/4$	$-1/2$

第四章 整数规划

1. $x_1=5, x_2=3, \max z=17$
2. $x_1=2, x_2=\frac{8}{3}, \max z=\frac{74}{3}$
3. $x_1=2, x_2=0, x_3=1, \max z=160$
4. 运甲种货物 4 件、乙种货物 1 件，获利最多.
5. 最优指派方案为 $x_{13}=x_{22}=x_{34}=x_{41}=1$，最优值是 48.
6. 最优指派方案是 $x_{15}=x_{23}=x_{32}=x_{44}=x_{51}=1$，最优值是 21.

第五章 图 论

1. 答案不唯一，只需满足图(a,b)的最小生成树的总权数分别为 20,11 即可.

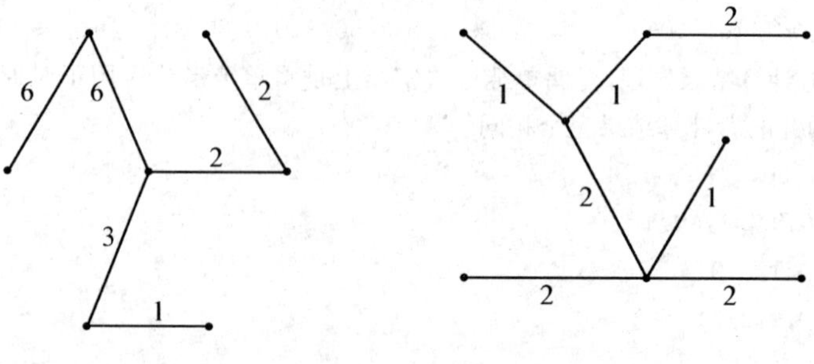

(a) (b)

2. $v_1v_4v_6v_2$，距离为 7；$v_1v_4v_3$，距离为 5；v_1v_4，距离为 2；$v_1v_4v_5$，距离为 9；$v_1v_4v_6$，距离为 4；$v_1v_4v_6v_7$，距离为 13.

3. 提示：相当于求从第一年年初到第五年年底的最短路，每条弧的权为总的费用. 有两种设备更新方案：第一种：第 1 年年初购买新设备，使用到第 2 年年底，第 3 年年初再购买新设备，使用到第 5 年年底. 第二种：第 1 年年初购买新设备，使用到第 3 年年底，第 4 年年初购买新设备，使用到第 5 年年底.

4. $f_{s1}=3=f_{s3}, f_{s2}=1, f_{13}=2, f_{23}=0, f_{14}=1=f_{25}, f_{35}=5, f_{43}=0, f_{4t}=3, f_{54}=2, f_{5t}=4$

5. 最小费用为 55，最大流如下图所示.

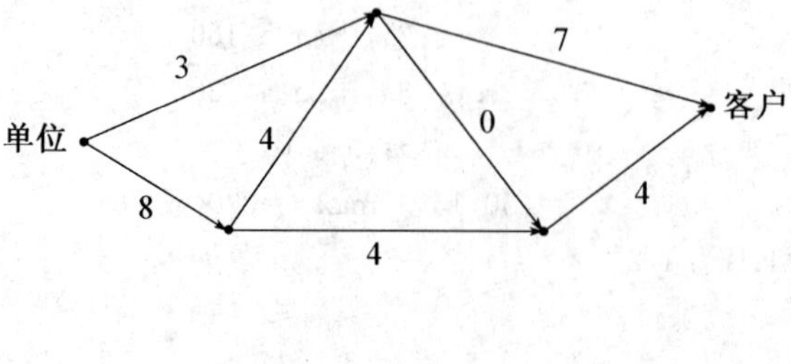

第六章 排队论

1. (1) 0.6 (2) 0.038 (3) 0.4 (4) 0.67 人 (5) 10 分钟 (6) 0.267 人 (7) 4 分钟

2. (1) 0.25 (2) 3 人 (3) 1 小时 (4) $\lambda>3.2, \Delta\lambda=0.2$ 人/时

3. $W_q=\dfrac{\lambda}{\mu(\mu-\lambda)}, R=\dfrac{W_q}{\dfrac{1}{\mu}}=\mu W_q=\dfrac{\lambda}{\mu-\lambda}$

4. (1) 0.122 (2) 0.298 (3) 3.51 人/小时 (4) 2.44 人 (5) 1.56 人 (6) 0.696 小时 (7) 0.44 小时

5. 此系统因为等待空间有限制，一旦顾客满 k 个，新来的顾客就无法进入系统，此时到达率为零. 因此，这里需要求出实际进入系统的平均到达率 λ_e. 由于正在被服务的顾客平均数为 $\sum_{n=1}^{k}P_n=1-P_0=\dfrac{\lambda_e}{\mu}$，所以 $\lambda_e=\mu(1-P_0)$；另一方面，在单位时间内实际进入服务系统的顾客平均数为 $\lambda_e=\lambda(1-P_k)$. 因此，$\lambda(1-P_k)=\mu(1-P_0)$.

6. (1) 由题意知，$\lambda=12$ 人/时，$\mu=10$ 人/时. 因为 $c=1, \lambda>\mu$，意味着系统的流入量大于流出量，显然队列越来越长，所以要增加工人.

(2) 增加一个工人后，此系统变成 $M/M/2$ 排队系统. 此时，有

$$\rho_c=\frac{\lambda}{c\mu}=\frac{12}{2\times10}=0.6<1, \rho=\frac{\lambda}{\mu}=\frac{12}{10}=1.2$$

$$P(n\geqslant2)=0.45$$

(3) $P_c=0.18, L_q=0.675, L_s=1.875, W_s=\dfrac{L_s}{\lambda}\approx0.156$(小时)，$W_q=\dfrac{L_q}{\lambda}\approx\dfrac{0.675}{12}=0.056$(小时)

7. 若 L_s 表示系统中平均出故障的机器数，则系统外的机器平均数应是 $m-L_s$，于是系统的有效到达率，即 m 台机器单位时间内实际发生故障的平均数为 $\lambda_e=\lambda(m-L_s)$. 因此，有

$$\mu(1-P_0)=\lambda(m-L_s)$$

即

$$L_s=m-\frac{\mu(1-P_0)}{\lambda}$$

8. (1) $L_s=2.626$ (2) $\lambda_e=0.246$ (3) $W_s=10.684$

第七章 预测与决策

1. 14.7 千元/人 2. (1) 略 (2) 332.12 吨

3. (1) 二次抛物线趋势模型；(2) 2 656.9 万元

4. $\hat{y}_t=11.1045+1.1581^t$，31.03 千万元

5. (2) $\hat{y}_t=2878-520.9645\times0.942^t$，2 729 个

6. 用乐观准则、悲观准则、等可能性准则、最小后悔准则分别作出建设新厂、转包外厂、扩建原厂、转包外厂的决策.

7. 扩建原厂.

8. (1) 略 (2) 购买专利；若成功，则增加两倍产量.

9. 进行市场调查；若 A_1, A_2 则投产，否则不投产.

第八章 对策论

1. 解得 A 的最优策略为 $\boldsymbol{X}=\left(\dfrac{1}{2},0,\dfrac{1}{2}\right)$，$B$ 的最优策略为 $\boldsymbol{Y}=\left(\dfrac{10}{11},0,\dfrac{1}{11}\right)$.

对策值 $V=0$，即该项游戏公平合理.

2. (1) $\max\limits_i(\min\limits_j a_{ij})=\min\limits_j(\max\limits_i a_{ij})=2, a_{21}=2$

(2) $\max_i(\min_j a_{ij})=\min_j(\max_i a_{ij})=4, a_{33}=4$

(3) $a_{22}=0$

3. $p\leqslant 5\leqslant q$

4. 原矩阵对策的一个解是 $\boldsymbol{X}^*=\left(0,\frac{3}{4},\frac{1}{4},0\right)^{\mathrm{T}}, \boldsymbol{Y}^*=\left(\frac{1}{4},0,\frac{3}{4},0\right)^{\mathrm{T}}, V=\frac{5}{4}$.

5. $y^*=1/2, 1-y^*=1/2, V=1$.

6. 设 B 以 y_1, y_2, y_3 的概率混合使用策略为 b_1, b_2, b_3. 根据用线性规划方法求解对策问题的过程计算，得 $y_1=\frac{1}{16}, y_2=\frac{1}{32}, y_3=\frac{1}{32}$；$\max W=y_1+y_2+y_3=\frac{1}{8}$.

第九章　存储论

1. 每隔 20 天进货，进货 2 000 件，才能最经济；每年进货约 18.3 次.
2. 每两月生产一次，每次生产 12 000 只.
3. 每 2.1 月生产一次，每次生产 12 586 只.
4. 订购挂历 3 百本才能使获利的期望值最大.
5. 订购 3 千张才能使获利的期望值最大.

附录二

填空与选择题

一、填空题

1. 运筹学的主要研究对象是各种有组织系统的________.

2. 运筹学的核心主要是运用________研究各种系统的优化途径及方案,为决策者提供科学决策的依据.

3. 模型是一件实际事物或现实情况的________或________.

4. 通常对问题中变量值的限制称为________,它可以表示成一个等式或________的集合.

5. 运筹学研究和解决问题的基础是________,并强调系统整体优化功能.运筹学研究和解决问题的效果具有________.

6. 运筹学用________的观点研究功能之间的关系.

7. 运筹学研究和解决问题的优势是应用各学科交叉的方法,具有典型________特性.

8. 运筹学的发展趋势是进一步依赖于________的应用和发展.

9. 运筹学解决问题时首先要观察待决策问题所处的________.

10. 用运筹学分析与解决问题,是一个________的过程.

11. 运筹学的主要目的在于求得一个合理运用人力、物力和财力的________.

12. 运筹学中所使用的________.用运筹学解决问题的核心是________,并对________求解.

13. 用运筹学解决问题时,要________待决策的问题.

14. 运筹学的系统特征之一是用________的观点研究功能关系.

15. 数学模型中,“s. t.”表示________.

16. 建立数学模型时,需要回答的问题有________________________________.

17. 运筹学的主要研究对象是各种有组织系统的________问题及经营活动.

18. 1940年8月,英国管理部门成立了一个跨学科的11人的运筹学小组,该小组简称为________.

19. 线性规划问题是求一个________在一组________条件下的极值问题.

20. 图解法适用于含有________变量的线性规划问题.

21. 线性规划问题的可行解是指满足________的解.

22. 在线性规划问题的基本解中,所有的非基变量等于________.

23. 在线性规划问题中,基可行解的非零分量所对应的列向量__________.

24. 若线性规划问题有最优解,则最优解一定可以在可行域的__________达到.

25. 线性规划问题有可行解,则必有__________.

26. 如果线性规划问题存在目标函数为有限值的最优解,求解时只需在其基__________的集合中进行搜索即可得到最优解.

27. 满足__________条件的基本解称为基本可行解.

28. 在将线性规划问题的一般形式转化为标准形式时,引入的松弛数量在目标函数中的系数为__________.

29. 将线性规划模型化成标准形式时,"≤"的约束条件要在不等式__________端加入__________变量.

30. 线性规划模型包括______________________________三个要素.

31. 线性规划问题可分为目标函数求________值和__________值两类.

32. 线性规划问题的标准形式中,约束条件取______式,目标函数求______值,而所有变量必须__________.

33. 线性规划问题的基可行解与可行域顶点的关系是__________.

34. 在用图解法求解线性规划问题时,如果取得极值的等值线与可行域的一段边界重合,则__________________________________.

35. 求解线性规划问题可能的结果有__________________________________.

36. 如果某个约束条件是"≤"情形,若化为标准形式,需要引入一__________变量.

37. 如果某个变量 x_j 为自由变量,则应引进两个非负变量 x_j',x_j'',同时令 $x_j=$__________.

38. 表达线性规划的简式中目标函数为__________.

39. 线性规划的代数解法主要利用了代数消去法的原理,实现__________的转换,寻找最优解.

40. 对于目标函数极大值型的线性规划问题,用单纯形法求解时,当基变量检验数 δ_j __________ 0 时,当前解为最优解.

41. 用大 M 法求目标函数为极大值的线性规划问题时,引入的人工变量在目标函数中的系数应为__________.

42. 在单纯形迭代中,可以根据__________表中__________判断线性规划问题无解.

43. 在线性规划典式中,所有基变量的目标系数为__________.

44. 当线性规划问题的系数矩阵中不存在现成的可行基时,一般可以加入__________构造可行基.

45. 在单纯形迭代中,选出基变量时应遵循__________法则.

46. 线性规划典式的特点是__________________________________.

47. 对于目标函数求极大值线性规划问题在非基变量的检验数全部 $\delta_j \leqslant 0$、______________________________情况下,单纯形迭代应停止.

48. 在单纯形迭代过程中,若有某个 $\delta_k > 0$ 对应的非基变量 x_k 的系数列向量 $\boldsymbol{P}_k$__________时,则此问题是无界的.

49. 在线性规划问题的典式中,基变量的系数列向量为__________.

50. 对于求极小值而言,人工变量在目标函数中的系数应取__________.

51. 单纯形法解基的形成来源共有________种.

52. 在大 M 法中,M 表示________.

53. 线性规划问题具有对偶性,即对于任何一个求最大值的线性规划问题,都有一个求________的线性规划问题与之对应,反之亦然.

54. 在一对对偶问题中,原问题的约束条件的右端常数是对偶问题的________.

55. 如果原问题的某个变量无约束,则对偶问题中对应的约束条件应为________.

56. 对偶问题的对偶问题是________.

57. 若原问题可行,但目标函数无界,则对偶问题________.

58. 若某种资源的影子价格等于 k,在其他条件不变的情况下(假设原问题的最佳基不变),当该种资源增加 3 个单位时,相应的目标函数值将增加________.

59. 线性规划问题的最优基为 $\boldsymbol{B}$,基变量的目标系数为 $\boldsymbol{C}_B$,则其对偶问题的最优解 $\boldsymbol{Y}^*=$________.

60. 若 $\boldsymbol{X}^*$ 和 $\boldsymbol{Y}^*$ 分别是线性规划的原问题和对偶问题的最优解,则有 $\boldsymbol{CX}^*$________$\boldsymbol{Y}^*\boldsymbol{b}$.

61. 若 $\boldsymbol{X}$ 和 $\boldsymbol{Y}$ 分别是线性规划的原问题和对偶问题的可行解,则有 $\boldsymbol{CX}$________$\boldsymbol{Yb}$.

62. 若 $\boldsymbol{X}^*$ 和 $\boldsymbol{Y}^*$ 分别是线性规划的原问题和对偶问题的最优解,则有 $\boldsymbol{CX}^*$________.

63. 设线性规划的原问题为 $\max z=\boldsymbol{CX},\boldsymbol{AX}\leqslant\boldsymbol{b},\boldsymbol{X}\geqslant\boldsymbol{0}$,则其对偶问题为________.

64. 影子价格实际上是与原问题各约束条件相联系的________的数量表现.

65. 线性规划的原问题的约束条件系数矩阵为 $\boldsymbol{A}$,则其对偶问题的约束条件系数矩阵为________.

66. 在对偶单纯形法迭代中,若 $b_i<0$,且所有的 $a_{ij}\geqslant 0(j=1,2,\cdots,n)$,则原问题________.

67. 灵敏度分析研究的是线性规划模型的________数据变化对产生的影响.

68. 在线性规划的灵敏度分析中,我们主要用到的性质是________.

69. 在灵敏度分析中,某个非基变量的目标系数的改变,将引起________的检验数的变化.

70. 如果某基变量的目标系数的变化范围超过其灵敏度分析容许的变化范围,则此基变量应________.

71. 约束常数 b 的变化,不会引起解的________的变化.

72. 在某线性规划问题中,已知某资源的影子价格为 y_1,相应的约束常数为 b_1,在灵敏度容许变动范围内发生 Δb 的变化,则新的最优解对应的最优目标函数值是________(设原最优目标函数值为 z^*).

73. 若某约束常数 b_i 的变化超过其容许变动范围,为求得新的最优解,需在原最优单纯形表的基础上运用________求解.

74. 如果线性规划的原问题增加一个约束条件,相当于其对偶问题增加一个________.

75. 若某线性规划问题增加一个新的约束条件,在其最优单纯形表中将表现为增加________.

76. 线性规划灵敏度分析应在________的基础上,分析系数变化对最优解产生的影响.

77. 在某生产规划问题的线性规划模型中,变量 x_j 的目标系数 C_j 代表该变量所对应的产品的利润,则当某一非基变量的目标系数发生________变化时,其有可能进入基底.

78. 用分枝定界法求极大化的整数规划问题时，任何一个可行解的目标函数值是该问题目标函数值的__________.

79. 在分枝定界法中，若选 $X_r=4/3$ 进行分枝，则构造的约束条件应为__________.

80. 在 0－1 整数规划中变量的取值可能是__________.

81. 对于一个有 n 项任务需要有 n 个人去完成的分配问题，其解中取值为 1 的变量数为__________个.

82. 分枝定界法和割平面法的基础都是用__________方法求解整数规划.

83. 在用割平面法求解整数规划问题时，要求全部变量必须都为__________.

84. 用割平面法求解整数规划问题时，若某个约束条件中有__________的系数，则需在该约束两端扩大适当倍数，将__________化为整数.

85. 求解纯整数规划的方法是__________. 求解混合整数规划的方法是__________.

86. 求解 0－1 整数规划的方法是__________. 求解分配问题的专门方法是__________.

87. 在应用匈牙利法求解分配问题时，最终求得的分配元应是__________.

88. 分枝定界法一般每次分枝数量为__________.

89. 图的最基本要素是____________________________________.

90. 在图论中，通常用点表示__________，用边或有向边表示____.

91. 在图论中，通常用点表示研究对象，用__________表示研究对象之间具有某种特定的关系.

92. 在图论中，图是反映__________之间__________的一种工具.

93. 任一树中的边数必定是它的__________数减 1.

94. 最小树问题就是在网络图中，找出若干条边，连接__________结点，而且__________最小.

95. 最小树的算法关键是把最近的__________结点连接到那些已接结点上去.

96. 求最短路问题的计算方法是从__________开始逐步推算的，在推算过程中需要不断标记__________和最短路线.

二、单选题

1. 建立数学模型时，考虑可以由决策者控制的因素是 (　　)

   A. 销售数量　　B. 销售价格　　C. 顾客的需求　　D. 竞争价格

2. 我们可以通过________来验证模型最优解. (　　)

   A. 观察　　B. 应用　　C. 实验　　D. 调查

3. 建立运筹学模型的过程不包括________阶段. (　　)

   A. 观察环境　　B. 数据分析　　C. 模型设计　　D. 模型实施

4. 建立模型的一个基本理由是去揭晓那些重要的或有关的 (　　)

   A. 数量　　B. 变量　　C. 约束条件　　D. 目标函数

5. 模型中要求变量取值 (　　)

   A. 可正　　B. 可负　　C. 非正　　D. 非负

6. 运筹学研究和解决问题的效果具有 (　　)

A. 连续性　B. 整体性　C. 阶段性　D. 再生性

7. 运筹学运用数学方法分析与解决问题，以达到系统的最优目标. 可以说这个过程是一个　(　　)

A. 解决问题过程　B. 分析问题过程

C. 科学决策过程　D. 前期预测过程

8. 从趋势上看，运筹学的进一步发展依赖于一些外部条件及手段，其中最主要的是　(　　)

A. 数理统计　B. 概率论　C. 计算机　D. 管理科学

9. 用运筹学解决问题时，要对问题进行　(　　)

A. 分析与考察　B. 分析和定义

C. 分析和判断　D. 分析和实验

10. 如果一个线性规划问题有 n 个变量，m 个约束方程($m<n$)，系数矩阵的数为 m，则基可行解的个数为　(　　)

A. m 个　B. n 个　C. C_n^m　D. C_m^m个

11. 下列图形中阴影部分构成的集合是凸集的是　(　　)

A　B　C　D

12. 线性规划模型不包括下列______要素.　(　　)

A. 目标函数　B. 约束条件　C. 决策变量　D. 状态变量

13. 线性规划模型中增加一个约束条件，可行域的范围一般将　(　　)

A. 增大　B. 缩小　C. 不变　D. 不定

14. 若针对实际问题建立的线性规划模型的解是无界的，不可能的原因是　(　　)

A. 出现矛盾的条件　B. 缺乏必要的条件

C. 有多余的条件　D. 有相同的条件

15. 关于线性规划模型的可行域，下面的叙述正确的是　(　　)

A. 可行域内必有无穷多个点　B. 可行域必有界

C. 可行域内必然包括原点　D. 可行域必是凸的

16. 下列关于可行解、基本解、基可行解的说法中，错误的是　(　　)

A. 可行解中包含基可行解

B. 可行解与基本解之间无交集

C. 线性规划问题有可行解必有基可行解

D. 满足非负约束条件的基本解为基可行解

17. 线性规划问题有可行解，则　(　　)

A. 必有基可行解　B. 必有唯一最优解

C. 无基可行解　D. 无唯一最优解

18. 线性规划问题有可行解且凸多边形无界，这时　(　　)

A. 没有无界解　B. 没有可行解

C. 有无界解　　　　　　　　　　　D. 有有限最优解

19. 若目标函数为求 max，一个基可行解比另一个基可行解更好的标志是　　（　　）

A. 使 z 更大　　　　　　　　　　B. 使 z 更小

C. z 绝对值更大　　　　　　　　D. z 绝对值更小

20. 如果线性规划问题有可行解，那么该解必须满足　　（　　）

A. 所有约束条件　　　　　　　　B. 变量取值非负

C. 所有等式要求　　　　　　　　D. 所有不等式要求

21. 如果线性规划问题存在目标函数为有限值的最优解，求解时只需在＿＿＿＿集合中进行搜索即可得到最优解.　　（　　）

A. 基　　B. 基本解　　C. 基可行解　　D. 可行域

22. 线性规划问题是针对＿＿＿＿求极值问题.　　（　　）

A. 约束　　B. 决策变量　　C. 秩　　D. 目标函数

23. 如果第 K 个约束条件是"≤"情形，若化为标准形式，需要　　（　　）

A. 左边增加一个变量　　　　　　B. 右边增加一个变量

C. 左边减去一个变量　　　　　　D. 右边减去一个变量

24. 若某个 $b_k \leqslant 0$，化为标准形式时原不等式　　（　　）

A. 不变　　B. 左端乘负 1　　C. 右端乘负 1　　D. 两边乘负 1

25. 为化为标准形式而引入的松弛变量在目标函数中的系数应为　　（　　）

A. 0　　B. 1　　C. 2　　D. 3

26. 若线性规划问题没有可行解，可行解集是空集，则此问题　　（　　）

A. 没有无穷多最优解　　　　　　B. 没有最优解

C. 有无界解　　　　　　　　　　D. 没有无界解

27. 在单纯形迭代中，出基变量在紧接着的下一次迭代中＿＿＿＿立即进入基底.（　　）

A. 会　　B. 不会　　C. 有可能　　D. 不一定

28. 在单纯形法计算中，如不按最小比值原则选取换出变量，则在下一个解中　　（　　）

A. 不影响解的可行性　　　　　　B. 至少有一个基变量的值为负

C. 找不到出基变量　　　　　　　D. 找不到进基变量

29. 用单纯形法求解极大化线性规划问题中，若某非基变量检验数为零，而其他非基变量检验数全部小于 0，则说明本问题　　（　　）

A. 有唯一最优解　　B. 有多重最优解　　C. 无界　　D. 无解

30. 下列说法错误的是　　（　　）

A. 图解法与单纯形法从几何理解上是一致的

B. 在单纯形迭代中，进基变量可以任选

C. 在单纯形迭代中，出基变量必须按最小比值法则选取

D. 人工变量离开基底后，不会再进基

31. 单纯形法当中，入基变量的确定应选择检验数　　（　　）

A. 绝对值最大　　B. 绝对值最小　　C. 正值最大　　D. 负值最小

32. 在单纯形表的终表中，若非基变量的检验数有 0，那么最优解　　（　　）

A. 不存在　　B. 唯一　　C. 无穷多　　D. 无穷大

33. 若在单纯形法迭代中，有两个 Q 值相等，当分别取这两个不同的变量为入基变量时，获得的结果将是　（　）

A. 先优后劣　　B. 先劣后优

C. 相同　　D. 会随目标函数而改变

34. 若某个约束方程中含有系数列向量为单位向量的变量，则该约束方程不必再引入　（　）

A. 松弛变量　　B. 剩余变量　　C. 人工变量　　D. 自由变量

35. 在线性规划问题的典式中，基变量的系数列向量为　（　）

A. 单位阵　　B. 非单位阵　　C. 单位行向量　　D. 单位列向量

36. 在约束方程中引入人工变量的目的是　（　）

A. 体现变量的多样性　　B. 变不等式为等式

C. 使目标函数为最优　　D. 形成一个单位阵

37. 出基变量的含义是　（　）

A. 该变量取值不变　　B. 该变量取值增大

C. 由 0 值上升为某值　　D. 由某值下降为 0

38. 在我们所使用的教材中，对单纯形目标函数的讨论都是针对________情况而言的.　（　）

A. min　　B. max　　C. min+max　　D. min, max 任选

39. 求目标函数为极大的线性规划问题时，若全部非基变量的检验数≤0，且基变量中有人工变量时，该问题有　（　）

A. 无界解　　B. 无可行解　　C. 唯一最优解　　D. 无穷多最优解

40. 线性规划原问题的目标函数为求极小值型，若其某个变量小于等于 0，则其对偶问题约束条件为________形式.　（　）

A. “≥”　　B. “≤”　　C. “>”　　D. “=”

41. 设 $\bar{X}$ 与 $\bar{Y}$ 分别是标准形式的原问题与对偶问题的可行解，则　（　）

A. $C\bar{X} \geqslant \bar{y}b$　　B. $C\bar{X} = \bar{y}b$　　C. $C\bar{X} \leqslant \bar{y}b$　　D. $C\bar{X} \neq \bar{y}b$

42. 对偶单纯形法的迭代是从________开始的.　（　）

A. 正则解　　B. 最优解　　C. 可行解　　D. 基本解

43. 如果 Z^* 是某标准型线性规划问题的最优目标函数值，则其对偶问题的最优目标函数值 W^*　（　）

A. $W^* = Z^*$　　B. $W^* \neq Z^*$　　C. $W^* \leqslant Z^*$　　D. $W^* \geqslant Z^*$

44. 如果某种资源的影子价格大于其市场价格，则说明　（　）

A. 该资源过剩

B. 该资源稀缺

C. 企业应尽快处理该资源

D. 企业应充分利用该资源，开辟新的生产途径

45. 若线性规划问题最优基中某个基变量的目标系数发生变化，则　（　）

A. 该基变量的检验数发生变化

B. 其他基变量的检验数发生变化

C. 所有非基变量的检验数发生变化

D. 所有变量的检验数都发生变化

46. 线性规划灵敏度分析的主要功能是分析线性规划参数变化对________的影响. ( )

A. 正则性　　B. 可行性　　C. 可行解　　D. 最优解

47. 在线性规划的各项敏感性分析中,一定会引起最优目标函数值发生变化的是 ( )

A. 目标系数 c_j 的变化　　B. 约束常数项 b_i 变化

C. 增加新的变量　　D. 增加新约束

48. 在线性规划问题的各种灵敏度分析中,________的变化不能引起最优解的正则性变化. ( )

A. 目标系数　　B. 约束常数　　C. 技术系数

D. 增加新的变量　　E. 增加新的约束条件

49. 对于标准型的线性规划问题,下列说法错误的是 ( )

A. 在新增变量的灵敏度分析中,若新变量可以进入基底,则目标函数将会得到进一步改善

B. 在增加新约束条件的灵敏度分析中,新的最优目标函数值不可能增加

C. 当某个约束常数 b_k 增加时,目标函数值一定增加

D. 某基变量的目标系数增大,目标函数值将得到改善

50. 灵敏度分析研究的是线性规划模型中最优解和________之间的变化和影响. ( )

A. 基　　B. 松弛变量　　C. 原始数据　　D. 条件系数

51. 整数规划问题中,变量的取值可能是 ( )

A. 整数　　B. 0 或 1　　C. 大于零的非整数　　D. 以上三种都可能

52. 在下列整数规划问题中,分枝定界法和割平面法都可以采用的是 ( )

A. 纯整数规划　　B. 混合整数规划

C. 0-1 规划　　D. 线性规划

53. 下列方法中用于求解分配问题的是 ( )

A. 单纯形表　　B. 分枝定界法　　C. 表上作业法　　D. 匈牙利法

54. 关于图论中图的概念,以下叙述正确的是 ( )

A. 图中的有向边表示研究对象,结点表示衔接关系

B. 图中的点表示研究对象,边表示点与点之间的关系

C. 图中任意两点之间必有边

D. 图的边数必定等于点数减 1

55. 关于树的概念,以下叙述正确的是 ( )

A. 树中的点数等于边数减 1　　B. 连通无圈的图必定是树

C. 含 n 个点的树是唯一的　　D. 任一树中,去掉一条边仍为树

56. 一个连通图中的最小树可能不唯一,其权 ( )

A. 是唯一确定的　　B. 可能不唯一

C. 可能不存在　　D. 一定有多个

57. 关于最大流量问题,以下叙述正确的是 ( )

A. 一个容量网络的最大流是唯一确定的

B. 达到最大流的方案是唯一的

C. 当用标号法求最大流时，可能得到不同的最大流方案

D. 当最大流方案不唯一时，得到的最大流量亦可能不相同

58. 图论中的图，以下叙述不正确的是 ( )

A. 图论中点表示研究对象，边或有向边表示研究对象之间的特定关系

B. 图论中的图，用点与点的相互位置、边的长短曲直来表示研究对象的相互关系

C. 图论中的边表示研究对象，点表示研究对象之间的特定关系

D. 图论中的图，可以改变点与点的相互位置，只要不改变点与点的连接关系

59. 关于最小树，以下叙述正确的是 ( )

A. 最小树是一个网络中连通所有点而边数最少的图

B. 最小树是一个网络中连通所有的点，而权数最少的图

C. 一个网络中的最大权边必不包含在其最小树内

D. 一个网络的最小树一般是不唯一的

60. 关于可行流，以下叙述不正确的是 ( )

A. 可行流的流量大于零而小于容量限制条件

B. 在网络的任一中间点，可行流满足流入量＝流出量

C. 各条有向边上的流量均为零的流是一个可行流

D. 可行流的流量小于容量限制条件而大于或等于零

61. 两变量的线性相关系数为＋1，说明两个变量 ( )

A. 完全正相关　　B. 不完全相关

C. 不存在线性相关关系　　D. 完全负相关

62. 产量 x(千件)与单位成本 y(元)的回归方程为 $\hat{y}=77-2x$，表明产量每提高 1 000 件，单位成本 ( )

A. 增加 2 000 元　B. 平均增加 2 元　C. 减少 2 000 元　D. 平均减少 2 元

63. 设回归方程 $\hat{y}=a+bx$，则 ( )

A. 可以根据 x 预测 y　　B. 可以根据 y 预测 x

C. 不能预测　　D. 可以相互预测

64. 确定回归方程 $\hat{y}=a+bx$ 中未知参数 a 和 b 的原则是 ( )

A. $\sum_{i=1}^{n}(y_i-\hat{y}_i)^2$ 最小　　B. $\sum_{i=1}^{n}(y_i-\hat{y}_i)^2$ 最大

C. $\sum_{i=1}^{n}(y_i-\hat{y}_i)$ 最小　　D. $\sum_{i=1}^{n}(y_i-\hat{y}_i)$ 最大

65. 对时间序列进行差分处理，如果一阶差分相等或大致相等，就可以使用________模型进行预测. ( )

A. 二次曲线　B. 一次指数曲线　C. 一次线性　D. 二次指数曲线

66. 对时间序列进行差分处理，如果一阶差分的比率相等或大致相等，就可以使用________模型进行预测. ( )

A. 二次曲线　B. 一次指数曲线　C. 一次线性　D. 修正指数曲线

67. 修正指数曲线预测模型可以表示为 ( )

A. $\hat{y}_t = a + bt$　B. $\hat{y}_t = a \cdot e^{bt}$　C. $\hat{y}_t = a + b\ln t$　D. $y_t = L - a \cdot b^t$

68. 购买两种价格相同的某种电器，一种功能多，但是需要维修的概率有 40%，另一种功能少，但是需要维修的概率只有 10%. 这个决策问题属于 ( )

A. 确定型决策　B. 风险型决策　C. 对抗型决策　D. 不属于这三类

69. 对不确定型决策问题没有信心的时候，适合用________方法. ( )

A. "好中求好"决策准则　B. "坏中求好"决策准则

C. α 系数决策方法　D. 最小机会损失决策方法

70. 某企业董事长需要对该企业财产是否参加火灾保险问题作出决策. 为此，应该选用以下哪一种决策方法较好？ ( )

A. 以期望值为标准的决策方法　B. 以等概率为标准的决策方法

C. 以最大可能性为标准的决策方法　D. 以损益值为标准的决策方法

71. 某电子厂建设决策问题有如下损益表：

利润/(万元) 自然状态 方案	销售好	销售差
d_1：建大型厂	200	−20
d_2：建中型厂	150	20
d_3：建小型厂	100	60

用"乐观准则"法得出的决策是 ( )

A. 建大型厂　B. 建中型厂　C. 建小型厂　D. 三种方案皆可

72. 在 71 题中采用"悲观准则"得出的决策是 ( )

A. 建大型厂　B. 建中型厂　C. 建小型厂　D. 三种方案皆可

73. 在 71 题中采用"α 系数决策准则"法得出的决策是"建小型厂"，则 α 的取值范围是 ( )

A. $\alpha > \frac{4}{9}$　B. $\alpha = \frac{4}{9}$　C. $\frac{4}{9} < \alpha < \frac{1}{2}$　D. $\alpha < \frac{4}{9}$

74. 在 71 题中采用"最小机会损失准则"法得出的决策是 ( )

A. 建大型厂　B. 建中型厂　C. 建小型厂　D. 三种方案皆可

75. 在风险型决策中，要得到自然状态概率的变动对决策结果的影响，需要进行 ( )

A. 完全信息价值分析　B. 敏感性分析

C. 决策树分析　D. 效用决策分析

76. 某企业为生产新产品需要建立新工厂，已知两种建厂方案下的损益表如下：

利润/(万元) 自然状态 可行方案	销售好(0.4)	销售一般(0.6)
d_1：建大厂	900	−200
d_2：建小厂	400	100

则该种销售状态下完备信息的价值为 (　　)

A. 240 万元　B. 220 万元　C. 180 万元　D. 150 万元

77. 进行贝叶斯决策的必要条件是 (　　)

A. 预后验分析　B. 敏感性分析

C. 完全信息价值分析　D. 先验分析得到先验概率

三、多选题

1. 模型中目标可能为 (　　)

A. 输入最少　B. 输出最大　C. 成本最小　D. 收益最大

E. 时间最短

2. 运筹学的主要分支包括 (　　)

A. 图论　B. 线性规划　C. 非线性规划　D. 整数规划

E. 目标规划

3. 下列选项中符合线性规划模型标准形式要求的有 (　　)

A. 目标函数求极小值　B. 右端常数非负

C. 变量非负　D. 约束条件为等式

E. 约束条件为“$\leqslant$”的不等式

4. 某线性规划问题，n 个变量，m 个约束方程，系数矩阵的秩为 $m(m<n)$. 则下列说法正确的是 (　　)

A. 基可行解的非零分量的个数不大于 m

B. 基本解的个数不会超过 C_n^m 个

C. 该问题不会出现退化现象

D. 基可行解的个数不超过基本解的个数

E. 该问题的基是一个 $m\times m$ 阶方阵

5. 若线性规划问题的可行域是无界的，则该问题可能 (　　)

A. 无有限最优解　B. 有有限最优解　C. 有唯一最优解

D. 有无穷多个最优解　E. 有有限多个最优解

6. 下列说法错误的有 (　　)

A. 基本解是大于零的解　B. 极点与基解一一对应

C. 线性规划问题的最优解是唯一的　D. 满足约束条件的解就是线性规划的可行解

7. 在线性规划的一般表达式中，变量 x_{ij} 为 (　　)

A. 大于等于 0　B. 小于等于 0　C. 大于 0　D. 小于 0

E. 等于 0

8. 在线性规划的一般表达式中，线性约束的表现有 (　　)

A. $<$　B. $>$　C. $\leqslant$　D. $\geqslant$

E. $=$

9. 若某线性规划问题有无界解，应满足的条件有 (　　)

A. $P_k<0$　B. 非基变量检验数为零

C. 基变量中没有人工变量　D. $\delta_j>0$

E. 所有 $\delta_j \leqslant 0$

10. 在线性规划问题中，a_{23} 表示 ( )

A. $i=2$ B. $i=3$ C. $i=5$ D. $j=2$

E. $j=3$

11. 线性规划问题若有最优解，则最优解 ( )

A. 定在其可行域顶点达到 B. 只有一个

C. 会有无穷多个 D. 唯一或无穷多个

E. 其值为 0

12. 线性规划模型包括的要素有 ( )

A. 目标函数 B. 约束条件 C. 决策变量 D. 状态变量

E. 环境变量

13. 设 $X^{(1)}$，$X^{(2)}$ 是用单纯形法求得的某一线性规划问题的最优解，则说明 ( )

A. 此问题有无穷多最优解

B. 该问题是退化问题

C. 此问题的全部最优解可表示为 $\lambda X^{(1)}+(1-\lambda)X^{(2)}$，其中 $0\leqslant\lambda\leqslant1$

D. $X^{(1)}$，$X^{(2)}$ 是两个基可行解

E. $X^{(1)}$，$X^{(2)}$ 的基变量个数相同

14. 某线性规划问题，含有 n 个变量，m 个约束方程($m<n$)，系数矩阵的秩为 m，则 ( )

A. 该问题的典式不超过 C_n^m 个

B. 基可行解中的基变量的个数为 m 个

C. 该问题一定存在可行解

D. 该问题的基至多有 $C_n^m=1$ 个

E. 该问题有 111 个基可行解

15. 单纯形法中，在进行换基运算时，应 ( )

A. 先选取进基变量，再选取出基变量

B. 先选出基变量，再选进基变量

C. 进基变量的系数列向量应化为单位向量

D. 旋转变换时采用矩阵的初等行变换

E. 出基变量的选取是根据最小比值法则

16. 从一张单纯形表中可以看出的内容有 ( )

A. 一个基可行解 B. 当前解是否为最优解

C. 线性规划问题是否出现退化 D. 线性规划问题的最优解

E. 线性规划问题是否无界

17. 单纯形表迭代停止的条件为 ( )

A. 所有 δ_j 均小于等于 0 B. 所有 δ_j 均小于等于 0 且有 $a_{ik}\leqslant 0$

C. 所有 $a_{ik}>0$ D. 所有 $b_i\leqslant 0$

18. 下列解中可能成为最优解的有 ( )

A. 基可行解 B. 迭代一次的改进解

C. 迭代两次的改进解　　　　　　　D. 迭代三次的改进解

E. 所有检验数均小于等于 0 且解中无人工变量

19. 若某线性规划问题有无穷多最优解，应满足的条件有　（　　）

A. $P_k < P_{k^0}$　　　　　　　　B. 非基变量检验数为零

C. 基变量中没有人工变量　　　　　D. $\delta_j < 0$

E. 所有 $\delta_j \leqslant 0$

20. 在一对对偶问题中，可能存在的情况是　（　　）

A. 一个问题有可行解，另一个问题无可行解

B. 两个问题都有可行解

C. 两个问题都无可行解

D. 一个问题无界，另一个问题可行

21. 下列说法正确的是　（　　）

A. 任何线性规划问题都有一个与之对应的对偶问题

B. 对偶问题无可行解时，其原问题的目标函数无界

C. 若原问题为 $\max Z = CX, AX \leqslant b, X \geqslant 0$，则对偶问题为 $\min W = Yb, YA \geqslant C, Y \geqslant 0$

D. 若原问题有可行解，但目标函数无界，其对偶问题无可行解

22. 如线性规划的原问题为求极大值型，则下列关于原问题与对偶问题的关系中正确的是　（　　）

A. 原问题的约束条件"≥"，对应的对偶变量"≥0"

B. 原问题的约束条件为"="，对应的对偶变量为自由变量

C. 原问题的变量"≥0"，对应的对偶约束"≥"

D. 原问题的变量"≤0"，对应的对偶约束"≤"

E. 原问题的变量无符号限制，对应的对偶约束"="

23. 一对互为对偶的问题存在最优解，则在其最优点处有　（　　）

A. 若某个变量取值为 0，则对应的对偶约束为严格的不等式

B. 若某个变量取值为正，则相应的对偶约束必为等式

C. 若某个约束为等式，则相应的对偶变量取值为正

D. 若某个约束为严格的不等式，则相应的对偶变量取值为 0

E. 若某个约束为等式，则相应的对偶变量取值为 0

24. 下列有关对偶单纯形法的说法正确的是　（　　）

A. 在迭代过程中应先选出基变量，再选进基变量

B. 当迭代中得到的解满足原始可行性条件时，即得到最优解

C. 初始单纯形表中填列的是一个正则解

D. 初始解不需要满足可行性

E. 初始解必须是可行的

25. 根据对偶理论，在求解线性规划的原问题时，可以得到以下结论　（　　）

A. 对偶问题的解　　　　　　　　B. 市场上的稀缺情况

C. 影子价格　　　　　　　　　　D. 资源的购销决策

E. 资源的市场价格

26. 如果线性规划中的 c_j，b_i同时发生变化，可能对原最优解产生的影响是 （ ）

A. 正则性不满足，可行性满足

B. 正则性满足，可行性不满足

C. 正则性与可行性都满足

D. 正则性与可行性都不满足

E. 可行性和正则性中只可能有一个受影响

27. 在灵敏度分析中，我们可以直接从最优单纯形表中获得的有效信息有 （ ）

A. 最优基 B 的逆 B^{-1} B. 最优解与最优目标函数值

C. 各变量的检验数 D. 对偶问题的解

E. 各列向量

28. 线性规划问题的各项系数发生变化，下列不能引起最优解的可行性变化的是 （ ）

A. 非基变量的目标系数变化 B. 基变量的目标系数变化

C. 增加新的变量 D. 增加新的约束条件

29. 下列说法错误的是 （ ）

A. 若最优解的可行性满足 $B^{-1}b \geqslant 0$，则最优解不发生变化

B. 目标系数 c_j 发生变化时，解的正则性将受到影响

C. 某个变量 x_j 的目标系数 c_j 发生变化，只会影响该变量的检验数的变化

D. 某个变量 x_j 的目标系数 c_j 发生变化，会影响所有变量的检验数发生变化

30. 下列说法不正确的是 （ ）

A. 求解整数规划可以采用求解其相应的松弛问题，然后对其非整数值的解四舍五入的方法得到整数解

B. 用分枝定界法求解一个极大化的整数规划问题，当得到多于一个可行解时，通常任取其中一个作为下界

C. 用割平面法求解整数规划时，构造的割平面可能割去一些不属于最优解的整数解

D. 用割平面法求解整数规划问题时，必须首先将原问题的非整数的约束系数及右端常数化为整数

31. 在求解整数规划问题时，可能出现的是 （ ）

A. 唯一最优解 B. 无可行解 C. 多重最佳解 D. 无穷多个最优解

32. 关于分配问题的下列说法正确的是 （ ）

A. 分配问题是一个高度退化的运输问题

B. 可以用表上作业法求解分配问题

C. 从分配问题的效益矩阵中逐行取其最小元素，可得到最优分配方案

D. 匈牙利法所能求解的分配问题，要求规定一个人只能完成一件工作，同时一件工作也只给一个人做

33. 整数规划类型包括 （ ）

A. 线性规划 B. 非线性规划 C. 纯整数规划 D. 混合整数规划

E. 0－1 规划

34. 对于某一整数规划可能涉及的解题内容为 （ ）

A. 求其松弛问题 B. 在其松弛问题中增加一个约束方程

C. 应用单纯形或图解法　　　　D. 割去部分非整数解

E. 多次切割

35. 关于图论中图的概念,以下叙述正确的是　（　　）

A. 图中的边可以是有向边,也可以是无向边

B. 图中的各条边上可以标注权

C. 结点数等于边数的连通图必含圈

D. 结点数等于边数的图必连通

36. 关于树的概念,以下叙述正确的是　（　　）

A. 树中的边数等于点数减 1　　　　B. 树中再添一条边后必含圈

C. 树中删去一条边后必不连通　　　　D. 树中两点之间的通路可能不唯一

37. 从连通图中生成树,以下叙述正确的是　（　　）

A. 任一连通图必有支撑树

B. 任一连通图生成的支撑树必唯一

C. 在支撑树中再增加一条边后必含圈

D. 任一连通图生成的各个支撑树其边数必相同

38. 在下图中,不是根据 A 生成的支撑树的是　（　　）

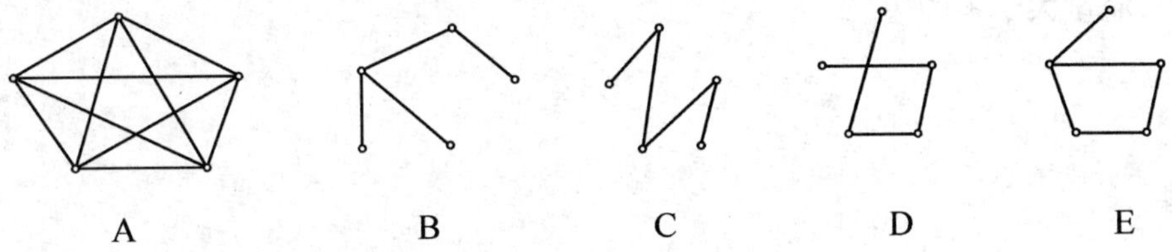

39. 从赋权连通图中生成最小树,以下叙述不正确的是　（　　）

A. 任一连通图生成的各个最小树,其总长度必相等

B. 任一连通图生成的各个最小树,其边数必相等

C. 任一连通图中具有最小权的边必包含在生成的最小树上

D. 最小树中可能包括连通图中的最大权边

40. 从起点到终点的最短路线,以下叙述不正确的是　（　　）

A. 从起点出发的最小权有向边必含在最短路线中

B. 整个图中权最小的有向边必包含在最短路线中

C. 整个图中权最大的有向边可能含在最短路线中

D. 从起点到终点的最短路线是唯一的

41. 关于带收发点的容量网络中从发点到收点的一条增广路,以下叙述不正确的是　（　　）

A. 增广路上的有向边的方向必须是从发点指向收点的

B. 增广路上的有向边,必须都是不饱和边

C. 增广路上不能有零流边

D. 增广路上与发点到收点方向一致的有向边不能是饱和边,相反方向的有向边不能是零流边

42. 关于树,以下叙述正确的是　（　　）

A. 树是连通、无圈的图　　　　B. 任一树,添加一条边便含圈

C. 任一树的边数等于点数减 1　　D. 任一树的点数等于边数减 1

E. 任一树，去掉一条边便不连通

43. 关于最短路，以下叙述不正确的是 (　　)

A. 从起点出发到终点的最短路是唯一的

B. 从起点出发到终点的最短路不一定是唯一的，但其最短路线的长度是确定的

C. 从起点出发的有向边中的最小权边，一定包含在起点到终点的最短路上

D. 从起点出发的有向边中的最大权边，一定不包含在起点到终点的最短路上

E. 整个网络的最大权边，一定不包含在从起点到终点的最短路线上

44. 关于增广路，以下叙述正确的是 (　　)

A. 增广路是一条从发点到收点的有向路，这条路上各条边的方向必一致

B. 增广路是一条从发点到收点的有向路，这条路上各条边的方向可不一致

C. 增广路上与发点到收点方向一致的边必须是非饱和边，方向相反的边必须是流量大于零的边

D. 增广路上与发点到收点方向一致的边必须是流量小于容量的边，方向相反的边必须是流量等于零的边

E. 增广路上与发点到收点方向一致的边必须是流量为零的边，方向相反的边必须是流量大于零的边

答案：

一、填空题

1. 管理问题和经营活动
2. 数学方法
3. 代表　抽象
4. 约束条件　不等式
5. 最优化技术　连续性
6. 系统
7. 综合应用
8. 计算机
9. 环境
10. 科学决策
11. 最佳方案
12. 模型是数学模型　数学模型　模型
13. 分析和定义
14. 系统
15. 约束
16. 性能的客观量度、可控制因素、不可控因素
17. 管理

18. OR
19. 线性目标函数　线性约束
20. 两个
21. 所有约束条件
22. 零
23. 线性无关
24. 顶点(极点)
25. 基可行解
26. 可行解
27. 非负
28. 零
29. 左　松弛
30. 决策(可控)变量、约束条件、目标函数
31. 极大　极小
32. 等　极大　非负
33. 顶点多于基可行解
34. 这段边界上的一切点都是最优解
35. 无解,有唯一最优解,有无穷多个最优解
36. 松弛
37. $x_j'-x_j''$
38. $\max(\min)z=\sum c_{ij}x_{ij}$
39. 基可行解
40. $\leqslant$
41. $-M$
42. 最终　人工变量不为零
43. 0
44. 人工变量
45. 最小比值 θ
46. 基为单位矩阵,基变量的目标函数系数为 0
47. 问题无界时、问题无解时
48. $\leqslant \mathbf{0}$
49. 单位列向量
50. -1
51. 三
52. 充分大正数
53. 最小值/极小值
54. 目标函数系数
55. 等式
56. 原问题

57. 不可行
58. $3k$
59. $\boldsymbol{C}_B\boldsymbol{B}^{-1}$
60. $=$
61. $\leqslant$
62. $=\boldsymbol{Y}^*\boldsymbol{b}$
63. $\min=\boldsymbol{Yb},\boldsymbol{YA}\geqslant c,\boldsymbol{Y}\geqslant 0$
64. 对偶变量
65. $\boldsymbol{A}^{\mathrm{T}}$
66. 无解
67. 原始、最优解
68. 可行性、正则性
69. 该非基变量自身
70. 出基
71. 正则性
72. $z^*+y_i\Delta b$
73. 对偶单纯形法
74. 变量
75. 一行、一列
76. 最优单纯形表
77. 增大
78. 下界
79. $X_1\leqslant 1,X_1\geqslant 2$
80. 0 或 1
81. $\boldsymbol{n}$
82. 线性规划
83. 整数
84. 不为整数　全部系数
85. 割平面法　分枝定界法
86. 隐枚举法　匈牙利法
87. 独立零元素
88. 2
89. 点、点与点之间构成的边
90. 研究对象　研究对象之间具有特定关系
91. 边或有向边
92. 研究对象　特定关系
93. 点
94. 所有　连接的总长度
95. 未接

96. $0 \leqslant f_{ij} \leqslant c_{ij}$ 平衡

二、单选题

1. A 2. C 3. A 4. B 5. D 6. A 7. C 8. C 9. B 10. C 11. A 12. D 13. B 14. B 15. B 16. D 17. A 18. C 19. A 20. D 21. D 22. D 23. B 24. D 25. A 26. B 27. B 28. B 29. B 30. B 31. C 32. A 33. C 34. C 35. D 36. D 37. D 38. B 39. B 40. A 41. C 42. A 43. A 44. B 45. C 46. D 47. B 48. B 49. C 50. C 51. D 52. A 53. D 54. B 55. B 56. A 57. D 58. C 59. B 60. A 61. A 62. D 63. A 64. A 65. C 66. D 67. D 68. B 69. B 70. C 71. A 72. C 73. D 74. B 75. B 76. C 77. D

三、多选题

1. ABCDE 2. ABDE 3. BCD 4. ABDE 5. ABCD 6. ABD 7. ABE 8. CDE 9. AD 10. AE 11. AD 12. CDE 13. ACDE 14. ABD 15. ACDE 16. ABCE 17. AB 18. ABCDE 19. BCE 20. ABC 21. ACD 22. BCDE 23. BD 24. ABCD 25. ACD 26. ABCD 27. ABCE 28. ABC 29. ACD 30. ABC 31. ABC 32. ABD 33. CDE 34. ABCDE 35. ABC 36. ABC 37. ACD 38. BCD 39. ABD 40. ABC 41. ABC 42. ABCE 43. ACDE 44. BC

参考文献

1. 罗明安. 运筹学[M]. 北京:经济管理出版社,1999.
2. 钱颂迪. 运筹学[M]. 北京:清华大学出版社,2005.
3. 韩伯棠. 管理运筹学[M]. 北京:高等教育出版社,2010.
4. 朱自强,王龙德. 运筹学基础教程[M]. 成都:成都科技大学出版社,1997.
5. 鲍祥霖. 运筹学[M]. 北京:机械工业出版社,2005.
6. 王永县. 运筹学[M]. 北京:清华大学出版社,1993.
7. 谢胜智. 陈戈止. 运筹学[M]. 成都:西南财经大学出版社,1999.
8. 周志诚. 运筹学教程[M]. 上海:立信会计图书用品社,1988.
9. 秦学志. 运筹学基础课程考试仿真试题精解[M]. 大连:大连理工大学出版社,2000.
10. 刁在筠,刘桂真,宿洁,马建华. 运筹学[M]. 北京:高等教育出版社,2007.
11. 胡运权. 运筹学基础与应用[M]. 哈尔滨:哈尔滨工业大学出版社,2006.
12. Thomas L C. Game theory and application[M]. Toronto: Hallsted Press,1984.
13. Frederick S, Hillier Gerald J. Introduction to operations research[M]. U. S. A: McGraw Hill Higher Education, 2009.
14. 李成标,刘新卫. 运筹学[M]. 北京:清华大学出版社,2012.

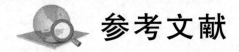